JN213241

碧きスタジアムのニュートン

物理と野球の下拵え

吉田　武

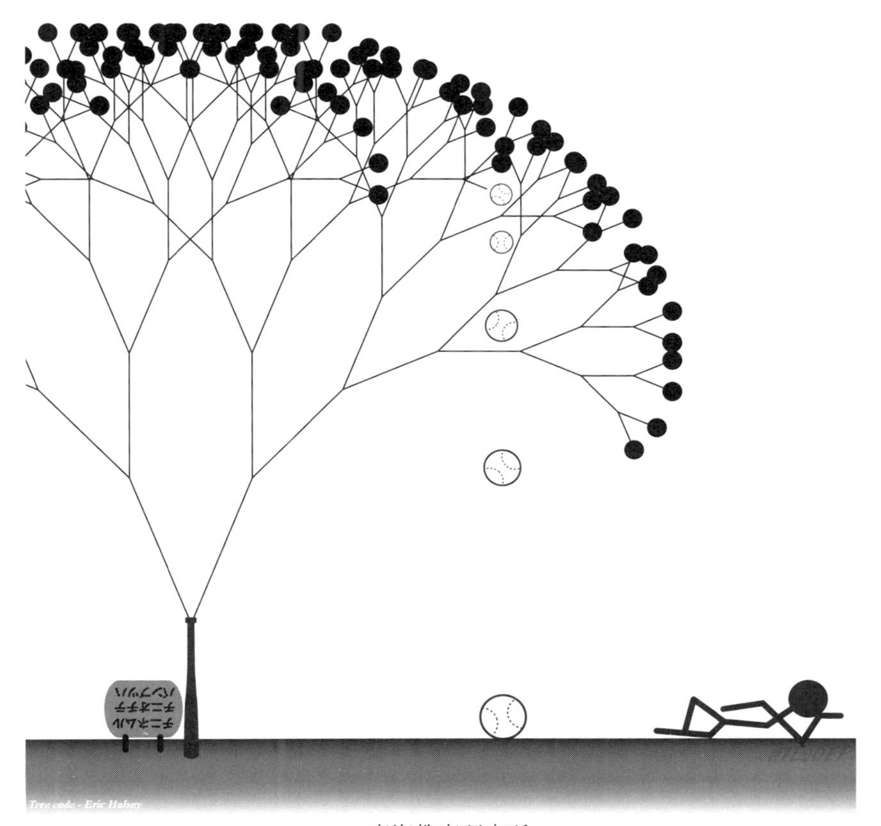

東海教育研究所

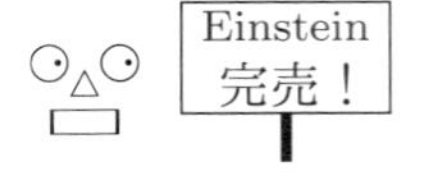

教育とは，学校で学んだことを
全て忘れた後に残るものをいう
アインシュタイン

Newton in the Blue Stadium
Preparation for Physics & Baseball
YOSHIDA Takeshi

Printed in Nippon
ISBN978-4-924523-49-4

前書

科学は面白い．実に面白い．その面白さは，生涯の全てを捧げるに値する．

本書では，科学を「大自然に正否を問う観察・実験」により，全てが決する定量的な学問であると「狭く定義」し，この定義を代表するものとして物理学を採り上る．そして，その基礎を語ることで科学の面白さを示していく．

この意味で，観察・実験に因らず，論理が全てを決する「数学」は科学ではない．同じく，「計算機科学」も実際は工学である．如何に分析に科学的手法を用いようと，人を対象にし，人の発言・動向が結果に影響を与えるもの，例えば「社会科学」や「人文科学」などは科学ではない——原点に返り社会学，人文学と呼ぶのが適切であろう．ただし，当然のことながら，全ての学問は人の所産であり，その歩みの跡は科学のあらゆる所に深く鋭く刻まれている．

以上は「排除」の為ではない．確かにこれらの混用は世界的な傾向でもあるが，**科学が学問として他に優越しているわけでもなければ，科学という呼称に価値があるわけでもない**．にも関わらず，その名を添えたがる風潮は様々な誤解を生む．それを恐れるが故に狭い定義を採った．御諒解頂きたい．

本書は，一般的な啓蒙書の遥か手前に立ち，物理学入門への滑らかな橋渡しを目指す．肉なら塩・胡椒，野菜なら灰汁抜きなど，素材に対する**下拵え**こそが料理に美味をもたらすことに倣い，基礎的な内容に徹した．従って，網羅的でも細部に拘るわけでもない．単なる調整した素材の提供に留めた．

物理学の舞台，それは**時間**と**空間**である．**質量**と**電荷**は，そこに立つ演者の属性である．個別の事例を束ねて，一般的な関係としたものを**法則**と呼ぶ．そこには「何時でも何処でも」といった表現，それを示唆する**無限**という概念が伴う．扉に「無限」を附記した所以である——懐かしのドラマ『Ben Casey』の捩りである．そして，数少ない物理定数から多様な結果を導いていく過程で，身近な現象の量的把握には簡単な四則計算で事足りることを示した．

本書は，前著『たくましい数学』で提案した「重ね塗りの技法(細部に拘らず最後まで読み，それを何度も繰り返す)」により読まれることを想定している．「中心」に公理を据え，そこから全てを演繹的に導こうとする「直線的」な数学とは異なり，物理学に明確な「中心」は存在しない．それは周辺を理解することによって，ようやく正体を現す謂わば「ドーナツの穴」のようなものである．

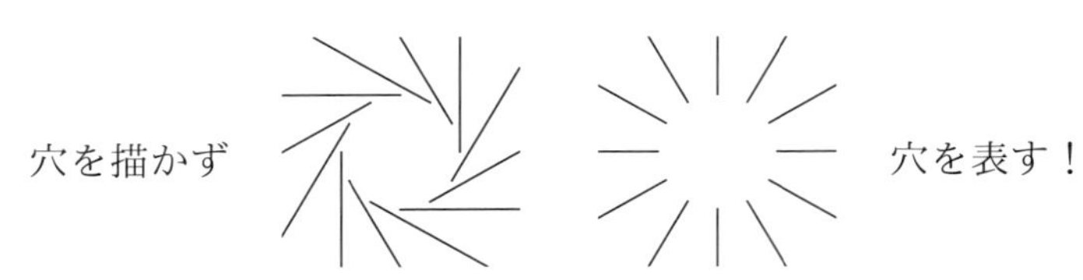

従って，その学習法は「曲線的」になり，本質的に重ね塗りの技法に頼らざるを得ない．即ち，これは便法ではなく王道である．また，物理学には常に「卵が先か，鶏が先か」という厄介な問題が附きまとう．時が流れるから運動があるのか，運動があるから時が認識されるのか，堂々巡りはあらゆる問題に内在している．よって，**真理を追求する精神と共に，現実を受容する諦念も必要となる**．これらが，「直線を好む学習者」の進路を妨げる．加えて，我々の思考は言葉によって支配されている．特に「名前」と「枠組」に身を委ねている．

公教育に関わる書籍は，物理や化学といった細分化された科目の「枠」に沿って，起伏の乏しい秩序だった記述に徹しており，学生はそこに記された定理や法則の「名」から学び始める．この流れに疑念を挟む者は少ない．確かにこの手法は，多数の人に標準的な知識を提供するという公教育の目的に合致しており，それ自身は評価に値する．しかし，この手法だけでは，得られた知識や技法も細分化されたままの，全体像の見えないものに留まってしまう．

例えば，ニュートンの「万有引力の法則」は，「物理学」の力学分野で導入されるが，そこから導かれる地球や宇宙の構造などの規模の大きな結果は「地学」で教えられる．「演者」を替えるだけで同じ式が電磁気学の主役に躍り出る．その結果は，「化学」における原子構造の基礎ともなる．原子・分子の理解無くして現代の「生物学」は何も分からない．こうした話題を渡り歩かなければ，「万有」という言葉の持つ重みは決して体感出来ない．科学が不可分一体のものであることは理解出来ない．このように，一つの法則や定理に注目するや否や，分野横断的に学ばざるを得ない状況に陥る．しかも，この方法が最も効率的で深い理解が得られる方法なのである．逆に，こうした学習方法を経験したことが無い人は，在来の学習法が持つ相互連携の悪さを感じないだろう．「甘さを知らぬ者はケーキを欲しない」ということである．

本来「具象から抽象へ」と進めるべき話を，逆順にしたところもある．例えば，四次元を越える空間次元に対して，具体的描写に頼り過ぎて困惑する人も多い．そこで，この抽象化の壁を越える為に，一般次元空間の定義から始める方法もあるわけである．更に，標準的な記号を敢えて用いず，より洗練されたものを優先した箇所もある．これも以後の学習過程において，具象と抽象の往復をより活発にして貰いたい為の一工夫である．高校までの物理学は，微積分を完全に切り離している．その結果，むしろ難しくなっている場合も多い．この点にも配慮し，有限範囲の除算を微分の前哨戦と称した．

本書は，学校教科書とも在来の啓蒙書とも異なる新しい発想から，通常の科目・分野の垣根を外し，物理学に通底する重要なアイデアを提示する一試案である．前著と相互補完し，類書と直交するよう構想された．「日常的な経験」により育まれた“常識”に則れば，自ずと答に辿り着くような構成を心掛けた．主題に応じた雑話や「仕掛け」も多く記した．その落差を愉しんで頂きたい．

記述は大枠のみ示し，手順前後を恐れず，論理よりは直観を重んじて，部分的な整合性のみを追求した．ただし，定義や由来などは「本書内の何処かに在る」ので，未定義の用語や式に出会っても，その場その場で過剰に反応せず，大らかに読み飛ばして頂きたい．読了後には，辻褄が合うようにしている．

細密な図版がもたらす教育効果に対する疑念から，板書可能な AA 風の簡略図を多用した．“綺麗”は美でも真でもない．**教育において，適切な不親切は，無配慮な親切に優る．**時に不親切であることが，相手に対する最高の敬意となる場面もある．何しろ「一個の点」を原子とも，人間とも，宇宙とも見做さねばならないのである．不足部分は想像力で補う，その鍛錬の意味も込めた．**研究と教育は車の両輪である．**研究者は，未知なる問題に取り組み一点突破する．教育者は，未知なる表現を求め全方位を注視する．洗練された教育的表現は次の研究の核になり，両者は循環する．違いは「位相のズレ」だけである．

絶滅危惧種たる漢字を「漢検３級」を目安に用い，古い慣用表現も活用した．**ルビさえあれば，**読むには困らない (書ける必要はない)．これは「教育はあらゆる機会を捉えて，常に全方位的であるべし」との著者の信念に基づく．当然ながら，全てを理解する必要もなく，元よりそれは不可能である．**読書と打撃は似ている．三割も分かれば大成果である．**読書に挫折はない．何時でも再戦可能である．それを遮るのは己の弱気だけ，諦めたらそこで……である．一頁が一行が腑に落ちれば，それは明日への糧となる．夜明けは繰り返し来る．

では，名から入らず枠を填めず，厳密性にも網羅性にも拘らないで，唯々待ち受ける美味を愉しみに，今は天地を織り成す素材の下拵えに徹していこう．

——先ずは「後書」へどうぞ (ゆっくりしていってね!!!)

SHO must go on!

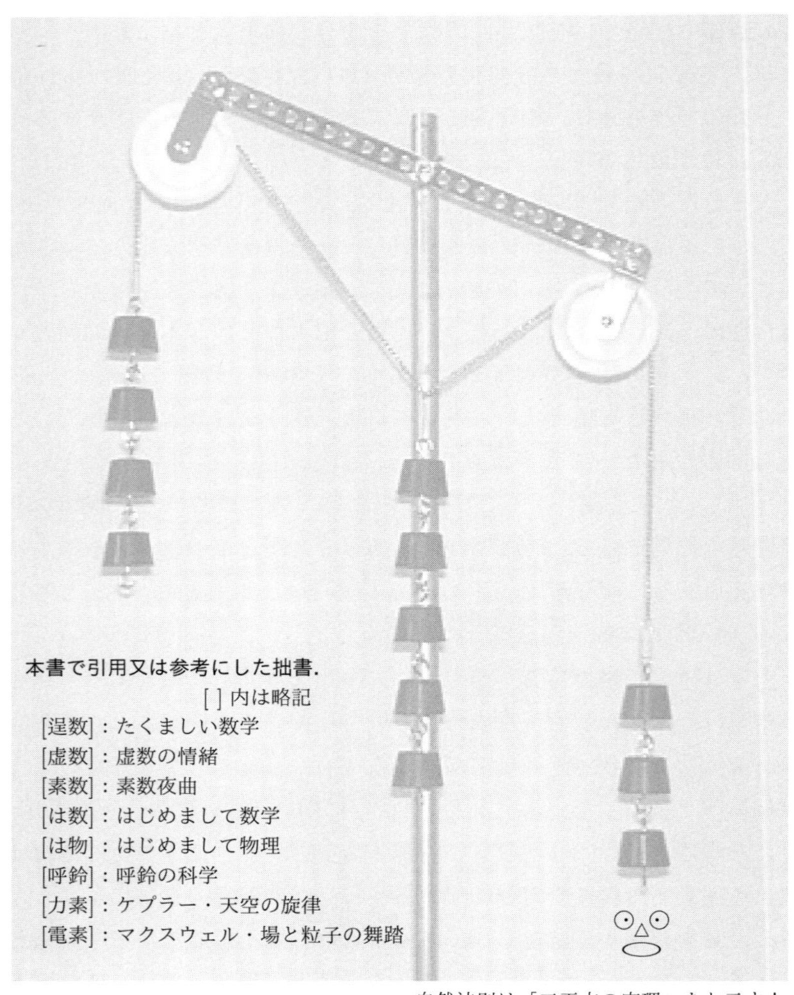

自然法則は「三平方の定理」をも示す！

目次

写真・図表

附記：本書は，組版，作図の全て (カバー・扉のデザインを含む) を著者自らが行った．使用したものは，主に組版ソフト：TEX と，統合環境 Anaconda 上の計算エンジン：Wolfram Language 12.3 (共に無料ソフト：後者は要登録) である．

5.07 投　手

(a) 正規の投球姿勢

投球姿勢にはワインドアップポジションと、セットポジションとの二つの正規なものがあり、どちらでも随時用いることが出来る。

投手は、投手板に触れて捕手からのサインを受けなければならない。

(1) ワインドアップポジション

投手は、打者に面して立ち、その軸足は投手板に触れて置き、他の足の置き場所には制限がない。この姿勢から、投手は、

① 打者への投球動作を起こしたならば、中断したり、変更したりしないで、その投球を完了しなければならない。

② 実際に投球するときを除いて、どちらの足も地面から上げてはならない。ただし、実際に投球するときは、自由な足（軸足でない足）を1歩後方に引き、さらに1歩前方に踏み出すこともできる。

投手が軸足を投手板に触れて置き（他の足はフリー）、ボールを両手で身体の前方に保持すれば、ワインドアップポジションをとったものとみなされる。

(2) セットポジション

投手は、打者に面して立ち、軸足を投手板に触れ、他の足を投手板の前方に置き、ボールを両手で身体の前方に保持して、完全に動作を静止したとき、セットポジションをとったとみなされる。この姿勢から投手は、

① 打者に投球しても、塁に送球しても、軸足を投手板の後方（後方に限る）に外してもよい。

② 打者への投球動作を起こしたならば、中断したり、変更したりしないで、その投球を完了しなければならない。

セットポジションをとるに際して、"ストレッチ"として知られている準備動作（ストレッチとは、腕を頭上または身体の前方に伸ばす行為をいう）を行うことができる。しかし、ひとたびストレッチを行ったならば、打者に投球する前に、必ずセットポジションをとらなければならない。

投手は、セットポジションをとるに先立って、片方の手を下に下ろして身体の横につけていなければならない。この姿勢から、中断することなく、一連の動作でセットポジションをとらなければならない。

投手は、ストレッチに続いて投球する前には、(a) ボールを両手で身体の前方に保持し、(b) 完全に静止しなければならない。審判員は、これを厳重に監視しなければならない。投手は、しばしば走者を塁に釘づけにしようと規則破りを企てる。投手が"完全な静止"を怠った場合には、審判員は、ただちにボークを宣告しなければならない。

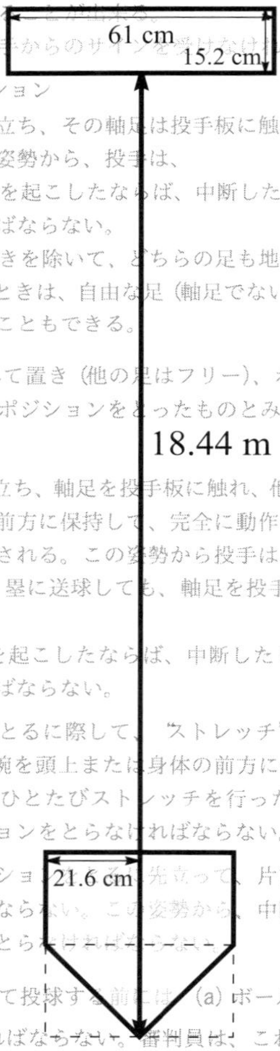

「公認野球規則」より引用

61 cm
15.2 cm
18.44 m
21.6 cm

1回表　開幕の秋

前書において述べたように，本書は物理学の「標準的な構成・順序」には縛られず，具体例に基づく対象の直観的な把握を目指し，テーマ間の「関連性」を重視している．話題が繋がっていくこと，その連鎖が実感出来ることが重要である．テーマ最優先の「物理学の OJT (On the Job Training)」を目指していく．その為に議論は曲線的になるが，それを厭わず冗長であることを恐れない．

物理学の特徴を示す為に，屡々数学との対比が用いられる．概要の理解の為には，定番の極論も役立つ．数学は，論理を軸にした学問であるから，限定された範囲での絶対的真理が得られる．それが如何に現実離れした結論でも，些かもその価値を失わない．一方，物理学は大自然の奥に潜む真理を観察・実験により炙り出すものである．論理的であるか否かの判断ではなく，正しく現実を描写したものが採用される．物理学は限定された範囲においても，絶対的な真理には届かない「近似の学問」であり，常に更新されていくものである．

従って，数学と物理学では，これを得意とする人の性格も必要とされる才も異なる．数学者は物理学者の非論理性を嘆き，物理学者は数学者の一般性への執着に驚いている．数学を数理学とでも呼び替えれば，物理学との対比がより際立つだろう．数の理，物の理と切り取れば，数学は「人」が創ったものであり，物理学は「天」の似姿を描くものだと分かる．更に附け加えれば，**数学が「数」の学であるのに対して，物理学は「量」の学である．**

この段階で，多くの学者は大量の名附け，即ち「定義」を列挙したい誘惑に駆られる．それは，その方法が如何にも明晰に思え，そして何より書き易いからである．しかし，初学者にとって，書き手が思うほどに明晰か．この点が問題である．著者も末席を汚す身として，この誘惑から逃れ得ない．そこで，前書から「名と枠の問題」を強調することで，自身への戒めとした．初等教育における「名」への依存が，分野別という「枠」の縛りが，混乱の根本にあることを常に意識せねばならない．もっと「用例」を，もっと「横断」をである．

しかも，物理学では，肝心の定義そのものが上手く出来ない．これらを考慮すれば，堂々巡りの議論も止む無しとの諦念に行き着く．それは決して理解することを諦めたわけではなく，むしろ確実な理解への第一歩であることが，次第に明らかになってくる．その時，微かではあるが，物理が分かった気がしてくる．微分と書いて「微かに分かる」と読む——なるほど物理に微分は必要だ．

さあ，開幕の秋が来た

1.1 数と量

先ずは「数」と「量」を，両者の比較から理解していく．身近な例，誰もが体験出来る話から始めたい．五感の発動，特に身体活動に伴う「実感」が大切である．言葉が生み出す主観的な感情，所謂「語感」は身体的な感覚によりもたらされる．即ち，語感は五感に育まれている．専門用語とて，この縛りからは逃れられない．**無形の言葉もまた，物理的実体に支えられているのである．**

1 長さと単位

野球を例に引く．昔に比べれば競技人口や支持する人の割合は減ったかもしれないが，運動の基本動作としての「走る」「投げる」「打つ」などは，大半の人が学校体育の中で取り組んだはずである．そこから生じる親近感に期待して本書を著した．先ずは，空間把握から．投手は，マウンド上の投手板に足を合わせ，そこを起点に投げる．投手板前縁から本塁後端までの「距離」は

$$s_{\mathrm{A}} := 60.5\ \ \mathrm{ft}\ \ :\text{定義値 (A は米国の意)},$$
$$s_{\mathrm{N}} := 18.44\,\mathrm{m}\ :\text{換算値 (N は日本の意)}$$

と定められている (公認野球規則)．ここで，記号「:=」は，左辺が右辺で定義されることを示し，「ft」はフィート (feet)，「m」はメートル (metre) の略記である．元より米国由来の競技であり，これは塁間共々，競技の根幹に関わる距離であるから，輸入側の我々は素直に “翻訳” した結果を用いている．

現象や物質が持つ数的特徴を「数値とその基準を示す記号の組」として表したものを**量**という．数値は大きさ以外の属性を持たないので，“基準” が既に量である．これを**単位**という．量は一般に「数×単位」の形式を採る．例えば

$$\underset{\text{量}}{s_{\mathrm{A}}} = \underset{\text{数}}{60.5} \times \underset{\text{単位}}{1\ \mathrm{ft}} \quad \Big| \quad \underset{\text{量}}{s_{\mathrm{N}}} = \underset{\text{数}}{18.44} \times \underset{\text{単位}}{1\ \mathrm{m}}$$

となる．この意味で「量に内在する単位」とは，対象の**属性を反映した量**であり，その大きさは，自身の倍数によって対象を表す必要から，全体に対して1になる．なお，量は斜体，単位は立体により表す．具体的な書体としては，斜体にイタリック(italic)，立体にローマン(roman)が常用(じょうよう)される．式を読む際には，常にこれら**書体の違い**に留意(りゅうい)されたい．こうして単位の名称に隠(かく)れていた「数値 1」を明示(めいじ)することにより，量による除法の意味が明瞭になる．例えば

$$\frac{60.5\ \mathrm{ft}}{1\ \mathrm{ft}} = 60.5 \quad \Big| \quad \frac{18.44\ \mathrm{m}}{1\ \mathrm{m}} = 18.44$$

より，量から数を導く方法が分かる．記号の場合には，以下も可能である．

$$\frac{s_{\mathrm{A}}}{\mathrm{ft}} = 60.5 \quad \Big| \quad \frac{s_{\mathrm{N}}}{\mathrm{m}} = 18.44.$$

一つ単位を定めると，特定の桁を指定した派生(はせい)的な単位を定義出来る．例えば，メートル「m」を基準にした以下は “一例” を除き御馴染みであろう．

$$\mathrm{mm}, \quad \mathrm{cm}, \quad \mathrm{dm}, \quad \mathrm{km}.$$

これらは「数の桁を表す記号と基本単位の組」という明確な構造を持つ．

$$\left.\begin{array}{lll} 1\ \mathrm{mm} \cdots\ \mathbf{m} & (\text{ミリ・milli}) & : 10^{-3} \\ 1\ \mathrm{cm} \cdots\ \mathbf{c} & (\text{センチ・centi}) & : 10^{-2} \\ 1\ \mathrm{dm} \cdots\ \mathbf{d} & (\text{デシ・deci}) & : 10^{-1} \\ 1\ \mathrm{km} \cdots\ \mathbf{k} & (\text{キロ・kilo}) & : 10^{3} \end{array}\right\} \times 1\ \mathrm{m}\ (\text{メートル}).$$

ここで，「m, c, d, k」は数の桁を表す一般的な “接頭語(せっとうご)” であり，他の単位の場合にも同じ意味で用いられる．ただし，この場合のデシメートル「dm」のように，広くは使われていないものも多い．上では指数による表記：

$$10^{-3} = \frac{1}{10^3} = \frac{1}{1000} = 0.001 \longleftrightarrow \text{ミリ}$$

などを用いたが，これら接頭語は，常に基準値に対する比を示している．例えば，グラム (g) から派生した，ミリグラム (mg)，キログラム (kg) などである．

余話

屢々「何か」を覚える為に，語呂の良い「別の何か」を覚えるという堂々巡りが演じられる．以下は，お手製の「何でもない何か」，唯の言葉遊びである．「精神も百分の一に切り刻まれればセンチメンタルにもなろう」「師の一割も体得出来れば立派なデシである」「テラカン (寺澤寛一) はミリカンよりも一兆の千倍 (10^{15}) 勘が良い！」——最後は嘗(かつ)ての名作の振りである．

2 量の表記

既述(きじゅつ)のように，単位には通常の四則が適用される．そこに上の表記が慣用(かんよう)されるので，例えば「ミリメートル」と「メートルの二乗」の表記が重複する可能性が生じる．そこで，後者では積であることを強調して，mm ではなく

$$\left[\overset{\text{空白挿入}}{\mathrm{m\ m}}\,\middle|\,\overset{\text{中黒挿入}}{\mathrm{m\cdot m}}\,\middle|\,\overset{\text{冪}}{\mathrm{m}^2}\right]$$

と書く——接頭語は二重にしない．ここで「括弧」は，**独自の論理記号**：

$$[a|b] \text{ は「}a \overset{\text{or}}{\text{又は}} b\text{」},\qquad \begin{bmatrix}a\\b\end{bmatrix} \text{ は「}a \overset{\text{and}}{\text{且つ}} b\text{」}$$

を表す (一般的には $\vee, \wedge$ が使われる)．この記法を形式的に応用した上は「三表現の何(いず)れも可」という意味になる．なお，同値記号には「$\Longleftrightarrow$」，否定(not)には記号上部に横線を載せ「$\overline{a}$」などとするが，本書では主に上記二例のみ扱う [逞数]．

補足

この記法は，例えば「二根の何れも可 (又は)」な二次方程式と，「二式の同時成立 (且つ)」を前提とする連立方程式の質的な違いを視覚的に明確にする．

二次方程式	連立方程式
$x^2-5x+6=0$, 答 : $x=[2\|3]$.	$\begin{bmatrix}x+y=5\\2x-y=1\end{bmatrix}$, 答 : $\begin{bmatrix}x=2\\y=3\end{bmatrix}$.

答も従来の「$x=2,3$」のような，「臨機応変(りんきおうへん)な解釈が求められる多義的(たぎてき)なカンマ」を用いず，「又は」か「且つ」かを確定させて書けて有益である．また

$$\text{実数 } a \text{ に対して } [\mathrm{A}: a<0 \,|\, \mathrm{B}: a=0 \,|\, \mathrm{C}: 0<a]$$

などと場合分けを「引用記号 (A,B,C) 附き」で明瞭に記すことも出来る．

ただし，これらは表記に対する一工夫の範囲に留まっている．その真価（しんか）は下記のような論理式 (ド・モルガン律) を印象的に表し得るところにある．

$$\overline{[p|q]} \Longleftrightarrow \begin{bmatrix}\overline{p}\\ \overline{q}\end{bmatrix} \qquad \text{(「又は」の否定は否定の「且つ」)}$$

この式には，本記法の特徴が余す所なく含まれている．一度お試しあれ．

更に，量は「数と単位の積」なので，18.44 m のように，両者の間に空白を入れて積であることを示す．実際の計算は数として行われる．グラフの軸見出しも単なる数として掲示（けいじ）する方が合理的であり，例えば「$s_{\mathrm{N}}/\mathrm{m}$」と記して，これを「$s_{\mathrm{N}}$ の単位は m である」と読む．なお，斜体が量を表しているという立場を徹底する意味から，以下のように単位を括弧に封じ込める書法：

$$\times\ s_{\mathrm{N}} = 18.44\ (\mathrm{m}),\ \text{又は}\ s_{\mathrm{N}} = 18.44\ [\mathrm{m}]$$ 残像を消す為線を引いた！

は避ける．s_{N} を唯の数と見て，そこに単位を添（そ）えたと誤解させるからである．

投捕間の距離は日米共通である．そこには確かに「長さ」がある．この事実から，後で詳述する**座標**の考え方に導かれる．即ち，“米国座標” では目盛が ft であり，“日本座標” では m なのである．両国で同じものを異なる尺度で見ている．観測する立場の違い，それを明確にするのが座標という概念である．

補足

我が国は気温を**摂氏**（せし）(°C) で表す．一方，米国は**華氏**（かし）(°F) 表記である．同じ温度 T が両国間で異なる表し方をされている．両者は数値としては

$$\frac{T_{\text{米}}}{{}^\circ\mathrm{F}} = \frac{9}{5}\times\frac{T_{\text{日}}}{{}^\circ\mathrm{C}} + 32 \qquad \text{(原点移動と拡大)}$$

と対応する——例えば，米国人の「平熱は 98 度」である．さて，何より変化を好まない彼等の “熱い抵抗” は何時まで続くか．既に “世界の日常” は摂氏で記述されている．角度は，日常的には**度数法**で表されているが，後述する**弧度法**の方が，また「10 を底にする常用対数」よりも，「ネイピア数 e を底にする**自然対数**」の方が，そして温度では摂氏でも華氏でもなく，**絶対温度** (K) の方が，より本質的である．温度の数的な関係は以下の式で表される．

$$\frac{T_{\text{絶}}}{\mathrm{K}} = \frac{T_{\text{日}}}{{}^\circ\mathrm{C}} + 273.15. \qquad \text{(原点移動のみ)}$$

如何に米国でも，理論研究の現場では，華氏やフィートのごり押しはしない．しかし，自国が今や少数派であることに，一般の米国人は全く無関心なのである．

以上を「余りにも初等的な話題の繰り返し」と嘆(なげ)く読者もおられるかもしれないが，この段階で単位を含む計算の意味を分析(ぶんせき)しておくことは，後で非常に役に立つ．下拵えの下拵え，譬(たと)えれば“食材を水洗いする”ようなものである．

1.2 次元と物理量

ここで，量から大きさや，その方向を除いた概念を誘導し，これを**次元**と名附ける．次元とは，「同じ属性を持つ単位」に注目して，量全体を分類する枠組だとも言える．例えば，フィートもメートルも，寸(すん)も尺(しゃく)も，長さに関わる単位なので全て「長さの次元 (記号は L)」を持つとする．同一の次元を持つ量のみが加・減算の対象になる．記号 $[A]_{\mathrm{D}}$ で A の次元を表す．以下，一例を挙げる．

$$[s_{\mathrm{N}}]_{\mathrm{D}} = \mathsf{L}, \quad [長さ]_{\mathrm{D}} = \mathsf{L}.$$

数と文字の乗・除のみにより作られた一つの塊(かたまり)を「項(こう)」といい，項の加・減により作られた式を「多項式」，項が一つである多項式を「単項式」という．従って，**多項式を構成する各項は，全て同一の次元を持つ**必要がある．

1 数は無次元

次元を持たないものを「無次元 (記号は 1)」と呼ぶ．無が「0」ではなく「1」で表される仕掛けは，円周率を例に引いた指数計算：

$$\pi := \frac{円周\ (次元は\ \mathsf{L})}{直径\ (次元は\ \mathsf{L})}\ より，\quad \frac{\mathsf{L}}{\mathsf{L}} = \mathsf{L}\cdot\mathsf{L}^{-1} = \mathsf{L}^{1-1} = \mathsf{L}^{0} = 1$$

より明らかである．これより，π が単なる数，即ち無次元であることが確認出来た．また，数学的な**平均**という概念も，形式的に次元を利用することでより明瞭になる．例えば，次元 L を持つ a, b に対して以下の三例：

$$\begin{aligned}
&\textbf{相加平均:}\ \frac{a+b}{2}\ より，\ \mathsf{L}+\mathsf{L}\ は\ \mathsf{L},\\
&\textbf{相乗平均:}\ \sqrt{ab}\ より，\ \sqrt{\mathsf{L}\cdot\mathsf{L}}\ は\ \mathsf{L},\\
&\textbf{調和平均:}\ \frac{2ab}{a+b}\ より，\ \frac{\mathsf{L}\cdot\mathsf{L}}{\mathsf{L}+\mathsf{L}}\ は\ \mathsf{L}
\end{aligned}$$

を見れば，「元の a, b と同じ次元」を持ち，且つ「a を b」「b を a」にする交換に対して「不変」である為，平均を名乗る資格があると分かる．冒頭でも述べたように，数と量の対比の下では，数学は数の学であり，物理学は量の学だと言える．それは，数式の扱いにおいて顕著である．例えば，見慣れた三項式：

$$ax^2 + bx + c$$

において，数学では a, b, c は次元を持たない単なる数として扱われる．この時，自動的に $[x]_{\mathrm{D}} = 1$ である．もし，この式が物理的な内容を持ち，例えば「x は L，全体は L^2 の次元を持つ」という条件があれば，各定数は

$$1 \cdot \mathsf{L}^2 + \mathsf{L} \cdot \mathsf{L} + \mathsf{L}^2 \text{ より，} \ [a]_{\mathrm{D}} = 1,\ [b]_{\mathrm{D}} = \mathsf{L},\ [c]_{\mathrm{D}} = \mathsf{L}^2$$

という次元を持つ必要がある．逆に，一切の文字定数を含まない場合，例えば

$$1 - \frac{1}{2}x^2, \qquad x - \frac{1}{6}x^3$$

などは，直ちに "数" 式であると言える．もし，x が次元を持てば，次元の異なる 1 や x^2, x^3 と加・減は出来ない．従って，$[x]_{\mathrm{D}} = 1$ だと分かる．

物理学において，等式の両辺が「異なる概念」で書かれている時，そこには "偉大な理論" の片鱗が見える．しかし，両辺で次元が異なれば，「導かれる結論が正しい可能性」は潰えている．従って，**次元の確認は，物理理論における「正否の判定者」の役割を果たす**．同様に，安易な約分も危険である．

$$\frac{40000}{2} = \frac{400000000}{20000} = 20000.$$

数の計算としては問題がない約分も，量が対象である場合には，情報もまた略している可能性が生じる．例えば，四万円を二人に配る場合と，四億円を二万人に配る場合では，一人当たりの取り分は同じでも，状況は質的に異なる——国家の経営と家計の遣り繰りが，同列に論じられないことと同様である．

学校数学において，「除数が 0 でないこと」の確認は厳しく指導されるが，**情報を失う可能性**については余り注意されない．情報を維持し，質的な問題に対応する為に，物理学には**インピーダンス**と呼ばれる概念が用意されている．これは，振動・波動などの繰り返し現象の「質を表す量」である (詳細は後述).

単に「量」とするだけでは範囲が広すぎる為，特に物理学で扱うものに限定する意味で，これを**物理量**と呼ぶことにする．また，直線，平面，立体と続く

「空間の記述に必要な変数の個数」のことも同様に次元と呼ぶので，“紛(まぎ)れの恐れがある状況”では，これを「幾何的次元 (空間の次元)」，量に関するものを「物理的次元 (量の次元)」と呼び分ける——慣用的なもの，例えば先の「無次元」や後述する「次元解析」(共に量が対象) などはそのままにする．例えば，我々が住まいするこの空間は，縦・横・高さの各々(おのおの)が長さの次元 L を持つので，「その (幾何的) 次元は 3 であるが，(物理的) 次元は $\mathsf{L}^3(=\mathsf{L}\times\mathsf{L}\times\mathsf{L})$ である」となるが，仮に括弧内の注釈が無ければ，初学者には意味は取り難いだろう．

なお，これも個人的なものであるが，「次元の区別」を記号：

sD(Dimensions of mathematical Space),　**qD**(Dimensions of physical Quantities)

により表記している——先の“空間”の場合なら，$\mathrm{sD}=3$, $\mathrm{qD}=\mathsf{L}^3$ と表せる．

余話

俗に「それは次元の違う話だ」という啖呵(たんか)があるが，これは「立体のことを平面で語るな」という意味だろうか，はたまた「長さと重さを同列に扱うな」という意味だろうか．似ているが違うのか，何処も似ていないのか．後者の方が違いがより際立っていると思うが，一般にはどちらが念頭(ねんとう)にあるのだろうか．

2 単位と人間の事情

長さだけでも複数の単位が共存しているのは何故か．それは全て人間側の事情であり，真理とは無関係である．人の物理的サイズ，認識の限界が制約になっている．人間が瞬時に認識出来る数の表記は，三桁程度だと言われている．その為もあってか，日常的には身長 193 cm，体重 102 kg，血圧 119 などと書く．目眩(めくら)ましには逆をする．栄養素「1 g 配合」ではなく 1000 mg という．桁の大きさが即ち訴求力(そきゅうりょく)という発想だろう．人は千円札一枚の賞金より，「硬貨千枚プレゼント！」と煽(あお)られた方が嬉しいのだろうか．

テレビ画面の大きさは，一貫して「画面対角線のインチ表記」である．「**インチ** (inch) は 2.54 cm，12 インチで **1 フィート**」である．ただし，実際の画面の形状は，これだけでは決まらない．縦横比を明記する必要がある．

例えば，スタンダードと呼ばれる「3 対 4」の場合であれば，三平方の定理より斜辺，即ち対角線の長さは 5．ワイドと呼ばれる「9 対 16」の場合であれば，9^2+16^2 の平方根より約 18.36 となる．これらの関係から，斜辺の長さが

1 になるように全体を調整すると，以下のようになる．

〈スタンダード〉

$$\frac{3}{5} \overset{\text{縦の比}}{=} 0.6, \quad \frac{4}{5} \overset{\text{横の比}}{=} 0.8$$

〈ワイドタイプ〉

$$\frac{9}{18.36} \overset{\text{縦の比}}{\approx} 0.49, \quad \frac{16}{18.36} \overset{\text{横の比}}{\approx} 0.87$$

描画面積は縦・横の積なので，それぞれ 0.48，0.43 となり，同じ対角線の長さならワイド型になるほど面積が小さい，即ち画素数が少なくなることが分かる——正方形なら 0.5，最大値は円の場合である．この時，100 インチのワイド型なら，縦 49 インチ，横 87 インチと決まる．メートルに換算すれば，およそ 1.25 m，2.21 m となる (立てればバスケット選手でも原寸で充分映せる)．

余話

半導体の各ピンの間隔も「0.1 インチ」が基準である．米国発の工業製品では，未だにインチやマイルなど英国由来の単位が用いられている．NASA で致命的な事故が起ころうと，各国の旅客便パイロットが各数値の「脳内変換作業」に煩わされていようと頓着しないのである．温度と同様，世界標準と米国標準は異なるという好例である——内容を確かめもせず「欧米」などと一括りにせず，せめて「欧・米 (Europe ‘and’ the United States)」と丁寧に書くことから始めたい．しかし，米国が如何にこの種の拘りを持とうと，物理学の世界では「長さの単位はメートル」が Global Standard である．

1.3 速度：定義と次元

我々は日々の暮らしの中で，様々な経験を通して “その概念” をほぼ掴んでいる．人は生まれ，這い，歩き，走る．人類は馬に跨がって山を越え，船に乗って大海を渡り．鉄道によって大陸を横断した．そして，飛行機を発明し，地球上のあらゆる場所へ何の苦も無く移動している．

1 距離と時間

では，その所要時間はどうか．「定められた時間の中で何処まで辿り着けるか」という問題意識は，“移動の速やかさ” の議論へと導く．そこでその指標として，「移動距離を所要時間で除したもの」が考えられた．

それが**速度**という概念である．500 km 先の目的地に一時間で着けば，その速度は「時速 500 km」である．五時間掛かれば「時速 100 km」．なお，これらを「平均の速度」と注釈するのは，後に続く「瞬間の速度」を意識した話であって，今はそこまで飛躍する必要はない．本節で議論したいのは，**ある時間の幅の中で速度が変わらない場合**のみである．異なる速度との比較はするが，それらもまた同様である．途中の細かな変化は考えない．運動は，“変化の相(そう)”を捉えることによって記述出来る．速度はその理解への第一歩である．

補足

現実的な話をすれば，500 km 先に一時間で到着した人は，「時速 500 km 以上の速度を経験していた」ことになる．時速 499 km では当然到着しないし，突然 500 km の速度が出せるわけでもない．少なくとも移動体に乗り込む時には，それは静止していたはずだからである——これも後に続く話である．

次に，その導出法である——括弧内は記号表記の一例である．

$$\text{速度} := \frac{\text{終りの位置} - \text{始めの位置}}{\text{終りの時刻} - \text{始めの時刻}}, \quad \left(v := \frac{x_{\mathrm{f}} - x_{\mathrm{i}}}{t_{\mathrm{f}} - t_{\mathrm{i}}} \right).$$

initial(始め) の略で i を，final(終り) の略で f を添字にした．このように，「二要素の差」の商の形を採るわけであるが，通常「距離÷時間」と表現されるのは，既に**「距離が二地点の差」「時間が二時刻の差」**という意味を持つからである．

以上は，分数の具体的な意味 (手順や要領ではなく) を学んだ者なら，誰にも理解可能なものであるが，物理の題材となるや否や，奇妙な図案の暗記に精を出す生徒や，それを推奨(すいしょう)する塾の話などが聞こえてくるのは残念である．

2 投球の速度

続いて，速度の次元について考える．以後，**T は時間の次元**を表す．単位は，日常的なレベルでも秒 (**s**econd)，分 (**min**ute)，時 (**h**our)，日 (**d**ay)，週，月，年など多数挙げられる——太字は常用される略記である．従って，次元は

$$\frac{\mathsf{L}}{\mathsf{T}}.\quad \text{その実体は}\ \frac{[\text{メートル} \mid \text{マイル} \mid \cdots]}{[\text{秒} \mid \text{分} \mid \text{時} \mid \text{年} \mid \text{日} \mid \cdots]}$$

となる．即ち，分子は長さの，分母は時間の次元を持つものなら何でも構わない．逆に次元はこれら全体を含んでいる．次元という概念を導入する意義がここにある．従って，「毎分何メートル」「マイル毎時」といった表記の全てが速度を表し，それらは互いに変換可能となる——四則計算の好い練習になる．

速度の本質は「時間当たりの対象の量的変化 (分母が時間)」を表すものであり，その呼称は運動に限らず，広範囲な対象に向けて流用(りゅうよう)される．例えば，面積の変化の速度，人口増減の速度，備蓄米の消費速度，原稿の執筆速度等々．

更に一般に，「〜当たり」「〜毎の」といった表現は，「〜を基準にして他を測る」，具体的には「基準値で除する」という意味である．従って，基礎力学における速度とは，対象に距離，基準に時間を選んだということになる．

マウンドに戻ろう．以後，長さはm，時間はsで測る——ピッチクロックやタイブレイクなど，WBCを理由に「米国流ルールに変更を」と先走る人が多いが，単位の国際標準はSIであり，この件で先行しているのはNPBである．

投手は足を踏み出し，腕を伸ばし，少しでも捕手寄りの地点から投じようと試みる．従って，実際のボールの移動距離は先に掲(かか)げた値よりも短くなる．そこで後の計算の便宜(べんぎ)も考えて，これを16.2 mとしておく．今，この間を0.36 sで通過するボールが投じられたとしよう．このボールは「1 s当たり」何メートル進むであろうか．これは起こったことを，そのまま式で表せばよい．即ち，出来事の「始めの時刻0 s」と「始めの位置0 m」を明示して，変化の割合を割り算として定める——以降，丸括弧内に類する計算は省略する．

$$\frac{16.2\,\mathrm{m}-0\,\mathrm{m}}{0.36\,\mathrm{s}-0\,\mathrm{s}}\left(=\frac{16.2\times 1\,\mathrm{m}}{0.36\times 1\,\mathrm{s}}=45\,\frac{1\,\mathrm{m}}{1\,\mathrm{s}}\right)=45\,\frac{\mathrm{m}}{\mathrm{s}}$$

これを「毎秒45 m」，又は「45 m毎秒」などと読む．

補足

本書では「単位もまた四則の対象である」ことを強調する為に，可能な限り分数表記を用いる．文中の表記に関しては，煩雑(はんざつ)さを避ける意味から通常のスラッシュ「/」による表記も混用する (慣れればこの表記で充分である)．

指定された空間の移動を秒以下で終える対象に対して，秒を基準に考えることは妥当である．実際，僅(わず)かに16 m程度しか移動しないのであるから，それに対して「秒当たり45 m」という値が導かれることは，人間の感覚としても受け入れ易いはずである．しかしながら，実際には車や鉄道などの移動体と同様の「毎時何キロメートル」「時速何キロ」といった表記が好まれている．この辺りは，「表記に小数点は避けたい」という心理が働いているのかもしれない．

換算してみよう．1 km = 1000 m，1 h = 3600 s なので，ボールの速度 $v_{球}$ は

$$\frac{1\,\mathrm{m}}{1\,\mathrm{s}} = \frac{\frac{1\,\mathrm{km}}{1000}}{\frac{1\,\mathrm{h}}{3600}} = \frac{18}{5}\frac{\mathrm{km}}{\mathrm{h}} \text{ より，} \quad v_{球}\Big/\frac{\mathrm{km}}{\mathrm{h}} := 45\times\frac{18}{5} = 162.$$

米国は**マイル**表示であり，「時速 100 マイル」は速球派の勲章である．これを「100 mph」と略記することが多いが，これは **m**iles **p**er **h**our の頭字語(とうじご)であり，1 mile = 1609.344 m より，時速 162 km はこれを越えていることになる．

1.4 速度：観測と座標系

次に観測について，日常的な経験を元に考えていこう．現代人なら誰もが，「速度が持つ本質的な性質」に関して，既に多くの体験をしている．

1 速度は観測者によって異なる

速度はそれを観測する人の立場によって変わる．例えば，新幹線の乗客が手に持つ林檎(りんご)は，当然その人にとっては速度 0 である．しかし，駅から見る人には時速 300 km で走り去る．時速 200 km で追走(ついそう)する車両から見れば，時速 100 km で逃げていく．対向する新幹線の乗客には時速 600 km にもなる．従って，速度の議論には常に「どの枠組から観測されたか」を添える必要がある．この枠組を**座標系**，その中で対象を指定する数の組を座標値という——座標 "系 (system)" の名称として頭文字(かしらもじ) S を利用する場合が多い．座標系を選ぶとは，視点を固定すること，**観測者の立場を定める**ことである．

> **補足**
> 同様の意味で，「参照系 (reference frame)」も使われている．本書冒頭で「分野の枠組」について論じたが，ここにもまた「枠 (frame)」という言葉が登場した．基準が無ければ科学的な議論は出来ない．しかし，そうした議論の代償(だいしょう)として，標準的な枠・基準といったものに縛られた思考は，それが一つの例に過ぎず，また別の枠，別の基準があることさえ見失わせる危険性を孕(はら)んでいる．

例えば，縦横共に 1 m の正方形のタイル「■」を 1 秒毎に右に進める場合を考える．A は秒速 1 m，B は秒速 3 m でタイルの先端が伸びていくとする．

この時，両者の速度の差は，以下のように定まる．

$$3\,\frac{\mathrm{m}}{\mathrm{s}} - 1\,\frac{\mathrm{m}}{\mathrm{s}} = 2\,\frac{\mathrm{m}}{\mathrm{s}}.$$

次の■は，紙面に固定された (静止) 座標系 S における A·B の動きを，R における◆は，A に固定された (動く) 座標系 $\mathrm{S_A}$ から見た B の速度を表している．

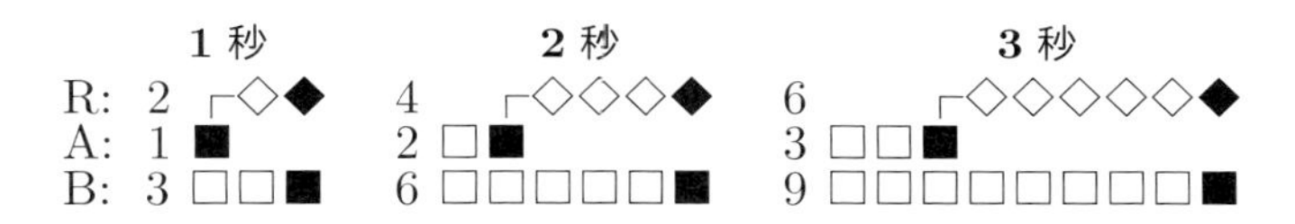

確かに◆が毎秒 2 コマ進んでおり，上式の速度差が視覚化されている．

逆に，B に固定された (動く) 座標系 $\mathrm{S_B}$ から見れば，A は 2 m/s で後退していく．これらを**相対速度**と呼ぶ．なお，その対立概念としての“絶対速度”は存在しない．“絶対静止”という不動の基準は存在せず，どちらが動いているかを決める方法も無いからである．従って，全ての速度は**「仮想された静止系に対する相対速度」**ということになる．更に，座標系 $\mathrm{S_A}$ における A の速度は 0，同様に $\mathrm{S_B}$ における B の速度も 0 であることを再確認しておく．即ち，これらは「自身の速度が 0 になる特別な座標系」である．従って，新幹線の乗客は，「林檎の速度が 0 になる座標系に居る」と換言出来るわけである．

余話

これは人間関係にも相通じる話である．例えば，目標にする人に追い着こうと努力を重ねても，相手が倍速で成長していれば，目に見えて離されていく．しかも最悪なことに，相手から見れば後退しているように見える．それを努力不足，怠惰とさえ捉える人もいるだろう．哀しい話である．その意味では，むしろ成長が緩慢になった古参の人の方が，続く人達の成長をより実感出来るだろう——所謂「祖父母と孫の関係」に似ている．このような視点は，特に「指導者層に必須なのではないか」と思量する次第である．

2 動く座標系

次に，A と B が対向し，互いに接近していく場合，両者の速度の和は

$$3\,\frac{\mathrm{m}}{\mathrm{s}} + 1\,\frac{\mathrm{m}}{\mathrm{s}} = 4\,\frac{\mathrm{m}}{\mathrm{s}}$$

となるが，これを先と同様に図解して以下を得る．

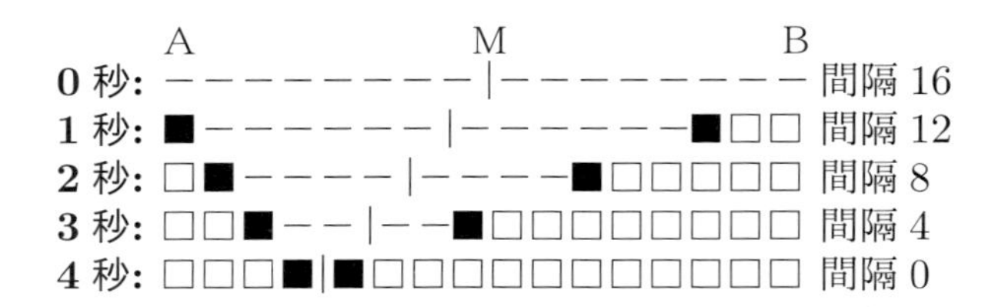

ここで A と B の間隔が 1 秒毎に 4 だけ減っていることから，両者の接近速度は「4 m/s」となる——これが上式の結果に対応する．これは A から B を見た速度も，その逆も等しいことを意味している．従って，時速 300 km の新幹線が擦れ違う時，双方共に乗客に固定された座標系が速度 0 の起点になるので，相手車輌が時速 600 km で接近してくるのを見ることになるわけである．

更に，縦棒で示した「1 m/s で左に動く座標系 S_M」では，A が $1+1$ より，2 m/s で接近してくること，B が $3-1$ より，同じく 2 m/s で接近してくることが観測される．このようにして，両側から全く同じ割合で対象が迫ってくる「動く座標系」を設定することも出来るわけである．

余話

この問題も極めて日常的なものである．例えば，走れば走るほど「雨は前から降ってくる」．それは自らが垂直に降る雨粒に対して「当たりに行っている」からである．水平方向の相対速度が 0 の雨粒に向けて，自分が移動することで，当たるはずのない雨粒にまで当たる．それを当人は「雨が前から降って来た」と誤認する．そこで「ワープ！」と呟きながら傘を前に傾けて差すと，速度を上げるほどに，視野は星ならぬ一面の雨粒で埋められるだろう．

3 速度は体感出来ない

一様な速度は“決して観測出来ない”ことも重要な性質である．実際，我々は船の中でも，鉄道の中でも，時速 700 km を越える飛行機の中でも，自宅同様に悠然と食事が出来る．外の風景も見えず，音も振動もない密室に閉じ込められた場合，そこでも「全ての物理現象は同様に起こる」ので，比較対照する外部との遣り取りがない限り，部屋が止まっているか否かを知る方法はない．大自然はそのように創られている．これは速度の大きさには依らない基本的な性質である．実際は猛烈な勢いで回転しながら太陽系内を移動している地球の速度が，我々に感じられないのも同じ理由である．繰り返しになるが，何に対しての静止であるか，何に対しての速度であるか，前提となる座標系を常に考える必要がある．我々の家ですら宇宙空間を疾走（しっそう）しているのだから．

人も車も平面上を自由に移動出来る．東西南北どの方向にも自由自在である．そして，どの方向にも速度が定められる．即ち，速度とは本来その**方向をも含めて議論しなければならない概念**なのである．真東に向かって進めば，南北方向の速度は 0 であるが，北東に向かって進めば，東西にも南北にも速度を持つことになる．このような場合は，ゲームのコントローラーと同様に記号：「→」「←」「↑」「↓」を用いれば，図的な取り扱いが可能になる．

1.5 相対性と絶対性

先の図式の上下を入れ替えると，標準的なグラフに類似した表記になる．水平方向の数値は，A から B に向けて 0 から 16 まで増加するものとする．

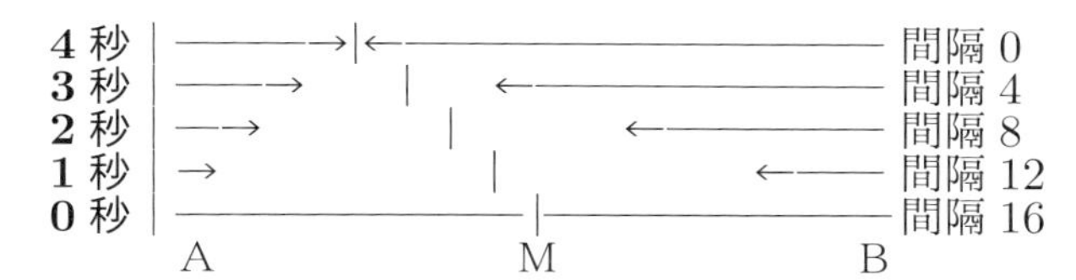

更に，速度の方向を意識しながら，タイルを矢印：「→」「←」に置き換えた．これで「両側からMに迫っていく」という感じがよく出るようになった．

1 速度の正負

ここで，速度の定義式に戻って，素直に A と B の速度を求めよう．「0 秒から 4 秒まで」を時間の幅に採ると，次のようになり B の速度に自然に負号が附く——数値の増加方向を右向きに設定した為である．

$$\mathrm{A}: \frac{4-0}{4-0} = 1, \quad \mathrm{B}: \frac{4-16}{4-0} = -3. \quad \left(\text{速度} = \frac{\text{到着地点} - \text{出発地点}}{\text{到着時刻} - \text{出発時刻}}\right)$$

以上から，対向する速度に関しては符号を与えることで，その方向を明示出来ることが分かった．そして，それが矢印によって象徴的に表されている．即ち

$$\begin{array}{lll} \text{文字：} & v_{\mathrm{A}} := 1\,\dfrac{\mathrm{m}}{\mathrm{s}}, & v_{\mathrm{B}} := -3\,\dfrac{\mathrm{m}}{\mathrm{s}} \\ \text{記号：} & \rightarrow & \longleftarrow \end{array}$$

という対応が考えられる．なお，方向性を持つ**速度** (velocity) に対して，その大きさのみを扱う場合は，**速さ** (speed) という用語を使う．速度を表す際に v を用いることが多いのはこの為である．この場合であれば，B の速度は「-3 m/s」であり，その速さは “方向に依らず”「3 m/s」である．ただし，両者の混用が一般的な社会の中で，この区別を徹底することには限界がある．「ベロシティ」「スピード」というカタカナに頼ることも考慮すべきかもしれない．

2 一様性と平行移動

速度は，その定義に「時間と空間」を “均等に” 含み，両者を結ぶ鍵(かぎ)になっている．誰もが学び，誰もが日々の生活の中で口にもする日常的な用語でありながら，数ある物理量の中でも**特別に重要な意味**を持っている．

空間の一様性(いちようせい)とは，我々が住まいする「この現実の空間」が平行移動に関して全くその性質を変えないという主張である．また，時間も同様に，どの一秒も他と変わらず，その流れは一様である．速度は，この一様な二要素を含む形で与えられており，やはり同様の性質を持っている．

補足

一様性のことを，より説明的に「並進対称性」ともいう．そして，空間は対象の向きに依らず物理法則が不変になるという性質も併せ持っている．これを等方性という——並進と対比的に「回転対称性」という場合も多い．交通機関が何処でも，どの向きでもその働きを全く損なうことなく発揮していることが，これを傍証(ぼうしょう)している．また，三平方の定理やその拡張が成り立つことも大きな特徴である．これらに関しては，本項以降も繰り返し議論する．

以上の話は，難しくもなければ複雑でもない．例えば，定規が二枚あれば誰もが納得(なっとく)出来る程度のものである．二枚の定規を長手(ながて)方向に沿わせて，目盛を合わせる．ここで上段の定規を (a)，下段を (b) としよう．(b) を右に 3 cm だけ移動させれば，その 0 の刻みは (a) の 3 cm のところに来る．

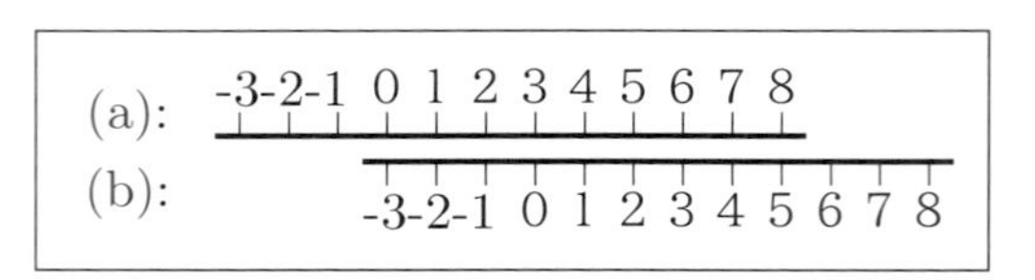

この時，(a) の 0 の刻みは (b) の「-3 cm」と一致する．(a) の 5 cm の刻み

は (b) の 2 cm と合う．これは単なる定規の「平行移動」であるが，これらの関係がそのまま先の速度の関係になっていることが分かる．

ここで，(b) を右に動かしても，同じだけ (a) を左に動かしても結果は変わらず，状態だけを見てどちらが動いたかを知る術はない．この辺りにも速度における相対性の根が見える．既述のように，速度は観測する立場により異なる．即ち“相対的”である．それに比して，時間は誰にも同様に流れる．即ち“絶対的”である．“彼我の時計が異なる時を刻むこと”はない．これらは皆，我々の直観が教えるところである．しかし，この**直観は裏切られる**のである．

3 時間と空間，そして時空

もし速度に絶対的なもの (観測者に依らず同じ値を持ち続ける) があるなら，空間と時間の独立性は直ちに崩れる．それは速度を象徴する次の式：

$$速度 = \frac{空間}{時間}$$

において，左辺が「定数の場合」を考えれば分かる．その時，空間と時間は連動する．しかし，我々はそうした状況を“この目で見た”ことはない．もし我々の五感を超えた世界で，それが実現されているなら，「時間“と”空間 (time & space)」という並列ではなく，両者は統一される．これを**時空** (spacetime) という．ここで異なる次元：T, L を持つ対象を“一つにまとめる”ところに，「両者を“対等”の相手として認識すべし」という主張が込められている．

定数 k (速度の次元を持つ) を用いて「$k\times$時間」を定義すれば，それは次元 L を持つ“空間的な存在”になる．この発想は物理学的な議論の全ての土台となる．例えば，横軸を $k\times$T，縦軸を L に採った平面は，対象が動く舞台，又は宇宙，即ち時空の一例である——平面は sD $= 2$ であるが，一方が時間由来であることを強調して「1+1 次元宇宙」と呼ぶこともある．対象は，この時空の中で一本の線を描く．これを**世界線**という．これは，ある時刻に何処に居たか，その活動の全てを幾何的に表す“対象の履歴書”のようなものである．

4 移動式連射装置

移動式の連射型投球装置を設定し，投球の様子が，装置側，捕球側で如何に捉えられるかを調べよう．装置は，対地速度 (地表基準) $v_{球}$ で，一秒間に n 個の割合で，右から左へ投げられるとする．連続する投球間の距離を ℓ で表すと，これは $1/n$ 秒間にボールが進む距離に等しいから，速度 $v_{球}$ とは

$$\ell = v_{球} \times \frac{1}{n} \text{ より，} v_{球} = \ell n.$$

上式は，一秒後に「初球が到達する距離」と「ℓ の総和」が等しいと主張している．例えば，$v_{球} = 10\,\mathrm{m/s}$, $n = 10$ 個/s とすると，$\ell = 1\,\mathrm{m}$ であり，一秒後には 10 m の直線上に，間隔 1 m で 10 個のボールが並んでいると想像される．

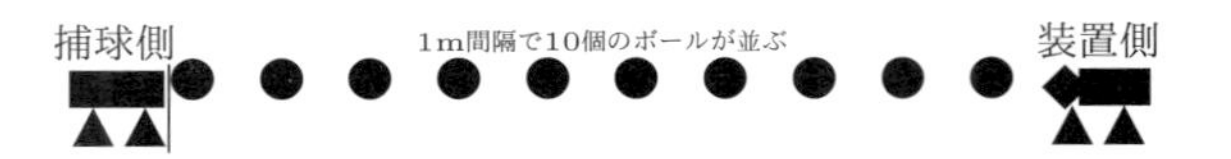

装置は移動可能である．そこで上と同条件の下，更に装置を右から左へ対地速度 $v_{投}$ で移動させる．例えば，$v_{投} = 4\,\mathrm{m/s}$ とすると，投じられたボールは，0.1 秒後に 1 m 移動するが，その間，装置も 0.4 m だけ移動する．従って，次の瞬間に投じられる二球目と初球の相対距離は，$\ell' = 0.6\,\mathrm{m}$ になる．

静止
移動

以上の結果を一般化して，以下の関係を得る．

$$(v_{球} - v_{投}) = \ell' n, \quad (\text{上記の場合：}(10 - 4) = 0.6 \times 10).$$

一秒後，装置は 4 m 前進している為，10 個のボールは残る 6 m の間に

捕球側
0.6m間隔で10個のボールが並ぶ
装置側

と均等に並ぶ．更に，捕球側も左から右へ対地速度 $v_{捕}$ により投球に近づけば，当然，単位時間内に捕球するボールの数が増える．例えば $v_{捕} = 2\,\mathrm{m/s}$ として，捕手側から投球を見れば，相対速度「$v_{球} + v_{捕} = 12\,\mathrm{m/s}$」でボールが迫ってくる．この時，捕球側が次のボールを捕るまでに要する時間は

$$\frac{\ell'}{v_{球} + v_{捕}} = \frac{0.6\,\mathrm{m}}{12\,\mathrm{m/s}} = \frac{1}{20}\,\mathrm{s}.$$

従って，捕球側は一秒間に 20 個のボールを捕ることになる．これは最初の設定値 $n=10$ の二倍である．これを n' とおいて，以上の結果をまとめると

$$(v_{\text{球}}+v_{\text{捕}})=\ell' n',\quad (\text{上記の場合}:(10+2)=0.6\times 20)$$

となる．装置側が移動する時，n は変わらず ℓ が変わる．台車の移動と投球間隔は無関係なので，これは当然の結果である．一方，捕球側が移動する時，その速度に応じて，先んじてボールを捕る割合は増える．従って，n が変化する．

両者が同時に起こる時，二つの現象の比を作って

$$\frac{v_{\text{球}}+v_{\text{捕}}}{v_{\text{球}}-v_{\text{投}}}=\frac{\ell' n'}{\ell' n}=\frac{n'}{n}\ \text{より，}\ n'=\frac{v_{\text{球}}+v_{\text{捕}}}{v_{\text{球}}-v_{\text{投}}}\,n$$

を得る．この場合の例を引けば，確かに以下が成立している．

$$n'=\frac{10+2}{10-4}\times 10=\frac{12}{6}\times 10=20.$$

繰り返すが，装置側と捕球側では「移動により生じる現象」は異なる．ここでは，問題の基礎を為す長さを，連続するボールの間隔に取ったが，以上の結果は，例えば「長さ ℓ' を持つ矢を放つ」と考えても全く同様に成立する．

動く的　　　　　　　　　　射手

キャッチボールとは情報の物理的な伝達手段である．例えば，投球間隔を

$$1\,\mathrm{s},\ 1\,\mathrm{s},\ 1\,\mathrm{s},\quad 3\,\mathrm{s},\ 3\,\mathrm{s},\ 3\,\mathrm{s},\quad 1\,\mathrm{s},\ 1\,\mathrm{s},\ 1\,\mathrm{s}$$

とすれば，モールス信号の「SOS(遭難信号)」の代わりになる——ライトでも笛でも狼煙でも，短・長の組合せさえ作れれば，それで信号「・・・———・・・」を送信することが出来る．更に，ボールの重さを様々に変えることで，相手側に与える“衝撃度”を調整して，より詳細な情報の伝達をすることも可能になる．正に“キャッチボールは会話”なのである——この話題は後で再考する．

また，物理的な情報伝達の問題は，相対性理論を理解する為の鍵でもある．我々の身の回りに溢れている“光 (電磁波)”の性質を知ることは，単に狼煙や音声に代わる「より良い伝達手段」を得る為ではない．これは物理学の根本的な課題であり，人類が大自然の本質に迫る為の必須の手段なのである．

1回裏：まとめ

以後，「裏」では「表」で扱った内容を簡単にまとめ，若干(じゃっかん)の情報を追加する．本書では独自記法を存分(ぞんぶん)に使っている．注釈(ちゅうしゃく)無しでは使えないが，少なくとも「何故記号の改善が必要か」を考える端緒(たんちょ)にはなると愚考(ぐこう)している．

◇数と量の区別を明確にする．次元と単位を理解する．

◇量を表す文字は斜体，単位は立体で表す．表記例：$S_{\mathrm{N}} = 18.44\,\mathrm{m}$.

◇数学 (特に代数) は「数」の式，物理学は「量」の式を扱う．

◇物理学に登場する多項式は，全ての項が同一次元を持つ必要がある．

$$\frac{\text{量 (次元 X)}}{\text{量 (次元 X)}} = \text{数 (無次元)}$$

◇物理学では，量 x に対して係数無しの $x^2 + x$ などという式は登場しない．

◇空間の次元 L，質量の次元 M，時間の次元 T．単位は順に $\mathrm{m}, \mathrm{kg}, \mathrm{s}$.

◇空間の次元と物理量の次元の区別．例：空間の次元は３．質量の次元は M.

◇論理の言葉 (又は(or)，且つ(and)，否定(not)) を学ぶ．熟語の否定は，不・無・未・非を冠するものが多い (例：不信, 不穏, 不詳, 無冠, 無欲, 無我, 未完, 未踏, 未熟, 非礼, 非凡, 悲運).

◇速度の定義と相対性 (観測者により異なる)．次元：L，T，M.

$$\text{速度} = \frac{\text{距離}}{\text{時間}}, \quad \text{その次元は}\ \frac{\mathsf{L}}{\mathsf{T}}, \quad \text{単位は}\ \frac{[\text{メートル} \mid \text{マイル} \mid \cdots]}{[\text{秒} \mid \text{分} \mid \text{時} \mid \text{年} \mid \text{日} \mid \cdots]}$$

◇二枚の定規を合わせる・比べることは，時空理解への第一歩である．

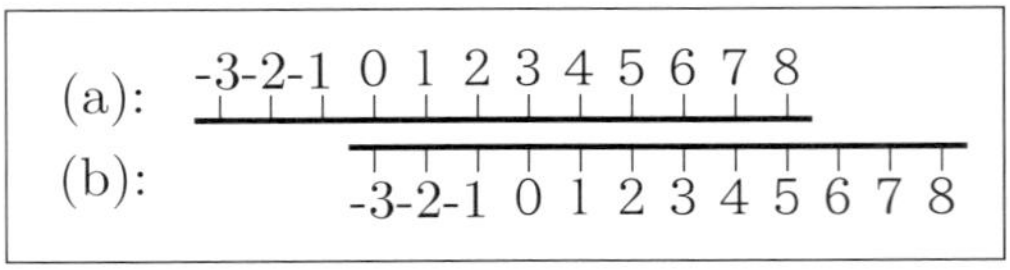

(a): -3-2-1 0 1 2 3 4 5 6 7 8
(b): -3-2-1 0 1 2 3 4 5 6 7 8

◇古(いにしえ)の計算尺では，幾何と代数の融合が具体的な形により示されていた．

◇並進対称性と回転対称性により，全ての機械は場所，方向に依らず機能する．

◇時間的な “平行移動” が可能であることが，基礎物理の基盤を支えている．

◇世界線：時空における対象の履歴

◇投じられたボールは，“ドップラコドップラコ” と移動し，その応用を待つ．

◇情報伝達の意味と手段に関して考察を深める．

2回表　　二刀流：投手編

投・捕間の実効距離 16.2 m を，0.36 s で通過するボールが投じられた時，その球速は 45 m/s (=162 km/h) になる．0.36 秒，およそ 1/3 秒である．数値だけ見れば，これは随分(ずいぶん)と短いもののように思われる．しかし，我々の日常においても，これは“一瞬”と言えるほどの短さではない．充分に肉体が反応出来る余裕がある——だからこそ，これを打つ選手がいるわけであるが……

2.1　運動量と次元

誰もが簡単安全に，プロ野球最高峰(さいこうほう)の速球がもたらす「時間の感覚」を把握出来る便法(べんぽう)がある．それは「時間を長さに変えること」である．この短時間の間に，手元から落としたボールが垂直にどれほど落ちるかを調べるのである．

1　時を計る

物理的な意味は後に回し，今はその値のみを求めておく．ボールは計算式：

$$\frac{1}{2}\times 9.8\times(0.36)^2 \approx 0.635$$

64 cm　0.36 s　← 現在公開可能な情報

より約 64 cm 落下する．即ち，64 cm 上からボールを落とした時に地上に着くまでの時間，これが約 0.36 秒だということである．打てる，捕れるは別問題として，充分“目で追える”時間である．そして，これは投じられたボールもまた，捕手のミットに収まるまでに「同じ距離だけ垂直に落ちる」ことを示唆(しさ)している．どうもそんな風には見えないのだが，果たしてこれは本当だろうか．

先ず，上式の作業的な意味として，「経過時間 (秒) の二乗に $9.8/2 = 4.9$ を掛けたものが垂直方向への落下距離 (メートル) になる」ことは分かる．この関係を利用すれば，「ストップウォッチは物差しの代わり」になる．しかし，当然ながら，時間の二乗が距離と等号で結ばれることはない．“次元の違う話”である．従って，この式に確かな物理的意味があるとすれば，「4.9」は単なる数ではなく，次元を持った量でなければならない．それは

$$\boxed{?} \times \mathsf{T}^2 = \mathsf{L} \text{ より，持つべき次元は } \frac{\mathsf{L}}{\mathsf{T}^2}$$

と定まる．これは速度の次元：L/T を更に T で除したものと考えられる．

速度とは「位置の時間当たりの変化」を示す量であった．上記関係は，この量のさらなる変化，即ち「速度の時間当たりの変化」を示している．これを**加速度**という．字面(じづら)に幻惑(げんわく)されて，速度に何かを足したもの，「加＋速度」と考えてはならない．英語では velocity (速度) に対して acceleration (加速度) であり，全く異なる．より理解を深める為に，訳語の違いを有効に活用したい．他言語による包囲網(ほういもう)を敷(し)くことで対象を十全(じゅうぜん)に把握出来る——逆に見れば，如何なる言語にも得手(えて)・不得手はあるので，相互補完が必要だということである．

余話

無人島に漂着(ひょうちゃく)した時，一体何が出来るか．何も無い所で，誰の手助けも借りず，借りられず．唯一「知性」のみが頼りという状況で，如何に我が身を護るか．物理学は常にこうした「妄想」と共に学ぶべきものである——この意味で『Dr.STONE』は一つの理想像，あるいは憧(あこが)れを描いている．

短い時間を測る便法，その第一は自らの「心拍数(しんぱくすう)」を利用することである．平静時，その一拍は一秒に少し足りない，個人差，状態差はあるものの，一分を単位に取れば 60～100 程度である．次に，今紹介した「自由落下」の手法で，およその目安が得られる．「二階から目薬」なら，投与(とうよ)まで約一秒．遥かに高い精度が期待出来るのは振子である．紐(ひも)の長さが 1 m の場合，行って戻って二秒，半周期で一秒である．ただし，後の二法は**我が地球上の特殊事情**である．

2 質点と質量中心

ここまでボールについては，その大きさについても，素材(そざい)についても何も触(ふ)れなかった．それでも面白(おもしろ)い議論が出来た．実際，「ボールなど一切扱っていなかった」のである．念頭にあったのは，単なる“数学的な点の移動”，それだけであった．従って，空気の抵抗など話題にすらならなかったわけである．

補足

物理学では，こうした「近似」を行う．以前，学校数学で「円周率を３として扱う云々」といった問題が大きな話題を呼んだ．少々趣旨のズレた話にはなるが，見出し的な面白さだけを狙えば，物理学では「π は１でも構わない」のである．「桁外れ」「桁違い」などといって規格外の才能や事件などを評することがあるが，実際は「桁さえ合っていれば，それで充分だ」という場面が幾らでもある．これを「最低次の近似」として取り敢えずの答を求め，もし可能ならば，後でじっくりと精度を上げていこうと考えるわけである．

では少しずつ現実に近づけていこう．プロ野球などで実際に使われている硬球の**質量**は，141.7 g から 148.8 g の間にある (公認野球規則)．そこで「$m_{球} = 145\,\mathrm{g}$」と仮定しよう．今，大きさの無い“単なる数学的な点”が，質量という物理的な属性を持った．この数学と物理学の混成物を**質点**と呼ぶ．

そもそも「点」とは何であったか．現実的な議論では，それは相対的なものである．机上では，鉛筆の先で印すものが点であるが，球場ではボールが点に見える．何光年も離れれば，星も唯の点としてしか認識することが出来ない．

$$\frac{原子}{林檎} \approx \frac{林檎}{地球} \approx 10^{-8}$$

一方，「位置のみが有り大きさは無い」とする幾何における“点の原初的定義”は絶対的である．特に大きさが無いものに対する実感の乏しさを嘆く人は，線の「交‘点’」を考えればよい．それは確かに実在するが，その大きさを云々することは無意味である．より実際的な例として，刃物の鋒やドアの角などを思う時，そこに“物理の臭い”を感じる．本質的でないことに拘泥する人は，屡々「重箱の隅を突く」などと揶揄されるが，縦横高さの三本の線が一箇所で交わる箱の隅では，「点の本質」が突かれるのを待っている．

こうした点の定義に沿いながら，そこに質量の属性を附加した質点は，最も“数学の臭い”がする物理量である．物理学は近似の学問である．物体を質点の集合体として近似し，これを解析するのが力学の第一歩である．その集合体には物体の全質量を代表する点が存在する．これを**質量中心** (Center of Mass) と呼ぶ．質量中心は，広く知られている**重心** (Center of Gravity) に先んじて定義されるものである——本書では，これらをそれぞれ CM，CG と略す．

例えば，均質(きんしつ)な細い棒の CM は中央部にあるが，ブーメランの CM は物体上には存在しない．従って，その点に触れることも持つことも出来ない．正にそれは虚空(こくう)に存在する一つの“数学的な点”である——当然のことながら，一個の質点の CM は，その位置そのものである．この概念によって，原子もボールも，地球さえも質点と見做される．異なるのは質量の大きさだけである．

3 運動量の定義と単位系

ここまでに「日常の言葉遣(つか)いとは異なる表現」が幾つか現れた．先ずは，ボールの“速さ”と言わず速度と言った．“重さ”と言わず質量と言った．“重心”と言わず質量中心と言った．これらの違いについては後で議論する．

投じられたボールは捕手のミットを突き動かす．それはどの程度の“勢い”か．もし，サッカーボールが同じ速さで飛んできたらどうなるか．その質量は 430 g 程度，これは硬球の約三倍である．テニスボールは約 58 g，ピンポン球なら 2.7 g とのことである．恐らくは，ボールの質量が他に与える“衝撃”の程度に大きく関与(かんよ)しているだろう．そこで，質量 m と速度 v の積を考え，これを $p := mv$ と表して**運動量** (momentum) と呼ぶ．「運動＋量」ではない，これで一語である．一般的にも別の意味 (身体活動の程度，その割合など) で用いられる為，誤解されることが多い訳語である．当面は脳内で“モメンタム”と呟(つぶや)くことを推奨する——ここでも英語の活用を．例えば，これまでの設定では，硬球に対する運動量：$p_{球}$ は以下となる．

$$p_{球} = (0.145 \times 1\,\mathrm{kg}) \times 45\ \frac{1\,\mathrm{m}}{1\,\mathrm{s}} = 6.525\ \frac{\mathrm{kg\,m}}{\mathrm{s}}.$$

補足

運動量は空間の対称性に関わる物理量である．特に，今議論している直線運動に対するものは，より詳しくは線運動量 (linear momentum) と呼ばれている．これは空間の一様性，並進対称性に関連している．訳語としては余り見慣れないが，英語圏では常用されている．こうした表現が採用される理由は，後に登場する空間の等方性，回転対称性に関わる物理量：**角運動量** (angular momentum) との対比(たいひ)が明瞭になる為である——ただし，両者の次元は L 一つ分異なる．我が国では，この強調を余り好まず，単に運動量とすることで“線”に誘導し，“角”運動量と明記することで両者を区分する方策を採っている．

続いて，運動量の次元について考える．これは，以下のようになる．

$$\frac{[\text{質量}]_\mathrm{D}[\text{長さ}]_\mathrm{D}}{[\text{時間}]_\mathrm{D}}=\frac{\mathsf{ML}}{\mathsf{T}}$$

運動量は物理学で**最も重要な量である**．この簡素（かんそ）な定義の中に，時間，空間，質量という三種の基本次元：T(ime), L(ength), M(ass) が含まれるからである．

力学分野では，これらの四則によって定まる「次元」により全ての物理量が表現される――特に．思考対象を質点に限定したものを質点力学と呼ぶ．既述の通り，「異なる次元の加減」は出来ない．従って，加減算は「同一次元」だけが対象となり，結果はまとめられて「単項式」になるので，力学の場合には

$$\text{MKS : 次元は全て，}\mathsf{T}^\alpha\mathsf{L}^\beta\mathsf{M}^\gamma\text{で表せる}\ (\alpha,\beta,\gamma\text{ は整数})$$

が成立する．例えば，運動量ならば，$\alpha=-1,\beta=1,\gamma=1$ となる．

三種の次元に対し，L にはメートル (Metre) を，M にはキログラム (Kilogram) を，T には秒 (Second) を単位として選んだものを **MKS 単位系**という．質量のみ「kilo」の附いた単位が選択されているが，「接頭語としての基準」は g である．また，これに対して「cm, g, s」を選んだものを CGS 単位系という――本書では基本的に採用しない．一般に「系」という語はシステム (system) の訳語として用いられている．従って，これは対象の記述に便利な複数の単位を組合せて，「一つのまとまりにしたもの」との意である．

更に，電気や磁気の現象が含まれる問題に関しては，電流を思考の中心に据え，その次元：I に対して，単位を A(アンペア・ampere) に採ることが行われている．この拡張された系を **MKSA 単位系**という．この場合，次元の問題は，上記単項式に I に関する式：I^δ を挿入して，以下のように表す．

$$\text{MKSA : 次元は全て，}\mathsf{T}^\alpha\mathsf{L}^\beta\mathsf{M}^\gamma\mathsf{I}^\delta\text{で表せる}\ (\alpha,\beta,\gamma,\delta\text{ は整数}).$$

これらの単位系は，世界で最も普及（ふきゅう）している**国際単位系** (International System of units) に包摂（ほうせつ）されている．通常，仏語の語順に倣って **SI 単位系**と略されるが，原語から明らかなように，これは重複表現であり SI の中に既に “単位系” は含まれている．SI は，MKSA に更に三種類の基本単位を加えたもので，物理学全般に対して適用される．以後，単位系に関してはこれを標準とする．

更に，単位系を固定すれば，次元と単位は各々が「一対一」に対応する．

	長さ	質量	時間	電流
次元	L	M	T	I
	$\updownarrow$	$\updownarrow$	$\updownarrow$	$\updownarrow$
SI 単位	m	kg	s	A

従って，両者を置き換えて議論することが可能である．物理量の次元だけを操って，複雑な問題の概略(がいりゃく)を描き出す手法を**次元解析**という．このように次元と単位の対応が明確である場合には，“次元” の名の下に単位を用いて “解析” しても議論は紛(まぎ)れず，所望(しょもう)の結果が得られる．なお著者は，SI 表記の物理量から単位のみを明記したい時，通常のダラー記号「＄」を用いて，例えば

$$m_{\text{球}}\ \$\ \mathrm{kg},\quad \text{又は}\quad [m_{\text{球}}]_{\$} = \mathrm{kg}. \quad (m_{\text{球}} = 0.145\ \mathrm{kg})$$

と表記している．＄が S と I の合字(ごうじ)と見做(みな)せることを利用した (一般的な単位の場合は $[\ ]_{\mathrm{U}}$ とする)．数値のみを取り出すには，$[A]_{\mathrm{N}} := A/[A]_{\$}$ が便利である．この場合なら，$[m_{\text{球}}]_{\mathrm{N}} = 0.145$．勿論(もちろん)，以上の使用には注釈を要する．

2.2 式とグラフ

数式の扱いの基礎を為すのは，互いに逆の関係にある「展開と因数分解」である．代表的な以下の三例を挙げておく——「$\mathrm{i} := \sqrt{-1}$」を虚数単位という．

$$(a \pm b)^2 = a^2 \pm 2ab + b^2, \qquad (a+\ b)(a-\ b) = a^2 - b^2,$$
「複号 ±」同順
$$(a+\mathrm{i}\,b)(a-\mathrm{i}\,b) = a^2 + b^2.$$

形式「$a + \mathrm{i}b$」で書ける数を**複素数**(ふくそすう)という．a をその実部(じつぶ)，b を虚部(きょぶ)といい，共に実数である．複素数 z, z' は，実部，虚部が各々等しい時，等しい．即ち

$$\begin{array}{l} z = a + \mathrm{i}\,b \\ \parallel \\ z' = a' + \mathrm{i}\,b' \end{array} \iff \begin{bmatrix} a = a' \\ b = b' \end{bmatrix}.$$

複素数 z に対し，$a - \mathrm{i}\,b$ を共役(きょうやく)と呼び z^* と表す．この時，$z + z^*$, zz^* は実数であり，$\sqrt{zz^*}$ を z の絶対値という．虚数の故郷たる二次方程式とその二根：

$$ax^2 + bx + c = 0, \quad x = \left[\frac{-b + \sqrt{D}}{2a} \middle| \frac{-b - \sqrt{D}}{2a} \right]$$

も重要である．$D\ (:= b^2 - 4ac)$ は判別式 (discriminant) と呼ばれる．

1 次に「三数の関係」として記述される対象の性質を調べていく．数式，グラフ，関数といった数学的な道具の「使い方」に明るいか否か，この辺りが問題になってくる場面であるが，実際に物理学で頻繁（ひんぱん）に話題になる関係は

$$\boxed{\alpha \circ \beta = \gamma} \quad \circ \text{は演算一般を示す.}$$

で尽きている．先ず「$\circ \to +$」として加算を考える．具体的には $2+3=5$ などであるが，上式において，α, β を変数 x, y，更に γ を定数 a とすると

$$x + y = a \ (\text{和が一定})$$

となる．これは，物理学で非常に重要な意味を持つ「二変数の和が一定」という関係を表している．続いて乗算である．「$\circ \to \times$」とし，$2 \times 3 = 6$ など九九に代表される簡単な計算から発想して．以下の関係を得る．

$$\alpha := x,\ \beta := y,\ \gamma := a \ \text{とすると},\ xy = a \ (\text{反比例}),$$
$$\alpha := a,\ \beta := x,\ \gamma := y \ \text{とすると},\ ax = y \ (\text{比例}).$$

視覚化の下準備として，簡単な数表を作る．例えば，$a=12$ と固定して

$x+$	$y=12$
3	9
0	12
−3	15

$x\times$	$y=12$
2	6
1	12
−6	−2

$12x=$	y
2	24
0	0
−2	−24

を得る．この計算を続けてグラフに描けば以下のようになる．

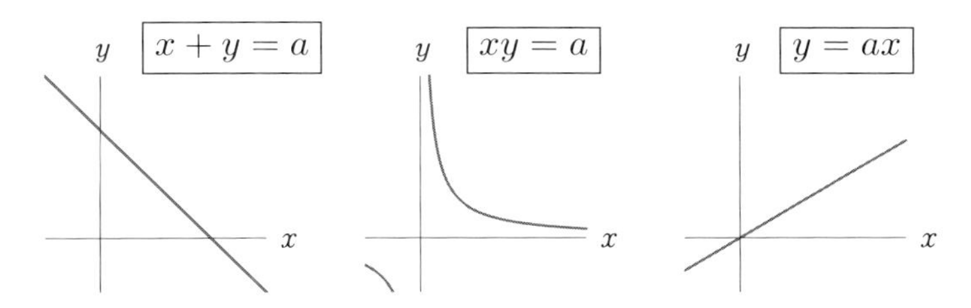

微分・積分も，その基本的なアイデアは四則計算にあり，共にグラフと密接に関係している．微分は「除算 a/b」に基礎を置き，グラフにおいては「直線の傾き」として現れる．一方，積分は「乗算 ab」であり，グラフが囲む「面積」として理解される．そして，計算そのものは「乗・除」の関係に倣い，互いに逆の関係にある．僅（わず）かこれだけのことで，様々な問題に対応可能となる．

冒頭の「和が一定」の拡張として，定数 a, b を用いた以下は重要である．

$$\text{(I)} : ax + by = \text{定数}, \qquad \text{(II)} : ax^2 + by^2 = \text{定数}.$$

I 型のグラフは直線の一般形，II 型は a, b に応じて楕円・双曲線を表す．

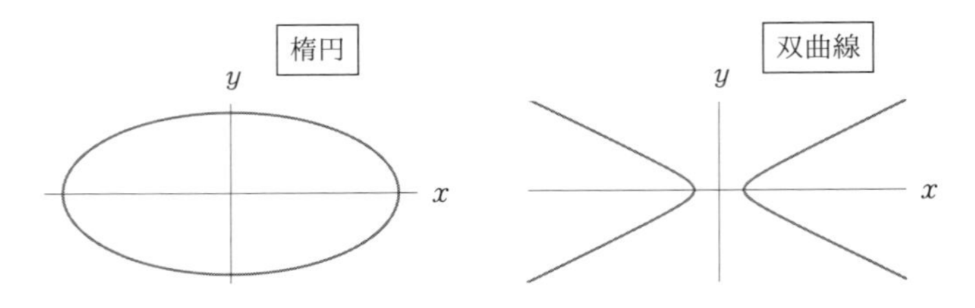

補足
学校数学においては，式から手早くグラフを描くことが求められるが，実際は，グラフからデータの相互関係を“読み取る”ことの方が重要である．その為の訓練としては，先ずは数表を作って，具体的な値を点として描くことから始めることである．これにより数式に対する理解が深まる．過度の視覚への依存は危険である．グラフによる視覚化は，“終り”ではなく“始まり”である．

2 運動量 $p = mv$ を上の関係を通して見直すと，質量又は速度の増減は運動量の増減に“比例”し，特定の運動量の値に対しては，質量と速度は一方が増えれば他方が減るという“反比例”の関係になる．この式から，先の「投じられた硬球の運動量」と同じ値を，他で実現するには，如何なる質量と速度の組合わせが必要かが分かる．例えば，質量が硬球の約三倍あるサッカーボールであれば，速度は 1/3 の 15 m/s となる．これは時速 54 km である．キックでは時速 200 km をも越えるサッカーであるが，スローイン (両手投げ) としてみれば，この速度はプロの極限レベルの値ということになる．

硬球の 500 倍，体重 72.5 kg の捕手が同じ運動量を得るには，身体を 1/500 の速度：0.09 m/s で動かせばよい．これは 0.36 s の投球の間に 0.0324 m，即ち約 3 cm 移動する速度である．逆に，質量が軽い場合，例えば質量が 0.02 kg の弾丸の場合，同じ運動量を獲得するには，以下の速度が必要となる．

$$\frac{0.145\,\mathrm{kg}}{0.02\,\mathrm{kg}} = 7.25 \text{ より，} 7.25 \times 45\,\frac{\mathrm{m}}{\mathrm{s}} = 326.25\,\frac{\mathrm{m}}{\mathrm{s}}.$$

これは常温での音速「約 340 m/s」に匹敵する．数値部分をまとめると

$$\underbrace{0.145\times45}_{\text{硬球}} = \underbrace{0.435\times15}_{\text{サッカーボール}} = \underbrace{72.5\times0.09}_{\text{捕手}} = \underbrace{0.02\times326.25}_{\text{弾丸}}$$

となり，これらが全て同じ運動量 6.525 kg m/s を有するわけである——積が一定 (質量と速度が反比例) であることから，具体的な計算を行った．

さて，これら同じ運動量を持つものを正面衝突させた時，一体何が起こるだろうか．自慢の速球を「スローインで止められるか」「捕手が如何に捕ればボールに負けないか」「ライフルで撃ち落とすには？」といった空想と共に一連の数値を見直すと，運動量が身近に感じられるだろう．

2.3 運動量の保存法則

速度は幾何学的な量である．これに比して，運動量は力学的な量である．それは次元が既に示している．質量という “得体の知れない存在” が，純粋に数学的な思考から全てを引き剥がす．ガリレイが言うように，確かに**物理学は数学の言葉で書かれている**が，その本質的部分には，どうしても言葉で表現し切れないもの，具体的な体験を必要とする何かが残る．速度は “頭” で理解することが出来るが，運動量を説明するには “身振り手振り” が必要なのである．

1 不生不滅という名の大原則

法則とは，現象間の必然に対する主張であり，経験の要約である．物理学で有用な法則の一つとして，**物理量の保存法則**が挙げられる．「保存」とは時間経過に対して，値が一定に保たれ変動しないことを指す．これは常識中の常識：

無から有は生まれない (不生不滅)

の定式化である．事を起こすにも収めるにも，代償が必要である．稼げば貯まり遣えば減る．結果の前には原因がある．我々は，こうした「常識」を覆す現象，物理学の基礎法則を逸脱する現象に一度たりとも遭遇していない．

極微の世界においては，常識は更新され，中心的な概念の大変革が為されたが，その激しい変化の中でも，保存法則は常に我々の指針となっていた．度々 “不生でも不滅でもない現象” は発見されたが，より広い範囲より広い概念の

下で見れば，やはり法則は成立していた．従って，我々は極めて大きな信頼の下にこれを扱う．要は「その成立条件と範囲を誤らないこと」である．

特に「運動量の保存法則」は強力である．外部から力が加えられない限り，系 (system) の運動量は変化しないのである．ここで系とは，“考察する対象の一組” といった意味である．投げられたボールと捕手の二要素のみを考える場合，これは二体系となる．この時，ボールに働く下向きの力や，攪乱する風の問題などは一切考慮しない．そうした条件の下，両者の運動量の総和が，**運動中のどの時刻を取っても同じ値になる**というのである．ただし，ここで「外部とは何か」「力とは何か」という問題は後に残しておく．

2 運動量保存の具体例

具体例を挙げる．グランドに戻り，三塁側スタンドに座って，投手・捕手間のみに注目しよう．投手から捕手へ進む方向 (紙面右) を正とすると，ボールの運動量 $p_{球}$ は正の値となり，対向する捕手の運動量 $p_{捕}$ は負となる．

$$p_{球} = 6.525\,\frac{\mathrm{kg\,m}}{\mathrm{s}}, \quad p_{捕} = -6.525\,\frac{\mathrm{kg\,m}}{\mathrm{s}}.$$

これより，両者の和 (全運動量と呼ぶ) を $p_{全}$ で表すと

$$p_{全} := p_{球} + p_{捕} = 0$$

となる．この全運動量が，全ての時刻で一定値 (この場合 0) を取ることを**運動量の保存**という．式としては，先に紹介した「I 型」である．上式は，ボールとミットが衝突する以前の状態である．“衝突後” を大別すると，以下の三つの場合が考えられる．ここでは「一つの慣例」に従って，接触後の運動量を p' と書く——ダッシュ (横棒全般を表す記号) ではなく，“p プライム” と読む．

1 先ずは衝突後，両者が反転して，その正負が入れ替わった (運動量の大きさは同じ) 場合，まるで動画の逆再生のように，ボールは時速 162 km で投手の方向へ返り，捕手は元の態勢へと戻される場合を考える．この時

$$\begin{bmatrix} p'_{球} := -p_{球} \\ p'_{捕} := -p_{捕} \end{bmatrix} \text{より} \quad \begin{aligned} p'_{全} &:= p'_{球} + p'_{捕} \\ &= -(p_{球} + p_{捕}) = 0. \end{aligned}$$

よって，$p'_{全}$ は同一の値 0 を取るが，こんな現象は野球の世界では起こらない．

2 現実的なのは，ボールを捕手が受け両者が静止する場合であり，衝突後の運動量は共に 0 であり，$0+0=0$ より全運動量は「元の値 0」を保っている．

3 最後は前二例の中間，即ち $0 < p'_{球} < 6.525\,\mathrm{kg\,m/s}$ の場合であるが，既に明らかなように $p'_{球}$ の値に依らず，以下の関係が充たされている限り

$$\begin{bmatrix} p'_{全} = p'_{球} + p'_{捕} \\ p'_{捕} = -p'_{球} \end{bmatrix} \text{ より，} p'_{全} = 0.$$

従って，三例共に全運動量は保存される．以下に，状況を簡単に図解した．

(1) $\overset{p'_{球}}{\longleftarrow} \cdot \overset{p'_{捕}}{\longrightarrow}$	(2) $\cdot$	(3) $\overset{p'_{球}}{\longrightarrow} \cdot \overset{p'_{捕}}{\longleftarrow}$

3 遅延相互作用

少し設定を変える．投手と捕手は同じ体躯で 72.5 kg あり，両者は「質量の無い台車」に固定されているとする——以後「投手」「捕手」は台車を含む．また，捕手は前例のように体を動かして運動量を生み出すことはない．

1 投球前，投手，捕手は共に静止している．従って，全ての運動量は 0 である．投手が前例同様の速球を，紙面右に向かって投げる．投手の運動量 $p_{投}$ は元々は 0 であったが，生じた運動量 $p_{球}$ を相殺する為に，投手は左向きの運動量 $p_{投} = -p_{球}$ を獲得する．これにより「保存法則」が成立する．**無から有は生まれない**．何も無いところから目にも留まらぬ速球が生み出されたように見えても，実際には，その代償を投手が自身の体に負っているわけである．

$\overset{p_{投}}{\longleftarrow}\quad \overset{p_{球}}{\longrightarrow}\cdot$

これはロケット推進の原理でもある．ボールの投擲は，ロケットの噴射と同様の効果がある．実際，投手がボールを連続的に投げ続ければ，台車は次第に速度を上げる．より身近な例としては，キャスター附きの椅子に座り，バスケットボールを投げても同じである．“燃料” である質量を投じることによって，残りの部分が運動量を得る．より質量のある粒子を，より高速度で後方へ

打ち出す，これがロケットエンジンの性能を高める為の必須要件である．

一般に親しまれている「水ロケット」は，圧縮された空気が，内部に蓄えられた少量の水を外部に押し出すことで，運動量を得て飛翔する――多くは筐体にペットボトルを流用．右は著者考案による「スポイトロケット」，恐らくは“世界最小”の屋内用水ロケットの発射の瞬間を捉えた映像である [呼鈴]．

2 ボールが到着するその瞬間まで，捕手側には何も起こらない．ここには何の不思議もない．当然の話である．相手に対して与える物理的な働きを**作用** (action) と呼び，その相手の反応を**反作用** (reaction) という――片仮名で「アクション」「リアクション」とした方が馴染みの人もいるだろう．語義通り，作用と反作用は表裏一体の関係にあり，どちらを作用と呼ぶかは状況により変わる．複数の対象が互いに影響を及ぼし合うことを**相互作用** (interaction) という．

補足
ここで「行動」「作用」「反・作用」「相互・作用」という語の作りに注目しよう．英語では「act」「action」「re-action」「inter-action」である．

握手は相互の関係であり，片方だけでは成立しない．壁を押せば，壁に押し返される．スケートリンクで相手を押しながら，自分だけが静止状態を保つことは出来ない．それは「保存法則」が許さないのである．捕手がボールを止めた瞬間，その運動量は完全に捕手に移行する．即ち，$p_{捕} = p_{球}$ となる．

$\leftarrow p_{投}$ $\qquad\qquad$ $p_{捕} \rightarrow$

以上の結果，運動量の遣り取りは次のようにまとめられる．

設　定；		$p_{投} = p_{球} = p_{捕} = 0$	
時刻０：	$p_{投} + p_{球} = 0$	$\cdots\cdots 16.2\,\mathrm{m} \cdots\cdots$	$p_{捕} = 0$
0.36s：	$p_{投}$	$\longrightarrow$	$p_{捕} = p_{球}$
結　果：		$p_{球} = 0,\ p_{投} + p_{捕} = 0$	

投手は投球直後に後退し，捕手は捕球の反動で後退する．両者の方向は反対

であるが，様子は同じである．しかし，ボールが見えない遠方の人は，投手が左に動き，その 0.36 s 後に“何故か”捕手が右に動いたと見る．即ち，作用に対する反作用が「一定時間だけ遅れた」わけである．これを遅延相互作用という．この場合，「遅れ時間」を調整するのは簡単である．距離を伸ばせば拡大し，縮めれば短縮される．両者の距離を“ほぼ 0”に取れば，単に投手と捕手が押し合うようにしか見えない．そこには見慣れた唯の相互作用しかない．違いは，肉体の直接的な接触ではなく，ボールが仲介している点である．

4　万物は原子よりなる

ところで，“直接的な接触”とは何だろうか．確かに我々は“そう感じている”が，手が壁を押し押され，これが正しく私の手だ，「手は壁の中へ吸い込まれていかない」と認識しているのは，我々を構成している原子，その中に大量に存在する電子が，相手側の電子と相互作用することによって，お互いを退けているからである．譬えれば，電子という名のボールの遣り取りをしているわけで，ここで扱っている例と大きな違いは無いことになる．

実際，感覚器官は，1/500 秒程度の時間の遅れを認識出来ない．それを我々は“瞬時”と捉える．ここに「工学」が入り込む余地がある．相手から受け取った「作用の情報」を，高速で処理し「反作用の情報」として，遠隔地に送ることも出来る．その結果，地球の裏側に住む人に対して，目の前に居るのと全く同じ感覚で握手することが出来る．感覚情報の伝送，記録，再現，拡縮などが容易に出来るようになった．これが「リアルハプティクス」と呼ばれる最新の工学技術である．写真 (モーションリブ株式会社提供) は，ケーキを掴むロボット・ハンドである．これは接触部にセンサーを持つ従来型とは原理的に異なり，対象の柔らかさを反作用から計算し，壊さぬよう落とさぬように把持出来る．また，装置に一切の変更を加えることなく，堅く締まった瓶の蓋を開けることも出来る――「遂にこの時が来た」と素子のゴーストが囁く．

唯の「握手」さえ電子の働きを知らなければ，本質的な理解は出来ない．ここにファインマンの言葉を紹介しておこう．現代文明の成果を，僅か一つの文章でしか次世代に伝えられないと仮定した時，「最小の語数で最大の情報を与えるのはどんなことだろうか」という自問に対して自答した：

> **すべてのものはアトム**—永久に動きまわっている小さな粒で，近い距離では互いに引きあうが，あまり近づくと互いに反撥する—**からできている．** (坪井忠治訳)

である．著者は，この文章の広報に努めて来たが，まだまだ足りない．大事なことなので二回書きたい．そこで原文 (Lectures on Physics I 1-2) も添えておく．

All things are made of atoms—little particles that move around in perpetual motion, attracting each other when they are a little distance apart, but repelling upon being squeezed into one another.

古来より「全ては〜である」という主張は数多(あまた)ある．この文章はその発展形であるが，何より優(すぐ)れているのは，対象の挙動の本質が過不足なく記述されている点にある．世に名高い至言(しげん)は，その大半が定性的な内容に留まっているが，これは量への道程(どうてい)をも示している点において別格なのである．この文章の意味を深く捉え，洞察(どうさつ)し，思考することが出来たなら，本書は唯の蛇足(だそく)となる．

2.4 衝突現象の解析

衝突と運動量の関係についてまとめておく．同じ運動量の大きさを持つ「投球」と「捕手」が対向して衝突した時，その結果は「捕球 (合体して静止)」「互いに反撥(はんぱつ)」という二種類に分かれた——後者は更に細分化された．これを一般化すれば，$p_{\mathrm{A}} = -p_{\mathrm{B}}$ より全運動量 $p := p_{\mathrm{A}} + p_{\mathrm{B}}$ が 0 となり，反撥の場合も $p_{\mathrm{A}}, p_{\mathrm{B}}$ が共に符号を変える為，$p = 0$ は保たれるということになる．

投手がボールを投げた瞬間，二つの運動量が生じた．これは，全運動量 0 のものが，$0 = p_{\mathrm{A}} + p_{\mathrm{B}}$ より $p_{\mathrm{A}} = -p_{\mathrm{B}}$ と分離したことに因(よ)る．また，投球が静止した捕手に捕球された瞬間，運動量が移行 (ボールは静止，捕手は後退) する現象は $p_{\mathrm{B}} = p_{\mathrm{A}}$，直後に $p_{\mathrm{A}} = 0$ となることである．

$\boxed{1}$ 最後に最も単純で，しかしながら少々厄介な問題を含む場合を考える．それは「壁当て」である．この場合，野球よりも「おはじき」「ビリヤード」「カーリング」などを連想した方が，より適切な描像(イメージ)が得られるかもしれない．

運動量の保存法則は，先に紹介したＩ型の形式：

$$mv_0 + MV_0 = mv + MV \quad \$ \, \frac{\mathrm{kg\,m}}{\mathrm{s}}$$

を持つ．m, M は質量を表す．v, V の添字 0 は，初期値 (初めの時刻の値) を示すという“大学以降の慣例(かんれい)”に従った．よって，左辺は時間とは無関係な定数 (以後 p_0 とおく) であり，その値に応じて右辺の v, V が変化する．ボールの運動も時間の経過も，紙面の左から右，左辺から右辺へと流れると考える．

補足

ここまで物理量の時間的な変化を扱いながら，時刻 t が数式の中に陽(あらわ)に登場しなかった．記述の煩雑(はんざつ)さを嫌い，「時刻の関数」としての扱いを避けたのである．ここで**関数**とは，主・従のある二数の関係で，「主 (入力)」を決めれば「従 (出力)」が唯一つ定まる対応関係を数式として表したものであり，よく自販機に譬(たと)えられている．そこで，主たる変数 t を持つ関数の一般的な表記より

$$mv(0) + MV(0) = mv(t) + MV(t)$$

とすれば，v_0 とは「関数 $v(t)$ の時刻 0 での値 $v(0)$」を略記したものだと分かる．では $v(t)$ とは「特定の時刻 t」での一つの値を示すだけのものなのか．この辺りに，関数の“多義性(たぎせい)”が現れてくる．上式は「自由に動く t」を持つ右辺全体が，如何なる時刻でも，「特定の時刻 (ここでは 0)」における値と一致すると主張しているのである．これらの意味を確認した上で，以後も簡略記法を採る．

$\boxed{2}$ 二種類の変数 v, V に対して，一つの式では結果が一意に定まらない．そこで，これら変数に対する追加条件を考えよう．二体間の問題を扱っているので，両者が衝突した際に，どれくらいの割合で撥(は)ね返るかという問題がある．そこで，衝突前後の両者の相対速度の比を**反撥係数**(はんぱつけいすう)と名附け，以下の式：

$$e := -\frac{u \ (\text{衝突後の相対速度})}{u_0 \ (\text{衝突前の相対速度})} = -\frac{v - V}{v_0 - V_0}$$

で定義する．なお負号は，衝突が起こる為には $V_0 < v_0$ である必要があり，また衝突後は $v < V$ となることから，分母は正，分子は負となるので，全体を

正数にして扱い易くする為に附けられている．また，外的な要因が無い中で，「衝突後の速度が前の速度を上回ることはない (常識：無から有は生じない)」ので，係数には $0 \leqq e \leqq 1$ という制限が自然に生じる——ここで $e = 0$ は，粘土のように全く撥ね返らず一体化する場合に相当する．ここでは，「反撥係数は相対速度には依(よ)らない」という "経験則" が成立する範囲に議論を絞る．

3 以上の設定から，問題は次の連立方程式：

$$\begin{bmatrix} p_0 = mv + MV \\ eu_0 = -(v - V) \end{bmatrix} \begin{array}{l} :\text{保存法則}\ (p_0 := mv_0 + MV_0) \\ :\text{反撥係数}\ (u_0 := v_0 - V_0) \end{array}$$

を変数 v, V について解くことになる．結果は

$$v = \frac{p_0 - eMu_0}{m + M}, \quad V = \frac{p_0 + emu_0}{m + M}.$$

定数：m, M, v_0, V_0, e を選ぶことで，様々な現象に対応出来るようになった．特に，極端な場合 ($e = [\,0\,|\,1\,]$) に興味がある．前者は上式より直ちに $v = V$ を得るが，これは両者が一体化する (足並みを揃(そろ)える) ことを確かに示している．後者は，e の定義より $u = -u_0$ となる．これは衝突前の相対速度が，衝突後に反転 (大きさは同じ) していることを示している．図解は以下の通り．

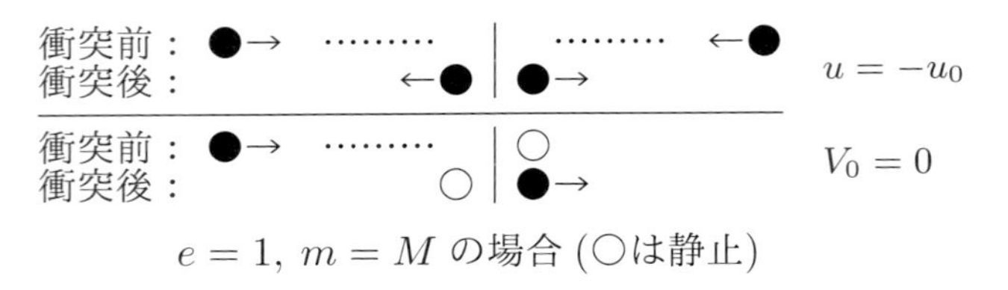

$e = 1,\ m = M$ の場合 (○は静止)

更に，完全な反撥 ($e = 1$) が生じる場合に対して，$V_0 = 0$ と定めると，$p_0 = mv_0,\ u_0 = v_0$ となり，整理して以下の関係を得る——加えて $m = M$ とすると，$v = 0, V = v_0$ となり速度の交換が実現する．

$$v = \frac{m - M}{m + M} v_0, \quad V = \frac{2m}{m + M} v_0.$$

これは，衝突する対象が静止し，静止していた対象がその速度をそのまま引き継ぐ現象を表している．両者の質量に極端な大小関係 ($m \ll M$) がある場合

には，全体を M で除して m/M を 0 と見做すことで，以下の近似式を得る．

$$v = \frac{m/M - 1}{m/M + 1} v_0 \approx -v_0, \quad V = \frac{2m/M}{m/M + 1} v_0 \approx 0.$$

これが「壁当て」の場合に相当する．これは投げたボールの速度がそのまま返り，壁は不動という状態である．しかし，実際には僅かでも壁が運動量を持たない限り，運動量の保存法則は成り立たない．

衝突前： ●→ ……… ｜////// $M \to \infty$
衝突後： ←● ｜////// $v = -v_0$

仮に「壁が不動」を前提にすれば，本来なら動くべき壁を「何かが支えている」ことになり，保存法則の条件：「外からの影響がない」が崩れる．従って，保存法則から導かれた上記結果は，あくまでも近似ということになる．

2.5 もう一つの保存量

以上のことを簡単な卓上実験で推察出来るようにしたものが，俗に「ニュートンの揺り籠」として知られている以下の科学玩具である [は物].

1 連鎖衝突の実験

この玩具により様々な衝突が模倣されるが，中でも一番“不思議な感覚”を覚えるのが，「一対多の衝突」である．例えば，五個の場合，左端の一番球を，静止状態にある残りの四球に当てると，一番球が静止した直後に，右端の五番球のみが一番球が最初に持ち上げられていた高さ近くまで振れるのである．

しかし，我々は既にこの現象を簡単に説明出来る．二質点の完全な反撥 $(e = 1)$ と，遅延相互作用を思い出そう．説明の便の為，先ずは静止状態の四球の間には「狭いが間隔はある」と仮定しておく．

実験を開始する：先ずは一番球が移動して二番球に衝突し，そこで速度交換が起こる．即ち，一番球は静止し，「二番球が一番球の速度を継承して動き出す」わけである．次に二番球が移動し，三番球の所に到着すると衝突が起こって同様の速度交換が為される．これを繰り返して，四番球が静止した直後，五番球が飛び出していく．実際には，各球間に空白は無く，速度交換も瞬時である為に，一番球の衝突直後に五番球が飛び出したように見える．

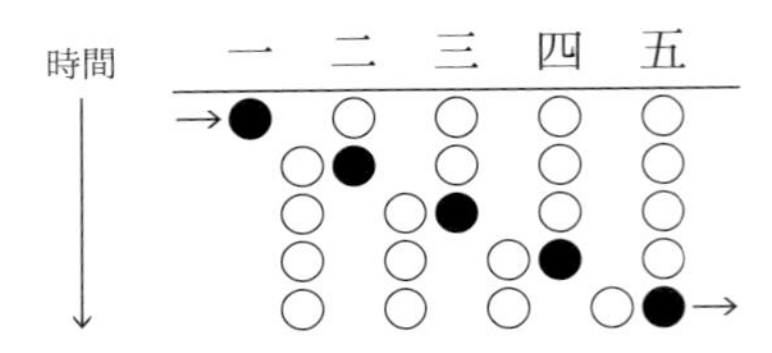

では何が瞬時か．既述の通り，人間は 1/500 秒以下の現象を区別出来ないので，それは瞬時と認識される．ならば，対象が 30 万 km 並んでいればどうか．

個数に依らず，末端の反応まで「一秒以上」掛かる．これは相対性理論の帰結であり，情報伝達の限界を示している——物質の反応を含む場合は「その歪みが伝わる速さ」が限界値となるが，それは極めて遅く前段とは矛盾しない．

机上に戻ろう．これで「実験」を説明出来たわけであるが，同じことが「一個の球の中でも起こっている」と考えることは出来ないか．即ち，球体内部に並んだ更に小さな球体が，衝突の連鎖を繰り返して，運動量を運んでいると観るのである．対象に対する巨視的な考察と，微視的な考察を往復することで，物質の微細な構造を思い描くことが出来る．その結果，忽ち「机上の実験」が原子の衝突現象に見えてくる．また逆に，そうした仮定によって，巨視的な対象に対するより深い理解も得られるだろう．ファインマンが強調したように，全ての物質は「原子という小さな球体から出来ている」のであるから．

余話

揺り籠に宇宙を観るのも，原子を観るのも，全ては想像力である．実際の実験と組を為すのは，直観と論理と飛躍による**思考実験**という“妄想”である．

物理学が「近似の学問」であることは何度も述べた．我々は大自然の在るが儘，その全てを考慮して立論することは出来ない．仮に出来たとしても，そこからは「それは在るべくして在る！」といった観念的で定性的な“感想”しか出て来ない．近似が必須なのである．「程度の問題」ではない．「丸ごと捨てる」のである—— “何も捨てることが出来ない人には、何も変えることは出来ない”．

本質的議論とは，「何を捨てるか」という自身の決断に掛かっている．その意味で物理学は「捨象(しゃしょう)の学問」であり，また様々な“景色”を借用し，最も重要だと確信する部分のみを描き出す「借景(しゃっけい)の学問」だともいえるかもしれない．

---

2 保存量の導出

衝突現象には，運動量とは別の保存量が存在する場合がある．先に連立方程式と見做した二式を v_0, v と V_0, V の組に分け，辺々を掛け合わせると

$$
\begin{array}{rcll}
m(v_0 - v\ ) & = & -M(V_0 - V\ ) & \\
v_0 + v & = & V_0 + V & (\times \\
\hline
m(v_0^2 - v^2) & = & -M(V_0^2 - V^2) &
\end{array}
$$

更に組み直すと，添字が附いた項 (定数) だけをまとめられる．これは II 型の新たな保存量を見出したことなる．その値を便宜(べんぎ)的に $2h_0$ とおくと

$$
mv^2 + MV^2 = mv_0^2 + MV_0^2 = 2h_0.
$$

前提から明らかなように，これは $e = 1$ の場合のみに成り立つ．そこでより一般的に，先に求めた解から，$0 \leqq e \leqq 1$ の場合について具体的な計算をすると

$$
\begin{aligned}
2H := mv^2 + MV^2 &= m\left(\frac{p_0 - eMu_0}{m+M}\right)^2 + M\left(\frac{p_0 + emu_0}{m+M}\right)^2 \\
&= \frac{p_0^2 + e^2 mMu_0^2}{m+M} = 2h_0 - (1-e^2)\frac{mMu_0^2}{m+M} \leqq 2h_0
\end{aligned}
$$

となり，確かに $e = 1$ 以外の場合には $2H$ の値は減少する ($\because$ 最後の式変形における e を含む第二項が正数) ――なお「記号 $\because$」は“何故なら(because)”，逆向きの「$\therefore$」は“従って(therefore)”を意味する．後の議論の為に，H の次元を調べると

$$
[H]_{\mathrm{D}} = \mathsf{M}\left(\frac{\mathsf{L}}{\mathsf{T}}\right)^2 = \frac{\mathsf{ML}^2}{\mathsf{T}^2}
$$

となる．これは速度の次元が分かっているので，簡単に求められた．

ここでは「相対速度の比」として e を定義した．しかし，そこから保存量が導かれたこと，そして保存量こそが「理論の大指針」になることを考慮すれば，話の流れを逆転させて，「保存量を誘導するものとしての e」こそが，その本質ではないかという観点に立つことが出来るだろう．

補足

　ここでは質点 (大きさ 0) 扱っているので，現実的な意味での“衝突”ではない．これを“机上の空論”と捉える人も居るかもしれない．しかし，日常的な感覚からは，“点とも思える”極微の粒子を正面衝突させる装置が，実際に稼働して成果を挙げていることも知っておくべきである．これは硬球を弾丸で止めることよりも，遥かに高精度が要求される「人類が誇るべき技術」である．

2.6 延長戦は逆に振れ

質点の“衝突解析”もほぼ終了である．最後はバットも質点と見做す．謂(い)わば質点の延長戦である．延長戦といえば，昨今は無死二塁から始まる——時短にしか興味が無い経営者主導の流行病(はやりやまい)である．無死二塁，更に後攻ともなれば日・米を問わず念頭にあるのは「走者を進めたい」「犠打は可能か」である．

1 先ず，諸計算を簡潔(かんけつ)にする為に，$V_0 = kv_0$, $M = qm$ と置いて，今まで通りの v_0, m を基準に速度の式を，以下の如く書き直す．

$$v = \frac{v_0}{1+q}\left[(1+kq) - (1-k)eq\right], \quad V = \frac{v_0}{1+q}\left[(1+kq) + (1-k)e\right].$$

バットと腕の質量和，“実効質量”を約 2.7 kg と仮定し，計算の便の為に $q = 19$ とする．ここで反撥係数は“現実味”を出す為に $e = 1/2$ を選ぶ．

先ず打者が振らない，即ち $k = 0$ (初速 0) の場合には

$$v = -\frac{17}{40}v_0 = -19.125\,\frac{\mathrm{m}}{\mathrm{s}}, \quad V = \frac{3}{40}v_0 = 3.375\,\frac{\mathrm{m}}{\mathrm{s}}$$

となる．バットは後ろに押し込まれ，打球は投球の約四割の速度で内野を転がる．恐らく“犠打は失敗”であろう．何とか撥ね返りを抑え，本塁附近に落としたい．例えば $v = 0$ を実現するには，如何に“振れば”よいか．これは，条件を充たす k, V を求める問題である．実際に計算して

$$0 = (1+19k) - \frac{19(1-k)}{2} \text{ より，} \quad k = \frac{17}{57}, \; V = \frac{20}{57}v_0.$$

結果は，打者に「バットを投球の約三割の速度で引きながら当てる」ことを求めている．これは，通常の打撃とも捕球とも異なる，謂わば「逆向きに振る」

という高度な技術である．犠打の軽視は，練度の高い選手を育成出来なかった指導層の弁解である．“取らぬ狸のビッグイニング”では長丁場は戦えない．

従って，バントは「膝を柔らかく使い，ボールの運動量を全身で受け流す」必要がある．これは精神的に緊張し，肉体的に硬直していては出来ない――バットの先を下げて構える打者は，無駄な上下動が多くなり，体とバットが一体化しないまま腕主導で振るので，ボールの勢いに負けやすい傾向がある．

2 さて，ここまでは運動量を中心に議論してきた．二つの対象が衝突する時，各々の運動量は変化するが，総和は不変であった．ところで，この変化とは何を意味するのか．対象が分裂しなければ，質量は変化しない．従って，変化するのは速度である――これを加速度と呼んだ．即ち，衝突現象の背後には，加速度が隠れているわけである．衝突の概念には，瞬間的なものも，ゆっくりしたものも含まれる．ここでは，瞬間的な衝突を意識して議論する．

一般に，記号「Δ」を前置することで，微小な量であることを意識させる場合が多いが，大小は比較の問題なので，実際には大きさに依らず，議論はそのまま成立する――何れ読者は，これと似た意味で d, δ や ε などが用いられている場面を見るだろう．そこで二体の衝突，その「接触から離脱までの僅かな時間」を Δt と表そう．例えば，バットとボールの衝突の瞬間は，人間の目では捉え切れない．高速度カメラを使えば，ボールがバットの上で歪んでいく様子が見られるが，そこで繰り広げられる応酬を，測定することは困難である．ところが結果，即ち Δt よりも長い時間の幅で見れば，現象の細部を知らなくとも，単なる「運動量の差」として，状態を把握出来る．要するに，Δt の世界にさえ潜り込まなければ，運動量の加減算のみで事足りるのである．加えて保存法則という強力な道具まである．以上が，運動量を重要視する理由である．

比喩的に言えば「数式は人間より賢い」ので，基本法則に反しない限り，「如何なることも起こる」と考えるべきである．先ずは数学を優先し，そこに「実生活の中で培われた常識」を加味する必要がある．数学に対する信頼と常識，両者のバランス無くして本質は見抜けない．歴史的事実として，常識を優先し数式を後に回した人は“大魚”を逃した場合が多い．常識が邪魔をしたのである．この辺りの機微が「数式は賢い」に教訓として含まれているのだろう．

2回裏：まとめ

◇質量・質点・質量中心 (重心) について考察する.

◇運動量の定義 $p = mv$ と，その次元 ML/T.

◇単位系 (MKSA と SI) について整理する.

◇物理量 A (数 | SI 単位) を $A = [A]_{\mathrm{N}}[A]_{\$}$，次元を $[A]_{\mathrm{D}}$ で表す——和に注意.

$$\underset{\text{量の和}}{[m_1 + m_2]_{\mathrm{N}}} = \underset{\text{数の和}}{[m_1]_{\mathrm{N}} + [m_2]_{\mathrm{N}}}, \quad \underset{\text{量の和}}{[m_1 + m_2]_{\$}} = \underset{\text{集合の和}}{[m_1]_{\$} + [m_2]_{\$}} = \mathrm{kg}$$

以上は，本書のみで用いられる記号であるが，各種概念の整理に有効である.

◇数式的にも視覚的にも，比例と反比例が三数の関係の基本であることを知る.

◇三数の関係「$\alpha \circ \beta = \gamma$」をグラフに描く——眺(なが)めるのではなく，自力で描く.

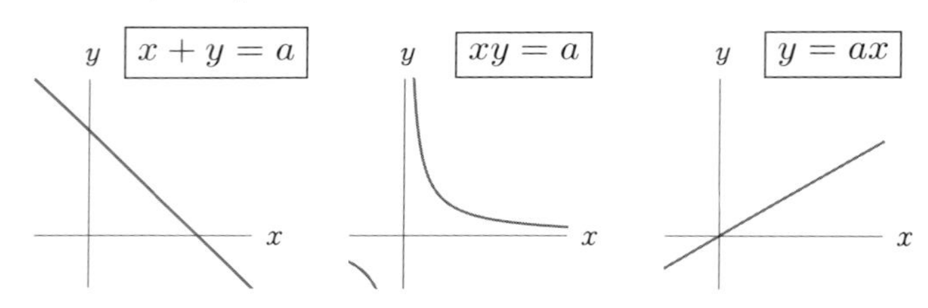

両端は共に直線のグラフであるが，視覚的に強調している部分が異なる.

◇様々な楕円の定義，そこから導かれる性質について関心を持つ [は物].

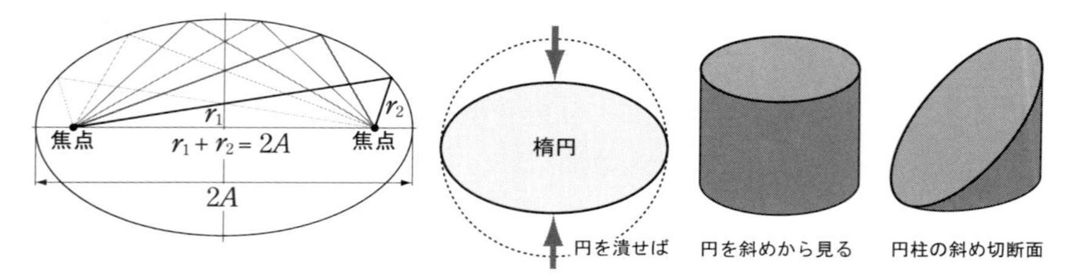

◇保存量の基本となる式の形について知る.

◇運動量の保存法則 (不生不滅). 作用と反作用の関係.

◇万物は原子よりなる—— “目に映る全てのことはメッセージ” ——↓

◇知り得る物理法則，現象の全てが「原子」から再現出来るかを常に意識する.

◇衝突現象と反撥係数「$e = -(v - V)/(v_0 - V_0)$」の関係.

◇新たな保存法則「$mv^2 + MV^2 = mv_0^2 + MV_0^2$」の登場.

■実践へのヒント

投手が意識すべきことを「力学の範囲」で考察しよう．先ず，強い球を投げる人と，そうでない人を比べよう．昔々，オフの恒例(こうれい)として，野球選手と関取衆の野球大会があった――年末にはセパ対抗歌合戦まであった．観客は「あの巨体でどんな凄い球を投げ、また打てるのか」と愉(たの)しみに見始めるが，結果は散々．投げれば山なり，打てば内野の頭も越えない有様で，まるで「初切(しょっきり)」のようにも見えた．体重にして倍以上もある巨漢(きょかん)力士が，自らの肉体で生み出した運動量は，一体何処に消えたのか．これは，筋肉隆々の人達に多く見られる現象であるが，獲得した運動量を上半身で空費している．目的に適(かな)った動きが取れず，各部の筋力が互いに打ち消し合っていることが，その主な理由である．

1 投手は，投球動作の前半において，運動量獲得の為に行った体重移動を，一般に「壁」と呼ばれている「仮想的な限界位置」において一気に止める．その瞬間，完全に脱力した腕は，為すがままに“動かされる”．この一連の行為によって，運動量は肩から肘へ，肘から手首へ，手首からボールへと淀(よど)みなく伝わる．よく「鞭(むち)が撓(しな)るような」という表現をするが，これは比喩(ひゆ)ではない．選手達は，全く文字通りのことを目論見(もくろみ)，そして実現している．小石に蹴躓(けつまづ)いた時のことを考えれば分かる．その時，人は呆然(ぼうぜん)たる思いで，眼前(がんぜん)に迫る地面を見る．これは全身の運動量が，足先の一点を止められたことで，一気に上体へ移行したからである．この場合，小石が「壁」の役割を果たしている．

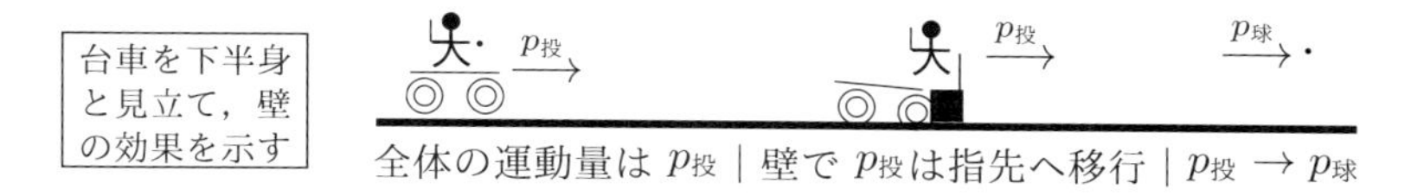

如何に筋力に優れた人でも，「壁」の意識が無く，下半身 (及び上体) を静止させずに，腰の捻転(ねんてん)や腕力に頼って投げよう (打とう) とすれば，運動量は身体各部で空費され，ボールに伝わらない．その結果，強い出力は得られない．

2 要約すれば，投球動作の前半は，全身で運動量を稼ぐ「剛の動作」，後半は，それを指先にまで移行させ開放する「柔の動作」である．このような，運動量を軸にした「剛から柔への展開」が必要である．一般に未経験者は，「柔・柔」になりやすく，他競技の経験者は「剛・剛」になりやすいのではないか．

競技によって最大負荷が掛かる部位は異なる．野球選手もポジション毎に，より鍛えられた筋肉が必要な部位と，そうでない部位が生じる．「怪我をしない身体作り」も重要であり，また持続力の問題もある．体格・体質面での個人差も大きく，投球フォームも各々で違う．従って，安直に筋トレの正否を論じることは出来ない．そして，ここから先は，初等力学の管轄外である．

余話

十時間で 200 球は投げれても，一時間 (18 s/1 球) では無理である．これは，筋肉の冷却・回復の問題から考えて，当然のことと思われるが，こうした問題を「ピッチクロック推進派」は考えているのだろうか．「投球数」には極めて神経質なのに，「投球間隔」については全く無頓着である．そして，余りに性急である．試合時間の短縮の為に，選手の寿命まで短縮するようでは，正に愚行の極みと言えよう．先ずは，長期に渡る健康調査を行って頂きたいものである．

昔は「凄かった」．耳に木霊するのは，臨場感溢れるラジオの名実況である．

マウンド上は国鉄のエース金田．中三日． 満を持しての登板，休養充分であります．	～	八時半．連夜の宮田登板．投げません． まだ投げません．これが宮田のペース．

ただし，今の基準で過去は裁かない．これを乗り越えてこその「今」である．

3 以上は投打共通である．肉体を鍛え，体重を増やすと共に，その大質量を充分な速度で動かし，制御出来るだけの筋力を附ける．長期に渡って怪我なく活躍する為には，各関節の可動域の拡大も必要であろう．ただし，「最重要要素は運動量」であるから，両者の積が問題である．瞬間的な速度が下がるのなら，体重増は邪魔になる可能性が高い．走れず守れず，怪我の元になるだけである．この辺りは，個人差が大きいので自ら理想の体型を探すしかない．

文字通り全身で得た運動量を，投手はボールに，打者はバットに伝える．その方法もほとんど同じである．運動量を「壁」の働きによって，移動させていく．活発に動く部分と全く不動の部分があり，両者が時間の経過に沿って滑らかに移っていく．脱力から集中，そして開放へと，強い球を投げることも，遠くへ飛ばすことも，その根本にある原理は全く同じなのである．従って，この基本を徹底的に理解した人には，「二刀流」なるものが自然に可能になる．

投手が非常に高い精度で**再現性**を求められるのに対し，打者は常に受身であり，様々な変化に対応する**柔軟性**を求められる．これが両者の違いである――極論すれば，投手はゴルファーに近く，打者はゴールキーパーに近い．

3回表　二刀流：道具編

学生諸君に，「この問題で考慮されていないものは何か」と問うと，多くの場合「床との摩擦(まさつ)」「空気の抵抗」といった答が返ってくる．これは高校生でも大学生でも変わらない——それらが無ければ“非現実的”だと主張して，問題そのものを否定する学生も居る．床が無くても，真空中でも，「摩擦」「抵抗」という言葉が“いの一番”に出てくるのは，何かに取り憑(つ)かれているように思える．恐らくは思考の前に，自身の知識を優先(ゆうせん)したからに違いない．

思考の基礎になるのは諸要素の知識である．知識なくして思考はない．しかし，100 の学習に向け，先ずは「知識を 50」，後に「思考を 50」としても上手くいかない．この手法が僅かでも有効なのは，単語の知識が大前提になる語学ぐらいだろうか．物理学では，「知識 5・思考 5」といった少量を，攪拌(かくはん)しながら学ばないと，知識は沈殿(ちんでん)し固化(こか)する．固まった「記憶の底」から用語を引いても，的外れなものになるだけである．余程の才がない限り，新生面(しんせいめん)を切り拓く化合物にはならないが，常に攪拌を怠(おこ)らず良き混合物にはしたいものである．

確かに，転がる球も直ぐに止まる．少々斜めになった棚(たな)でも物は落ちない．走れば空気，泳げば水が大きな抵抗になることは実感出来るから，最初に思い浮かぶのも無理はない．しかし，物理学は**現実を見る為に現実を離れる学問**であるから，こうした“膠着(こうちゃく)した現場感覚”だけでは理解が進まないのである．

学問構成上の問題として，初等的な物理学において，摩擦の問題を扱うのは，「善悪の話」の只中(ただなか)に，突如として「損得の話」が始まるような違和感がある．真理を問う本質論に対して，表面的な辻褄(つじつま)合わせをする現象論だと言ってもよい．実際，摩擦は「大量の原子が関与する多体問題」であり，実際は工学的な問題である．扱いが難しいからこそ，宿題として残したいのであるが，「現実的な問題に拘る人達」はいきなり最難問に取り組むという「非現実的な対応」を求めてくる．その折衷案(せっちゅうあん)が，中高の物理における摩擦の取り扱いである．

初歩的な問題でも，深部を抉(えぐ)る研究でも，その処方(しょほう)は全て理想化されたものである．「本質的でない」という文言と共に，非常に多くの要素を“夾雑物(きょうざつぶつ)”として排除している．しかし，主役と脇役を見定めるのは，容易(たやす)いことではない．同じ対象を同じ手法で処理したとしても，その過程の中で極々小さな要素の「何を捨て」「何を採り入れた」かで全く異なる問題になる．よって，設定の数だけ異なる問題が生まれ，問題は極めて複雑に枝分かれする．

3.1 密度と比重

ここでは，運動における「本質的問題」を扱う．多数の質点が一つの物体を構成していると考えた時，何が生まれ，何が考察から捨てられているか．そもそもボールとは，バットとは．既述のように，64 cm 上からボールを落とせば，床に着くまでの時間は 0.36 秒．ところが，玩具のヨーヨーは同じ距離を遥かにゆっくりと落ちていく．紐との摩擦なのか．空気の抵抗なのか．

1 質点から少しだけ議論を進展させよう．対象の大きさを考えるのである．硬球の周は 22.9 cm〜23.5 cm と規定されている．そこで半径：$r = 3.7\,\mathrm{cm}$ の球体であると仮定しよう．この時，周は約 23.2 cm，その体積は

$$\frac{4\pi}{3}\times(3.7\,\mathrm{cm})^3 \text{ より，約 } 212\,\mathrm{cm}^3.$$

質量は 145 g であったから，その**密度** (体積当たり質量) は

$$\frac{145\,\mathrm{g}}{212\,\mathrm{cm}^3} \text{ より，約 } 0.684\,\frac{\mathrm{g}}{\mathrm{cm}^3}$$

となる．ところで，水の密度は摂氏 4 度において

$$1\,\frac{\mathrm{g}}{\mathrm{cm}^3} \quad \left(= 1\,\frac{\mathrm{g}}{\mathrm{cc}} = 1\,\frac{\mathrm{kg}}{\mathrm{L}} = 1\,\frac{\mathrm{ton}}{\mathrm{m}^3}\right)$$

である．ここで「シー・シー」として御馴染みの cc とは，「cubic centimetre (立方センチメートル：cm^3)」の略である．また，この場合の L はリットル (又はリッター) と読み 1000 cc，ton はトンと読み 1000kg を表す単位である．

なお，“密度”は前後の文脈(ぶんみゃく)により意味が変わる．多くの場合，今示した体積に対する質量の割合である「体積密度 $(\mathsf{M}/\mathsf{L}^3)$」であるが，棒状の対象に対して定義される「線密度」，板状の対象に対して定義される「面密度」もある．質量以外を対象に取った場合 (電荷，状態，人口等々) も同様に密度の名で呼ばれる．より一般には，物理量 x の次元：X に対して，以下のようになる．

$$[\text{線密度}]_{\mathrm{D}} = \frac{\mathsf{X}}{\mathsf{L}}, \quad [\text{面密度}]_{\mathrm{D}} = \frac{\mathsf{X}}{\mathsf{L}^2}, \quad [\text{体積密度}]_{\mathrm{D}} = \frac{\mathsf{X}}{\mathsf{L}^3}$$

2 **比重**は，固体・液体の場合，「同一体積の水」との質量の比として定義される——よって無次元であり，水の比重は 1 と決まる．比が 1 より小さい場合，対象は水に浮く．従って，硬球 (0.684) は水が内部に浸透(しんとう)するまでは浮く．水の密度は既述の通り，1 m^3 当たり 1 ton(=1000 kg) である．ton は“家庭的”でない単位であるが，浴槽(よくそう)を考えると大きさが掴(つか)める．三辺が全て 1 m の立方体の体積は 1 m^3．感覚的には小さな箱であるが，水を入れると 1 ton になる．家庭用の小さな浴槽(よくそう)でも，そこには 200〜300 kg の水が湛(たた)えられている．

余話

サンフランシスコ・ジャイアンツの本拠地は海に面しており，ジャイアンツの選手の場外弾はスプラッシュヒットと呼ばれている．特にバリー・ボンズ選手の場合，海上で待機(たいき)した多くのファンのボートにより，苛烈(かれつ)な争奪戦が繰り広げられたのは有名である．準備された網(あみ)で“お宝”が掬(すく)えたのも，硬球が水に浮くからである．果たして，その名を連(つら)ねる日本人選手は出るのだろうか．

昨今，建物の途中階にプールや温泉などが設置されたジムやホテルなども多いが，一体どれほどの水を抱え，どれほどの質量に耐えているのだろうか．最上階附近にプールを設置するのは，防火・防振対策としての意味を持つ場合もあるが，これは建物の強度とはまた別の話である．**水は，我々の“感覚”よりも遥(はる)かに大質量であることを，津波の教訓と共に肝(きも)に銘(めい)じておくべきであろう．**その組成を論じることは多く，生物学的な観点からその重要性を語られることも多い水であるが，最も単純な「物質の塊(かたまり)としての性質」，大量の水が引き起こす力学的な性質，その破壊力もまた同時に学ぶべきことである．プールでバケツ一杯の水を頭から掛けられるだけでも，その重さが実感出来るだろう．

3.2 流体の性質

浴槽の中で手脚(てあし)を伸ばす．洗い場と何も変わらない．しかし，動きを早めると水の存在を実感する．水泳なら当然のこと，**動きに応じて抵抗も増える．**

1 浴槽内での実験

以下，●は水粒子を表す．浴槽内で粒子は整列し，全体を底が支えている (左図)．そこに薄板(うすいた)を挿入し，これを掌(てのひら)と見立てる (中図)．この時，掌より上の水は，下に回り込んだ水が支えている．従って，状況は左図と何も変わりがない．居並ぶ“大量の粒子の切れ目”を縫うようにして，掌は自在に動かせる．

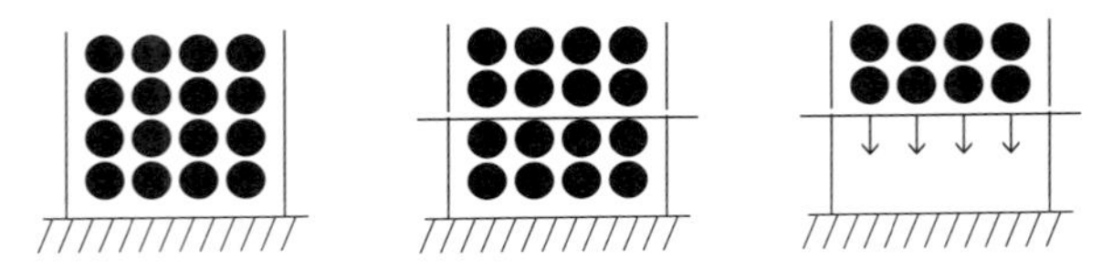

しかし，下が無くなれば，上を支える必要から，掌は自由に動けない (右図)．吸盤はこの応用である．吸盤は，下に存在する水 (大気も同様) を排除して，支えを失った質量により対象に張り付く．因(ちな)みに，水は液体，大気は気体であるが，両者には固有の形がなく共に“方円(ほうえん)の器(うつわ)に随(したが)う”という特徴を持つことから，まとめて流体と呼ばれる——両者の違いは密度と圧縮性にある．

手脚を静かに動かしている間は，その隙間(すきま)に水が入り込み，上下が水で充たされるので問題はない．しかし，急激な変化，例えば浴槽の栓(せん)が抜けたりすると，近接する部分に水の補填(ほてん)が間に合わず，部分的に右図のような状態になる．家庭用でさえ数百 kg の水が蓄(たくわ)えられている．その一部を押し遣るだけでも大変なのに，空白部があっては全体が一気呵成(いっきかせい)に襲ってくる．温泉でもプールでも，排出口(はいしゅつこう)附近で子供が遊ぶのは非常に危険である．なお，対象が受ける抵抗の大きさ D は，自身の速度 v に関係して，以下の簡単な仮定：

$$D = \left[\text{低速域}:kv \,\middle|\, \text{高速域}:k'v^2\right],\quad (k, k'\text{は次元を持つ定数})$$

が良い近似になる——低速域を粘性(ねんせい)抵抗，高速域を慣性(かんせい)抵抗とも呼ぶ．

交通安全標語に曰(いわ)く「車は急に止まれない」．しかし，急に止まれないのは車に限らない．これは質量あるもの全てが持つ性質である．そこで我々は，**「質量は急に止まれない (急に動けない)」**を標語，物理学を語る上での“常識”としたい．物理学を理解する為の初手は，質量の振舞いを学ぶことに尽きる．

数学と物理学の顕著な違い，その第一は質量概念が含まれるか否かにある．数学の世界に禁止事項はない．そこに数式が在る限り，それは“実在する”と見做すのが数学である．一方，物理学には禁止事項が多い——それは「大自然がそのように在る」からである．質量がその代表である．質量を含む方程式は物理の式であり，そこでは対象が瞬時に止まり，動くような解は許されていない．**質量は急激な変化には追随(ついずい)出来ない**．瞬間移動はしないのである．

補足
勿論，質量，時間とは無関係な幾何も，物理学に多大な貢献をしてきた．例えば「三点は平面を決定する」という定理は，「三脚は安定するが，四脚は難しい」という技術的な問題に根拠(こんきょ)を与える．四脚目は平面決定には余分なので，長さを高精度で揃えない限り，椅子は不安定になる——同じ理由で二輪・三輪よりも四輪車は難しい．従って，学生の工作課題には三脚が適当なのである．では何故，四脚が実用に耐えるかと言えば，金属製の場合には脚先端のゴムが，木製の場合には椅子全体が撓(たわ)むことで，上手く長さを調整しているからである．

2 大気中の実験

先の右端の図を 90° 時計回りに回転させ，大気中を移動する物体と見做す．

この時，前例同様に，動きが遅ければ大気が後ろに回り込み，大きな抵抗は生じない．しかし，速度を上げると回り込みが追い着かない．極めて小さいとはいえ，大気も質量を持つ．従って，これは大きな抵抗になる．先の排出口の例と同様であるが，空白部に「吸い込まれる」という感覚の正体は，「外側から押し寄せる質量に起因(きいん)する圧迫」が原因である．

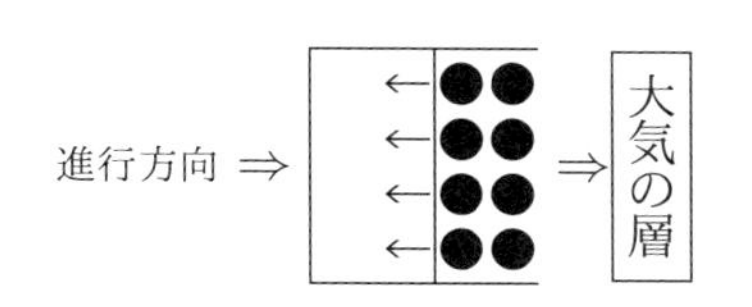

以上の議論から，速球を投げる為には，出来る限り「ボール後方に空白を作らない」ことが必要だと分かる．速度に応じて抵抗は大きくなるが，空白部を減らす方法が見出せれば状況は改善される．実効ある方法としては，ゴルフボールに多数のディンプル (小さな窪(くぼ)み) を附けた例が挙げられる．直観に反して，表面の綺麗(きれい)な球体は，次の左図が示すような状態になって大きな抵抗を生み出す．これでは飛距離も伸びず，軌道も安定しない．

補足 金属同士の滑りを良くするべく表面を磨くと，逆に軋み始め，最悪の場合は一体化する．これは表面の不純物が除去されたことで，両者の電子に遣り取りが生じて結合するからである——潤滑油の層は滑りに必要な不純物の役割を果たす．これも直観に反することの一例である．

⇒ 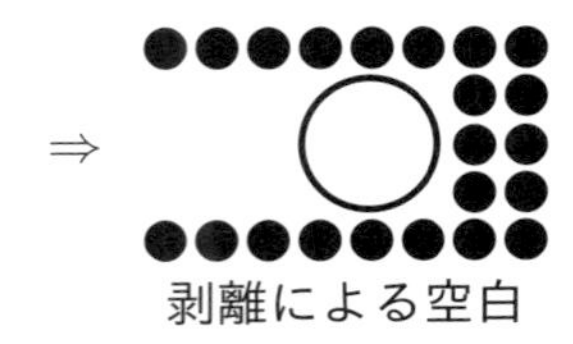

剥離による空白

 ⇒

渦による空白減

硬球の場合，108 個の縫い目がディンプルの役割を担う．大気にも水同様に粘り気がある為，窪みによって大気は引き摺られ，ボールは薄い「大気の衣」を纏うようになる．これにより小さな渦が多数発生して，球表面の流れを攪拌する為，面からの剥離は減り，流れは後方にまで回り込む．その結果，抵抗は減り速度は増す．従って，投手はボールに渦を誘発させるだけの回転を与えねばならない．逆に，無回転に近いボール (“フォーク” や “ナックル”) は空白部が大きいので，軌道が不規則で投手自身も充分に制御出来ず，捕手も上手く捕れない．この現象は，浴槽の底から気泡を放てば分かる．決して真上には上がって来ず，その経路も予測不能なものになっているはずである．

3.3 運動量と角運動量

そこでボールの回転について考えよう．大きさを考えると，その回転を考えることも出来る．これは質点には無かった観点である——点は回らない！

1 ボールの回転

最近の中継では，球速だけではなく，その回転数も 2345rpm (回転数/分) などと表示されている．太陽電池で軽々と回る模型用のソーラーモータが，丁度この程度の回転数を持っている．しかし，0.36 秒で “目的を終える” ボールの回転数を，分単位で測っても実際の現象を正しく把握出来ない．要らぬ誤解を生むだけである．その利点としては，人間が他に伝達する際に整数値の方が読み易く覚え易い，微差を論じる時に都合が良いといったところだろうか．

では，ボールは捕手のミットに届くまで，「実際には何回転している」のか．計算の便の為に，2700 rpm のボールについて考えよう．先ずは

$$\frac{2700}{1\,\mathrm{min}} = \frac{2700}{60\,\mathrm{s}} = 45\,\frac{1}{\mathrm{s}}$$ より，0.36 秒間では 16.2 回転．

即ち，以上の設定では「1 m で 1 回の回転」をすることになる．

先に示した通り，質点としてのボールは約 64 cm 落下する．しかし，現実はそうではない——これでは変化球である．ボールの大きさを考えることは，空気との相互作用を考えることでもある．実際には，1 m 当たり 1 回転するボールの回転が，空気との関わり合いの中でボールを持ち上げ，落下を妨(さまた)げているのではないか．逆に，無回転のボールは質点に近い軌跡を描くのだろう．

幾何学的な「点」の運動には，人為的(じんいてき)な設定が必要である．しかし，そこに物理的な属性として質量が附与(ふよ)され「質点」となった時，その「点」には質量が持つ二つの性質が自動的に備わる．それは**動きに抗(あらが)う**という性質と，**互いに引き合う**という性質の二種類である．質点の運動は，これらを反映したもの，この場合であれば前へ進み続けようとする性質と，大地に引き寄せられる性質が同時に働く．更に大きさまで考えると，媒質(ばいしつ)との相互作用が問題になり，そこから生じる影響が，質量がもたらす作用に対抗することになる．

余話

球種名は，**方向** (カーブ，シュート)，**握り** (パーム，フォーク，ナックル，4・2 シーム)，**曲率** (スライダー，スイーパー)，**速度** (速球，変化球)，更にこれらの**複合**に由来しており一貫性が無い．チェンジアップは，特定の球種ではなく緩急による「配球の変化(change of pace)」の意であり，昨今耳に附く“逆球(ぎゃくだま)”も球種ではない．

2 逆さヨーヨーの実験

回転するボールに対する「次なる問題」は，その回り易(やす)さに関するものである．質点の場合，それが大きいほど動かし難く，止め難いことは屡々体験する．同じ問題が回転にも伴う．回し易い独楽(こま)もあれば，そうでないものもある．同じ質量を持ったものでも，その配分が異なれば，回転に対する特性は変わってしまう．回転軸の中央附近に質量が集まったものは回し易く，その逆は難しい．これは静的には測れない独特の性質である．同じ質量を持ったバットでも，素振りをしてみなければ，その“力学的な特性”は分からないのである．

経験は広く伝播（でんぱ）され，転用され，一般化される．手を離さなくても，「離せば落ちる」ことは分かる．全く同型で同質量を持つ二つのヨーヨー．それは見れば分かる，計れば明確になる．ここでは，これを実験的に確かめる為に，「DVDのバルクケース」を利用して右の「逆さヨーヨー」を作った．質量分布は下にあるように，正面左側の円板には軸附近に四個，右側には周附近に同じく四個の鉛玉を附けている．円板は落ちず，代わりに二つの錘（おもり）が落ちる――「逆さ（さか）〜」と呼ぶ所以である．その結果，左側の錘がより速く落ちた．しかし，その速度は，自由落下よりも遥かに遅かった．

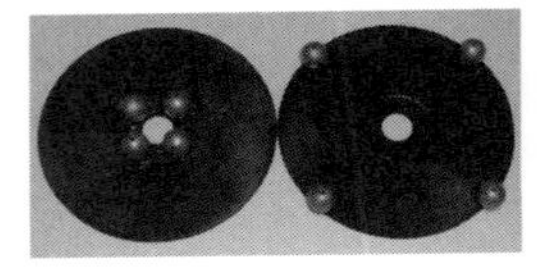

具体的な実験は，下左のように傾斜台を利用して行った．しかし，実際には錘を落とすまでもなく，軸に紐を巻き附ける段階で，右の円板が非常に回し難いことが分かる．また，この装置は台座を取り，下右のように斜面を転がすことでも実験可能な「Two-way player」である．容易に想像されるように，この装置は左右の車輪の動き易さの違いから，必ず右折するのである．

傾斜台に附けた．
錘は全て釣用品．

⇑ 進行方向

以上の実験は，様々な形で行われている．有名なものは「生卵とゆで卵の比較」である．両者を斜面で転がすと，先行するのは生卵である．これは内容物が殻（から）に追随せず，空回りするからである――ゆで卵は一体化している．同趣旨で，水の入った容器とそれを凍（こお）らせたものとの比較も行われている．

理工学の研究者は，人を恐れない，大自然の理（ことわり）のみを恐れる．満場の専門家を相手にしても，愚直（ぐちょく）な実験が導いた結果を元に，唯「これを御覧（ごらん）下さい」と言うだけである．これで，回転軸からの質量の配置のされ方が「落下の速さ」に影響を与えていることが分かった．質量分布，その意味を考える必要がある．

3 円と角速度

唐突に「円の面積は」「周の長さは」と問われても誰も躊躇(ためら)わない．即座に

半径 掛ける **半径** 掛ける **3.14**，　**半径** 掛ける **2** 掛ける **3.14**

と答える．まるで呪文(じゅもん)である．義務教育の成果ではあるが，不思議なことに，式では πr^2, $2\pi r$ と書いて，半径と円周率の順が変わっているのに誰も訝(いぶか)らない．ここでは呪文に敬意を表して，周の式を口頭順に変えてみよう．

$$r\times 2\pi:\ s=\text{円周},\quad r\times\pi:\ s=\text{半円周},\quad r\times\frac{\pi}{2}:\ s=\frac{1}{4}\text{円周}.\ (s\text{ は弧の長さ})$$

1 勿論，順序を変えても数学的な意味はない．ただし，受ける印象は随分違う．馴染みの $y = ax$ が参考になる．$2\pi, \pi, \pi/2$ が定める各々の弧長 s を，それが見込む中心角 θ の代用として，一般的な関係：$s = r\theta$ を成立させる為の基準に出来る．これを**弧度法**という．その単位を**ラジアン** (radian) といい，rad と略記する．π rad は度数法の 180 度に相当する．s は r にも θ にも比例するが，θ の変化を見るには，ax と同様に後置した方が座りが良いわけである．

単位円 (半径 1 の円) に沿って，長さ π の紐を巻くと紐は半円を覆(おお)う．この関係が，角を弧長で表す弧度法の基礎である．因みに，長さ 1 の紐に対する中心角，即ち 1rad は $180°/\pi$ より約 57.3 度である [逞数].

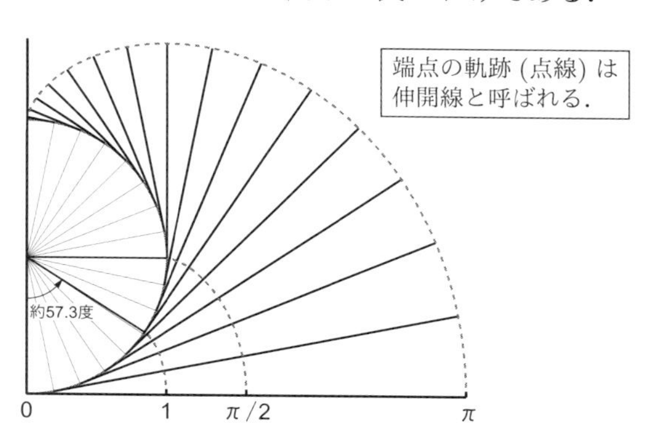

補足

半径 r の円の弧長 l を r で除した $\theta := l/r$ が弧度の定義であった．同じ発想で，半径 R の球面上の面積 S を R^2 で除し，それを見込む円錐(えんすい)の頂角に対応させたものを立体角と呼ぶ．単位はステラジアン(steradian)(sr と略記)」である．即ち

$$\Theta := \frac{S}{R^2},\quad \left(\text{特に全球面 } S = 4\pi R^2 \text{ の時，} \frac{4\pi R^2}{R^2} = 4\pi\ \text{sr}\right).$$

これは線から面への拡張であり，放射(ほうしゃ)など空間的に拡がる対象に対して用いる．

2 そこで，内半径 1 km，外半径 2 km の二重円環(えんかん)道路を想定し，円と速度の関係を調べる．中心にある燈台は，一時間に $\theta = \pi$ rad 回転して道を照らす．この角の変化を角速度と呼び ω(オメガ)で表す．この場合，$\omega = \pi$ rad/h である．

この照明を追うには, 内周で π km/h, 外周で 2π km/h の速度が必要なことから, 速度 v と半径 r の関係:$v = r\omega$ が見出される．ここで，$[\omega]_{\mathrm{D}} = 1/\mathsf{T}$ であり，半径との積が速度の次元 L/T になる．ω を二度掛ければ，加速度の次元になる．即ち「角速度を掛ける」ことは，「時間で割る」ことと同じ意味を持つ．また，「角速度 $= 2\pi$/周期」であるから，この例の「周期は 2 時間」だと分かる．

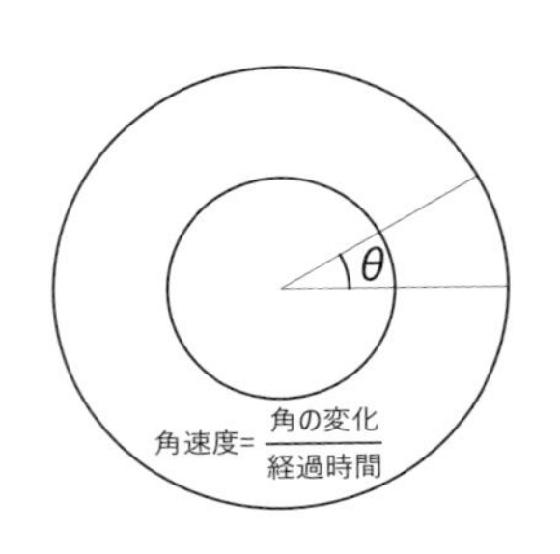

以上の結果から，これまで扱ってきた (線) 運動量は，$p = mv = mr\omega$ と書き直せる．ボールの軌道外に位置していても，ボールとの直線距離 r と，それが基準線と為す角 θ，その時間変化 ω が分かれば，運動量が求められる．即ち，直線運動は「一点から見た回転運動」としても扱えるわけである．

4 角運動量と慣性モーメント

更に，質点の衝突について考える．西部劇で御馴染みの「回転扉」(又は鉄製の暖簾(のれん)) を想像して欲しい．以下の「◎」は扉の回転軸である．

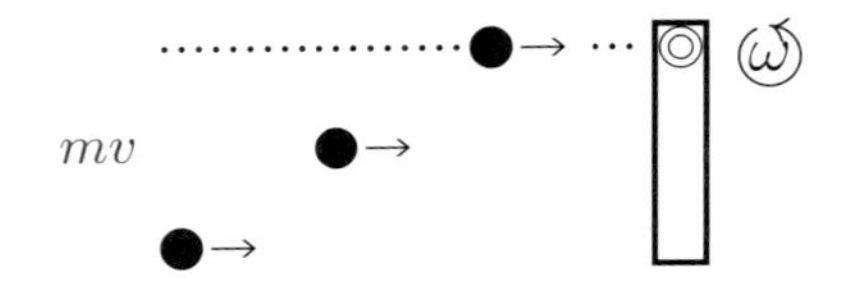

上段の点線は回転軸を通る．質点がこの線上を通る場合，扉は回転しない．軸から着弾点までの距離を r とすると，この場合 $r = 0$ であり $\omega = 0$ である．$r \neq 0$ の場合，軸からの距離 r に応じて扉は反時計回りに回転する．下段は扉の端に当たる場合である．そこで，運動量の回転に対する “影響” を

$$L := rp \quad \$\, \frac{\mathrm{m^2\,kg}}{\mathrm{s}}$$

により定義し，**角運動量**と呼ぶ．一般に，ある量 X に対して，定点からその作用点までの距離 (腕の長さともいう) を掛けて得られる量を，「X のモーメント」と呼ぶ．従って，角運動量は「運動量のモーメント」である．

補足

ここで議論しているのは，“目に見える世界”，角運動量が「如何なる値も取れる」世界の話である．しかし，極微の世界の角運動量には基準値があり，その整数倍という離散値しか取れない．その基準値には，プランク定数：h という名が附けられている．一般に，離散値に制限することを「量子化（りょうしか）」という．

$$h := 6.62607015 \times 10^{-34} \frac{\mathrm{m^2 kg}}{\mathrm{s}} \quad (\text{定義値}).$$

極微の世界では，角運動量は量子化されているのである．

更に，先の結果 $p = mr\omega$ を用いれば，回転軸を意識した表現：$L = mr^2\omega$ が得られる．ここで，ω 以外の量は，回転とは無関係に「対象の構造だけで決まる」ものなので，これをまとめて I と書くことにする．即ち

$$L = I\omega, \quad (I := mr^2 \ \$\,\mathrm{kg\,m^2}).$$

上式は $p = mv$ に対比される．質量 m には I が，速度 v には角速度 ω が対応している．実際，I は回転において質量の役割を担（にな）う「回り難さ・止め難さ」の尺度であり，**慣性モーメント** (Moment of Inertia) と呼ばれる——以後，量としては I を用い，名称としては MI でこれを引用する．

全体の質量が同じでも，その分布が異なれば MI は異なる．従って，回転軸が異なれば値も異なり，回転に対する特性も違ってくる．同じ質量を持つバットでも，その形状，持つ場所によって「振り心地」は違うわけである．

3.4 続きは CM の後で

質量のモーメントには零次，一次，二次の三種が有用である (零次は全質量，一次は CM (質量中心)，二次は MI の別名)．例えば，二質点 m_1, m_2 が r_1, r_2 にある時，以下のように表される—— R は CM の位置である．

$$M = m_1 + m_2, \quad R = \frac{m_1 r_1 + m_2 r_2}{M}, \quad I = m_1 r_1^2 + m_2 r_2^2.$$

これらは総和の記号：$\sum$（シグマ）を用いて，容易に n 質点の場合に拡張される．

$$M := \sum_{i=1}^{n} m_i, \quad R := \frac{1}{M} \sum_{i=1}^{n} m_i r_i, \quad I := \sum_{i=1}^{n} m_i r_i^2.$$

ここで，$0 \leqq m_i$，$0 \leqq I$ である．R は正も負も取る．質量中心における量であることを明示したい場合，二文字の添字 CM を嫌い，G とすることも多い．例えば，R_{CM}，I_{CM} ではなく，R_{G}，I_{G} と書く——G の使用には“含み”がある．

1 これ以降に扱う「具体例によって実感出来る事柄(ことがら)」ではあるが，「M, R が全く同じ対象でも，I は一般に異なる」ということを，この段階で意識しておくことが大切である．なお，零次は「総和」，一次は「加重平均」(名は CM 由来) とも呼ばれる．二次は，材料工学では“断面”の名を冠(かん)して呼ばれ，部材の強度を計算する基本的な量として重要視されている——質量を断面積に読み替えるだけなので，この後で導く様々な MI は，そのまま転用出来る．

特に意識することもなく，ごく自然に複数の質点を同時に扱う状況になった．CM の存在は，複数の質点を束(たば)ねた結果，それが**一点に位置する一つの“大質点”**に置き換えられることを示している．「質量の均衡(きんこう)が取れた点」という実際的な意味以上に，この「交換可能」という事実こそが驚異である．

補足

この主張は，CM を求める具体的方法，即ち二質点を結ぶ直線上の一点，その点までの「二質量の距離の比が質量の逆比になる位置」に繋(つな)がる．式では

$$\frac{r_1}{r_2} = \frac{m_2}{m_1} \ \rightarrow \ m_1 r_1 = m_2 r_2$$

となる．質量が大きい側からは近く，小さい側からは遠い点である．そして，CM に両者を合計した質量を持つ質点を仮想し，この新質点を相手に，第三の質点と同様の計算を進めて，三質点の CM を得る．この過程を繰り返すことで，全体系の CM が求められる．例えば，直線上，端から 1 m の所に 1 kg，5 m に 3 kg，2 m に 4 kg が並んでいる場合，前二つの CM は 4 m にあり，これはこの位置に 4 kg の新質点があるのと同等である．そこに第三質点を加味すると，全体の CM は 3 m になる．結果は，質量を加算する手順に依らず不変である．

もし，CM が目に見えたら，ロケットが天空に消えた後も，その「点」は地上の白煙(はくえん)の中に見出されるだろう．ロケットは，質量の大半が燃料であり，それを噴射することで飛翔(ひしょう)している——後で大小の質量の組について論じる．

複数の質点を扱う場合，その全体を**質点系**と呼ぶ．更に，これら質点の相互の間隔が不変，即ち絶対に変形しない理想の物体を**剛体**という．特に“切れ目

が無い”ことを強調する際には「連続体」という用語が選ばれる．どの場合においても，質量中心は決定的に重要である．そこで次の自然な循環：

↑→ 質点 → 質点系・剛体 → 質点 (CMとして) →↓
←――――――――――――――――――――――――

が導かれる．剛体の運動は**「CM の並進と，CM 回りの回転」**に二分され，力学的にはそれで尽きている．全く空想的な質点という概念より出でて，より現実に近づけるべく，多数を束ね，構造を入れたにも関わらず，結果は「CM に位置する質点」という概念で“振り出し”に戻ったわけである．

補足

CM を探す方法は色々ある．最も荒い方法は，投擲(とうてき)をすることである．本塁打を確信した打者が，軽くバットを放り投げる――これをバットフリップという．その時，バットは如何にも複雑な運動をしながら地面に落下するが，その映像を分析すれば，放物線軌道を描いている点がバット中に一点だけあることが分かる．それが CM である．そして，CM に注目し始めると，その複雑な運動も単なる CM 回りの回転運動であることが“見えて”くる．

2 日常，我々が目にする物質は，10^{23} 個もの原子を含んでいる．これでは如何なる計算機でも処理不能である．しかし，そこに「相互距離不変」という剛体の条件を導入するだけで，自由度は「並進 3・回転 3」の 6 まで激減する (章末参照)．究極の“硬さ”は自由度を凍結(とうけつ)する．効果満点の仮定である．

原子数を体感するには，27 枚の**一円硬貨**があればよい．眼前(がんぜん)には 10^{23} 個という原子の集団，その姿が拡がる．原子一個の大きさは，10^{-10}m 程度である――これは「1 オングストローム」と呼ばれる．極微ではあるが“体感”出来る．実際，我々の鼓膜(こまく)は，原子一個分の振幅の音を聴き取るとされる．

一円硬貨のサイズ
アルミニウム 100%
直径：20 mm
厚さ：1.5 mm
重さ：1.0 g

打撃の瞬間にボールは凹(へこ)み，バットは撓(たわ)む．それでも，これらを剛体と見做す理論は，充分な近似値を引き出す．一方で，余りに見事な CM の“働き”には疑問を感じる．剛体の仮定が現実を単純化し，扱い易くし過ぎたのではないか．この仮定が「物理学の本質と整合(せいごう)しない」と“本当に認識された”のは，既に紹介した「情報伝達速度の上限を定める相対性理論」の発見以降である．

3.5 回る質量とその具体例

先の「扉の話」を簡潔にする．「質量 0, 長さ a の棒」で繋がれた質量 M の MI は，定義そのものであり，以下のようになる．以後，これを基本形とする．

$$I = Ma^2$$
$$[I]_{\mathrm{D}} = \mathsf{ML}^2$$

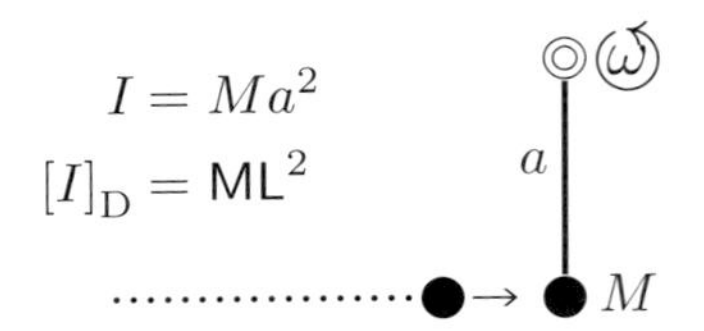

その姿は，ハンマー投げのハンマーにも似ている．この質点が角速度 ω で回転すれば，角運動量 $L = Ma^2\omega$ を持つことになる．MI は「加減可能」という著しい特徴を持っている．そこで，基本形を応用して，代表的な質量分布についてこれを求めよう．用いる計算手法は高校一年生程度である．

ただし，本問は “ほぼ解決済” である．何故なら，代表長さ (対象の特徴を示す長さ) と質量が分かれば，次元だけで本体は確定し，係数のみが未決となるからである．上記「係数 1 の場合」を基本形とする所以である．実際，全てを Mk^2 (k を回転半径という) という形式に揃え，MI の尺度とする場合もある．

1 慣性モーメントの基本形

先ずは，質量 M，半径 a の円輪を扱う．具体的には体操のフープや自転車のタイヤ，箍のイメージである．全くそれらしくないが，基本形をフープの極端な場合と見做せば，$I = Ma^2$ となる．もう少し改善しよう．軸の両側に二つの質点を置く．ただし，全体で質量が M になるように，半径 a，質量 $M/2$ の質点を対向的に配置する．この時，MI は以下のようになる．

$$\frac{M}{2}a^2 + \frac{M}{2}a^2 = Ma^2.$$

これは何分割しても結果は同じである．従って，結論は基本形：Ma^2 の場合に戻る．因みに，質量 0.3 kg，直径約 0.9 m のフープの MI は以下である．

$$0.3\,\mathrm{kg} \times (0.45\,\mathrm{m})^2 = 0.06075\,\mathrm{kg\,m}^2.$$

以下に主要な結果 (回転軸は全て CM) をまとめておく．なお，円板(二次元)・真球(三次元) とは，質量の分布が一様で「中身全体に及ぶ」もの，円輪・球殻は「その周上 (表面) にのみ存する」もの，棒は「幅が無い」ものである．

円輪(サークル)	円板(ディスク)	棒(バー)	真球(ボール)	球殻(スフィア)
Ma^2	$\frac{1}{2}Ma^2$	$\frac{1}{12}Ma^2$	$\frac{2}{5}Ma^2$	$\frac{2}{3}Ma^2$

ここで,「全体の質量 M」という概念が，全てを包み隠すことに留意しよう．個々の計算結果を M にまとめると，他の要素がその中に封印される．これが「立体の計算結果が平面と同じ」という現象が生じる理由である．

実際，円管・円柱は，長さに依らず円輪・円板と同じ値になる．例えば，$a = 1\,\mathrm{m}, M = 1\,\mathrm{kg}$ の円輪と，同半径を持つ長さ $5\,\mathrm{m}$ の円管において，長さは考慮外に見えても，実は「円管の質量は $10\,\mathrm{kg}$ あり，MI は 10 倍 (M に比例) ある」といった形で反映されおり，矛盾は無い．

円輪対円板，球殻対真球において，中身の無い方が "予想に反して回し難い" という結果であるが，これは "中空" という言葉が "軽い" という印象を与えるからである．何れの場合も質量は同じ M であることが注意点である．

2 質量分布の具体例

一般に回転軸が距離 d だけ平行移動した場合，以下の関係が成立する．

$$I_{\text{移}} = I_{\text{元}} + Md^2.$$

これで CM での値を用いて，様々な質量分布に対応出来る．具体例を挙げよう．

1 最初は，端点 (軸を $a/2$ 移動) を握った「長さ a の棒」の場合である．

$$\boxed{I_{\text{棒}} = \frac{1}{3}Ma^2} = \frac{1}{12}Ma^2 + M\left(\frac{a}{2}\right)^2.$$

これがスイング時に感じる "バットの抗い(あらが)"，その正体である．

また，回転する棒を，「人が両腕を拡げて回っている」状態と見做すと，スケートのスピンの仕組が理解出来る．運動量と同様に，角運動量も外からの作用が無い限り一定である．その時，MI と角速度は反比例の関係になる．質量は不変であるが，MI は質量の分布に従って変わる．ここに回転運動の妙味(みょうみ)がある．この原理を応用して，選手は腕の "開閉" により MI を調整し，角速度を増減させている．なお，本項枠囲みの式は，附録に導出法を記載している．

余話

ガバナー (遠心調速機) には非常に面白い歴史がある．ここにはワットとマクスウェルという二人の巨人が登場する．制御，自動化という概念が如何にして登場してきたのか．工学に始まり，物理学の背景を与えられ，数学が理論化し，コンピュータとセンサが可能性を拡げたことで，現代社会の基礎が作られた．中高には勿論，大学の専門課程においてさえ，こうした工学史を存分に学べる環境が稀(まれ)であることは極めて残念である．次代に期待したいところである！

2 円輪と円板，同質量，同半径でも MI は二倍違う．この結果から，独楽は可能な限り周辺部を重くした方が“止まり難い”と分かる．以下，円板の MI は

$$\boxed{I_{皿} = \frac{1}{2}Ma^2}$$

と求められる．ここで**一円硬貨**を 27 枚積み上げて，円柱を作ってみよう．この時の円柱の中心を回転軸とする MI (10^{23} 個の原子が回転する) は，以下：

$$27\times\frac{1}{2}\times(1\,\mathrm{g})\times(1\,\mathrm{cm})^2 = \frac{1}{2}\times(0.027\,\mathrm{kg})\times(0.01\,\mathrm{m})^2$$

となる．「質量 27 g の円板」と同じ結果になるのは，既述の理由からである．

3 対象が平面 (幾何的二次元) の場合，特別に以下の関係 (回転方向を矢で示した) が成立する．

$$\boxed{I_z = I_x + I_y}$$

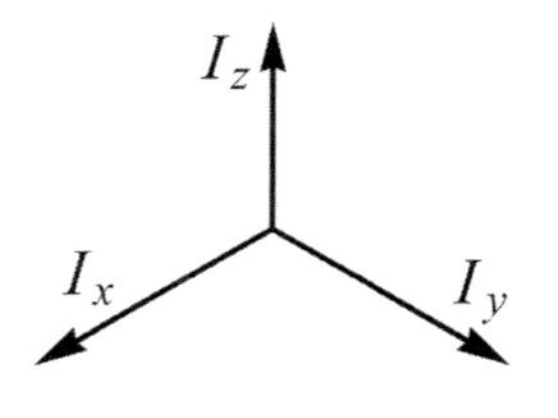

右図が，三項の幾何的な関係である．

例えば，円板の中心軸に対する I_z と，円を含む平面の直交二軸で定義された I_x，I_y により，これを確認しておこう．

$$\boxed{I_z = \frac{1}{2}Ma^2, \quad I_x = I_y = \frac{1}{4}Ma^2}$$

これより，円柱 (高さ h，質量 M) の中心軸に直交する方向の MI を求めると

$$\boxed{I_x = \frac{1}{4}Ma^2 + \frac{1}{12}Mh^2}$$

さて，単純な棒の値：$Ma^2/12$ と比較する為に，上式の文字を $h \to a$, $a \to r$

と置き換え，整理して以下の関係を見出す．

$$\frac{1}{4}Mr^2 + \frac{1}{12}Ma^2 = \frac{1}{12}Ma^2\left(1 + 3\frac{r^2}{a^2}\right).$$

バットを長さ $a = 0.88\,\mathrm{m}$，半径 $r = 0.022\,\mathrm{m}$ の円柱とすると $r/a = 0.025$，括弧内は 1.001875 となる．従って，この程度のモデルの修正では大差はなく，棒としての扱いにも充分な意味があることが分かる．

4 MI は加減算が可能である．これにより扱える対象が増える．例えば，外円板 (半径 a，質量 m_a)，内円板 (半径 b，質量 m_b) の円環(リング)の場合，その MI は

$$\boxed{I_{\text{環}} = \frac{1}{2}M(a^2 + b^2)}$$

となる．また，円板の結果を用いて半球の MI を求めると

$$\boxed{I_{\text{半}} = \frac{2}{5}Ma^2}$$

となる——真球 $I_{\text{球}}$ も同じ値 (結果を 2 倍し質量を 2 で割るから) になる．球殻は減算により求められて，以下の結果を得る．

$$\boxed{I_{\text{殻}} = \frac{2}{3}Ma^2}$$

これらを比較すれば，中身の詰まった硬球の方が，中空の軟球よりも“回し易い”と予想出来る．因みに，実際の硬球は，質量 $0.145\,\mathrm{kg}$，半径 $0.037\,\mathrm{m}$ であり，$I_{\text{球}} = 0.000079402\,\mathrm{kg\,m^2}$ となる—— CGS 表記では，$I_{\text{球}} = 794.02\,\mathrm{g\,cm^2}$．現実の軟球は，この値よりも一割程度大きいようである．

3.6 バットを作る

バットには，零次，一次，二次，全ての質量モーメントが関係している．「持つ」「振る」という人間の行為が，一本の木材を最高の物理教材に変える．選手は，バットの物理的特性を確実に把握(はあく)している．一流の打者とは全身がバットであり，バットに全身が憑依(ひょうい)した存在である．学ぶべきは学徒(がくと)の方である．

1 基本仕様として「長さ $a = 0.88\,\mathrm{m}$，質量 $M = 0.88\,\mathrm{kg}$」を固定する．

a M

先ず一本目．既述の通り，円柱を用いずとも棒近似にも充分な意味がある．そこで，棒の端点での I を用いる．これで質量分布に関する三要素が揃(そろ)う．

$$\mathtt{CM}:\ \frac{a}{2} = 0.44\,\mathrm{m},\quad \mathtt{MI}:\ \frac{1}{3}Ma^2 = 0.22715\,\mathrm{kg\,m^2}.$$

例として，先に示したフープを再考する．実際，選手はフープの周上を回転軸としているので，CM に対する半径分の補正をした値により興味がある．即ち

$$0.06075\,\mathrm{kg\,m^2} + 0.3\,\mathrm{kg} \times (0.45\,\mathrm{m})^2 = 0.1215\,\mathrm{kg\,m^2}.$$

補足

桁外れ過ぎて比較にもならないが．ハンマー投におけるハンマーの MI は，質量 $7.26\,\mathrm{kg}$，長さ約 $1.2\,\mathrm{m}$ より，以下の値を得る．

$$7.26\,\mathrm{kg} \times (1.2\,\mathrm{m})^2 = 10.4544\,\mathrm{kg\,m^2}.$$

これを $86\,\mathrm{m}$ も飛ばす．あわや本塁打かという飛距離である．実際の回転軸たる選手の腕の長さ ($0.7\,\mathrm{m}$ として) を含めた値は，上記の更に 2.5 倍になる！

---

2 二本目．二種類の棒を繋ぐ．「グリップ側 : 長さ a_1，質量 m_1」「ヘッド側 : 長さ a_2，質量 m_2」，即ち，全長 $a = a_1 + a_2$，全質量 $M = m_1 + m_2$ とする．

a_1 a_2 M

破断の原因になるので，工学的には避けるべきであるが，簡単の為に，二本の接合部を CM に設定する．その結果，以下の条件 :

$$\frac{a_1}{2}m_1 = \frac{a_2}{2}m_2. \quad \therefore\ a_1 m_1 = a_2 m_2$$

を得る．本仕様は，端点を共有する二本の棒が対向的に配置されたものと解釈出来るので，CM を基準とする I_G は，上の条件を用いて簡約(かんやく)した結果 :

$$I_\mathrm{G} := \frac{1}{3}m_1 a_1^2 + \frac{1}{3}m_2 a_2^2 = \frac{1}{3}(m_1 + m_2)a_1 a_2 = \frac{1}{3}M a_1 a_2.$$

グリップ位置から CM までは，a_1 離れているので，この部分を補正して

$$I := I_{\mathrm{G}} + Ma_1^2 = Ma_1\left(a_1 + \frac{1}{3}a_2\right)$$

を得る．各要素を次のように決めて，上式に代入すると

$$\left.\begin{aligned} m_1 &= 0.33\,\mathrm{kg},\ a_1 = 0.55\,\mathrm{m} \\ m_2 &= 0.55\,\mathrm{kg},\ a_2 = 0.33\,\mathrm{m} \end{aligned}\right\} \quad \begin{aligned} I_{\mathrm{G}} &= 0.05324\,\mathrm{kg\,m^2} \\ I &= 0.31944\,\mathrm{kg\,m^2} \end{aligned}$$

となる．これらの MI は，“末端を握る” という不可能な設定から導かれた．実際の握りの位置は，選手や状況によって異なり，個別の修正を要する．僅かな違いが数値に大きく影響することからも，打撃の難しさが実感される．

余話

バントの為に CM 附近を持てば I_{G} になり，元阪急のダリル・スペンサーのように逆さに持てば，補正基準が a_2 になって，I に比べ半減した値を得る．

$$I_{\mathrm{G}} + Ma_2^2 = 0.148172\,\mathrm{kg\,m^2}.$$

申告敬遠という無粋(ぶすい)な世界では，こうした名場面は二度と見ることが出来ない．

3 好打者は，ボールを「バットの芯(しん)」で捉える．硬式野球の経験者は，「芯を外した時の手の痛み」を忘れない．では，「芯」とは何か．それはバットに存在する唯一「手が衝撃を受けない」位置である．従って，芯は「バットの形状 (実際は質量分布)」だけではなく，その「握り位置」にも依存する．

これは物理的には，「握り位置の速度が 0」になる点である．バットの CM で投球を捉えれば，バット全体が後ろに平行移動させられる (以下の図 B 参照)．握りに近い点に当たれば，これに CM を軸とする回転「↻」が加わる (A)．逆に，バットの先に当たれば，回転「↺」はバットを手から離す方向に働く (D)．

右打者を上から見た場合 (投球は上から下)

従って，CM から先端までの何処かに，握り位置の速度を 0 にする点があるはずである．この点を**撃心** (又はスイート・スポット) という．これを q_{G} で表す (図 C)．以後，添字 G により「CM から測った量」であることを強調する．

衝突後，即ち Δt が過ぎた後は，ボールの運動量 $p = Mv$ は，完全にバットに移行する．この時，打者が上手く撃心 q_{G} で投球を捉えたと仮定すると，バットには角運動量 $L = q_{\mathrm{G}}p$ が生じる．そして，それはバットの「慣性モーメント I_{G} と角速度 ω の積」に等しく，$q_{\mathrm{G}}p = I_{\mathrm{G}}\omega$ が成り立つ．

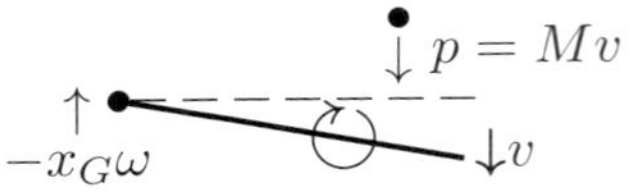

これより，グリップ位置 x_{G} の速度は，捕手方向の v と，回転により生じる逆方向の $-x_{\mathrm{G}}\omega$ の和であり，これを 0 にする条件：$v - x_{\mathrm{G}}\omega = 0$ より，q_{G} が定まる．この式の両辺に I_{G} を掛け，諸関係を代入・整理して以下を得る．

$$0 = I_{\mathrm{G}}v - x_{\mathrm{G}}I_{\mathrm{G}}\omega = \left(\frac{I_{\mathrm{G}}}{M} - x_{\mathrm{G}}q_{\mathrm{G}}\right)p \quad \text{より，} \quad x_{\mathrm{G}}q_{\mathrm{G}} = \frac{I_{\mathrm{G}}}{M}.$$

ここで，I_{G} は「回転半径 $^2 \times M$」と書けるから，右辺は M には依らない定数になり，x_{G} と q_{G} は反比例する．例として，二本目のバットの q_G を求めよう．グリップ位置：$x_{\mathrm{G}} = a_1$，及び $a_2 = 0.33\,\mathrm{m}$, $I_{\mathrm{G}} = Ma_1a_2/3$ を代入して

$$a_1q_{\mathrm{G}} = \frac{Ma_1a_2/3}{M} \quad \text{より，} \quad q_G = \frac{1}{3}a_2.$$

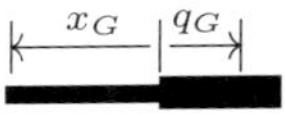

即ち，$q_G = 0.11\,\mathrm{m}$．グリップから測れば，$a_1 + q_{\mathrm{G}}$ より $0.66\,\mathrm{m}$ となる．

4 さて，何を記憶すべきか，何が本質か．この場合，頭に「撃心と MI は関係がある」とあれば，後は**次元解析**の出番である．形式的には「質量モーメントの二次を一次で除した」ものであるが，これも記憶の一助になろう．撃心とは(ある条件を充たす)「位置」であるから，その次元は L である．また，MI の次元は MŁ^2．従って，両者を等号で結ぶには，次元を揃える必要がある．即ち

$$\mathsf{L} = \mathsf{M}Ł^2 \times \boxed{?} \quad \text{より，} \quad \frac{1}{\mathsf{ML}}$$

となって，「質量と長さの積」で割る必要があると分かる．

この時，考察すべき質量といえば，対象の「全質量」以外になく，長さといえば「代表長さ」か「CM」しかない．よって，係数の問題を除き，「対象の MI を，全質量と“ある長さ”で割ったもの」へ辿り着くのは，そう難しい話では

ない．例えば，一本目の場合であれば，ほぼ暗算で

$$q_{\mathrm{G}} = \frac{a^2}{12}\Big/\frac{a}{2} = \frac{1}{6}a, \ \left(\text{先端からは } \frac{a}{2} - \frac{a}{6} = \frac{a}{3}\right)$$

を得る——拾った棒切れで“草野球”に興(きょう)じたい時は，「先から 1/3 のところ」を意識して振れば上手くいく ··· かもしれない [虚数]．

既述のように，$x_{\mathrm{G}}q_{\mathrm{G}}$ は定数なので，両者の役割は交換可能である．上の例では，「先端から 1/3 の点を握れば，逆の端が撃心」になるが，更に短く持てば，並進速度を相殺するに充分な回転が稼げず，撃心は無くなる．従って，長尺を短く持つより，短尺を存分に使った方が痛くないだろう．

3回裏：まとめ ……………………………………………………………

◇密度 (体積当たり質量) と比重 (同体積での水との質量比) を理解する．

◇流体の性質を構成粒子を元に考え，質量概念 (急な変化を拒む) を把握する．

◇運動量 p から角運動量 rp へ，そして慣性モーメント $I\omega$ へ考察を拡げる．

◇回転運動と (逆) ヨーヨーの実験について考察する．

◇一質点から，多質点、剛体へと思考の対象を拡げていく．

◇剛体の運動 (並進と回転) の基礎となる「質量のモーメント」について学ぶ．

$$M = m_1 + m_2, \quad R = \frac{m_1 r_1 + m_2 r_2}{M}, \quad I = m_1 r_1^2 + m_2 r_2^2$$

全質量 (零次)　　質量中心 (一次)　　慣性モーメント (二次)

◇次元解析を通して「モーメント」の意味を理解する．

◇代表的な質量分布に対して，慣性モーメントを求める技法を学ぶ．

円輪 (circle)	円板 (disk)	棒 (bar)	真球 (ball)	球殻 (sphere)
Ma^2	$\frac{1}{2}Ma^2$	$\frac{1}{12}Ma^2$	$\frac{2}{5}Ma^2$	$\frac{2}{3}Ma^2$

詳細は「附録」に譲るが，その手法の根幹は極めて直観的なものである．

◇撃心 q_G の概念を掴む——“手の痛み”から，バットの運動方向を推察する．

◇基準を `CM` に取ると，`MI` は記憶しやすい形式：$I_G = Mx_Gq_G$ で書ける．

◇公認野球規則『バットはなめらかな円い棒であり、太さはその最も太い部分の直径が 6.6 cm 以下、長さは 106.7 cm 以下であることが必要である。』

■剛体の自由度

一個の質点の位置を追うには，三次元空間であれば三変数が必要である．従って，n 質点系の場合は「$3n$ 次元空間」上の一点として位置が記述される．これを力学系の「配位（はいい）空間」と呼び，「系の自由度は $3n$ である」と表現する．しかし，こうした高次元空間は，数学的な記述は可能であっても，そこに我々の直観を刺激する“物理”は見出せない．よって，何らかの制約を課して，その自由度を低減させる必要が生じる．その制約が「**剛体**（ごうたい）」の仮定である．

剛体とは，「**各質点間の相互距離が不変である**」とする“非相対論的”仮定である——もし，現実に質点間の距離が不変であれば，如何なる長さの棒であっても，その端を叩けば同時に反対側にその振動が伝わるはずであり，情報の最大伝達速度は光速度である，とする相対論の前提を無効にしてしまう．

では，自由度 3 を有する一個の質点に，「相互距離不変の束縛（そくばく）条件」を課しながら，次々と質点を加えていき，全体の自由度 f_n の増減を調べてみよう．

先ず，一個の場合には $f_1 = 3$ である．二個の場合には，$3 + 3 = 6$ となるが，「二つの質点間の距離が不変である」とする束縛条件より一つ自由度が下がって，結局，$f_2 = 3 + 3 - 1 = 5$ となる．三個の場合には，二個の質点それぞれに対して，距離不変の条件が存在するから，$f_3 = f_2 + 3 - 2 = 6$ となる．

四個の場合には，一個の質点の追加により増える自由度が 3 であるのに対して，他の三個の質点との相互距離不変の条件より，同じく 3 だけ自由度が減って，結局，$f_4 = f_3 + 3 - 3 = 6$ となる．五個以上の質点に関しては，四個の場合と同じ論法で，それ以上自由度が増減しないので，最終的に如何なる多質点系の場合でも，「剛体の仮定」により，その自由度は「6」となる．

そして，ここから得られた結論「**剛体の自由度は 6 である**」とは，その力学の記述には最大 6 変数が必要であって，それで十分である，との主張である．また，剛体の位置は，剛体内部の，同一直線上にない任意の三点の位置を決めれば一意に定まる．以上から，剛体の 6 変数には「一点の記述に 3」「その点を通る直線の記述に 2」，そして「その軸の回転方向に 1」の 6 変数を用いればよい．このことによって，剛体の運動は，質量中心の並進運動とその軸回りの回転運動という二つの側面から解析されるのである．

4回表　二刀流：打者編

我々は，心の中に鞘(さや)を持たねばならない．常に抜き身では疲れるだけである．打者も同様．見えざる鞘にバットを収め，一朝事(いっちょうこと)あらば抜く．さて，その為には何が必要か．我が国には抜刀術(ばっとうじゅつ)なるものがある．鞘から刀を抜く，唯そのことが途方もなく難しい．もしバットにも鞘があればどうなるか．ただし，刀には反(そ)りが有り，バットには無い．ここは一つ夢想(むそう)してみよう．

4.1 総論：円で線を描く

ここでは両者とも直線的なものと仮定する．簡潔に言えば，「長尺(ちょうじゃく)の棒を円筒から引き抜く」という話になるが，残念ながら我々の肉体は，直線的に動作する部分を持たない．冗長性のある関節構造が，短い直線運動を作り出しているだけで，円と直線という極端な違いを埋めるほどの仕組は与えられていない．あらゆる技芸(ぎげい)の上達の極意は，短い円弧と単純なリンク機構を用いて

直線を模倣する，その技術の習得にある

というのが著者年来の主張，その第一である．さて，それは如何なる意味か．

1 エントロピーを意識する

画家は平行線を描く．何千何万と繰り返す．「肘(ひじ)を抜く」という所作(しょさ)に熟達する為である．これが身に附かない限り，長い線は引けない．平行にもならない．泳者は腕を回さない．遠く遠くなお遠く，腕を前方に投げ出すように伸ばしては，一直線に水を掴み，引き寄せ，後ろへと押していく．無駄を嫌ってのことではない．持てる全てを水に与える，その唯一の方法だからである．

ボクサーは，拳(こぶし)を直線的に突くことに執念を燃やす．僅かなブレも命取りになる．「猫パンチ」の誹(そし)りは免(まぬが)れたい．力士(りきし)も然(しか)り，他の格闘技も同様である．多関節ロボットも同じく悩む．直動でないモータ，直動でないリンク．円を重ねて出来た直線には，剛性に由来(ゆらい)する揺(ゆ)らぎが生じる．ズレも積算される．

余話

人類は，車輪がもたらす効果に感動した．円は無限を有限に束ねたものである．直線の長さには注釈が要るが，元より円周に果てはない．回せば回すだけ，幾らでも遠くへ我々を運んでくれる車輪．洋の東西を問わず，車輪は繰り返し発見され続けた．その結果，「車輪の再発明」は皮肉になった．今鉄道はようやく車輪に別れを告げ，リニアな世界に一歩を踏み出したところである．

1 ところで，打者が投球に関与(かんよ)出来るのは，ボールとバットが接触している時間 Δt のみである．それ以前もそれ以後も，その行方は「物理法則」が支配している．従って，打者が出来ることと言えば，正しい時刻，正しい位置に，バットの撃心を移動させること，その瞬間に，最大の運動量がバットに与えられるように手配すること，唯それだけである．独特のルーティンも，構えも，ステップも，全てはその為に必要な準備であって，その逆ではない．正しいスイングのみが，正しい打球を生み出す．そして，それは「同じスイング」から生まれる．全く同じ投球を打ち返した結果が，同じ軌跡を描くなら，その「原因」たるバットの軌道もまた同じはずである．Δt の直前・直後における打者の「姿勢」も全て同じ．両腕は一杯に伸び，頭は動かず，視点はバットの撃心を凝視(ぎょうし)している．そこに偶然は無い，正しい打球は必然の産物である．

因果の法則: 原因が**結果**をもたらす (結果は原因に先立たない).

我々が体感する現実の世界は，全てこの法則に従っている．例外は無い．

打者は「投手に胸のマークを見せるな」と指導される．何故，開く (マークを見せる) ことを問題視するのか．それは “可能性” を失うからである．打撃は**非可逆過程**(ひかぎゃくかてい)であり，振りだしたら最後，元には戻せない．一流の打者は，「打つか否かの決断」を最後の最後まで気取(けど)らせない．投手も捕手も「見送った！」と安堵(あんど)した次の瞬間，急にバットが出てくる．そして，「ボールが消えた」と捕手が感じた時，轟(とどろ)く快音の中，投手は天を仰ぎ絶望している．一流の打者は手元に引き込んで打つ，換言すれば，「決断が遅い (遅くても打てる)」のである．

2 塩と水は，塩水よりも可能性がある．混ぜれば終り，特別の作業をしなければ，もう元には戻せない．塩水が勝手に元通りに分離するのを見た人は居ない．これを一般に非可逆性という．「**覆水盆に返らず**」という常識の定式化である．しかし，混ぜる前なら，濃度を自由に選べる．即ち，多くの可能性を秘めている．これを**エントロピー**が低いと表現する．逆に，塩水は混合前よりもエントロピーが高いのである．可能性を減らすことは，そのものの価値を下げることである．分離していてこその画材である．混ぜれば全て黒くなる．

補足

敷衍(ふえん)すれば，我々は自身の価値を保つ為に，「常にエントロピーの低い状態」に身を置く必要がある．出来る限りの工夫をして，エントロピーを下げる努力をすべきである．人も物も，この宇宙そのものも，放っておけば，その**エントロピーは必ず増大する**――これは，熱力学の第二法則と呼ばれている．従って，意識的な努力，一定の労力を費(つい)やして，それを下げる必要がある．食事も睡眠も勉強も，自身の可能性を保つ為，更に拡げる為に必要なものであり，宇宙の真理に抗(あらが)って，なお生きようとする生命の本質的な営為(えいい)なのである．

回の表裏，先攻後攻といった見掛けの表記と，投打の攻・防は逆である．即ち，**打者は防御，投手は攻撃がその本質である**．打者は受け身であり，如何なる球にも対応出来るよう，自身を「低エントロピー状態」におき，「打つ」と決める「最後」の瞬間まで，「最初」の構えを保ち続ける．その為に，腕・肩・下半身を連動させてバットの回転を抑制し，可逆 (何時でも復元可能) 状態を維持する．第一級の打者は，こうした決断の遅延を「我慢(がまん)」という形で示す．

2 因果の再確認

打者の姿を消し，バットだけを映像に残せば，誰のスイングかは分からない．体格．体質，視覚，聴覚，全て異なる様々な人間が，如何に構え，如何に準備をして投球に臨(のぞ)むか．それは正に千差万別であり，一義的に好悪(こうお)を論じられるものではない．「一本足」でも「摺(す)り足」でも，「天秤(てんびん)」でも「神主(かんぬし)」でも，「ダウン」でも「アッパー」でも，目指すところは皆同じである．そこに打撃の難しさと面白さが詰まっている．以上が，著者の主張の第二である．即ち

Δt のバット軌道は，球筋に依り，人に依らない．

1 打撃後のフォロースルーは，打撃の瞬間の反映であり，打者の「質量」が，その特徴である「慣性」を発揮したに過ぎない．「打者も急には止まれない」のである．フォローが大きいから良いスイングというわけではない．良いスイングだから，フォローも大きくなったということである．こうした錯誤はゴルフ番組などでもよく耳にするが，全く因果関係を取り違えている．フォローとは字義通り「原因に続く結果」であり，一連の動作に対する連続性，円滑性の判断基準にはなるが，それ以上のものではない．「打者はインパクト後は，打球に一切関与出来ない」という“常識”を大前提に，以後の議論を進める．

一方で，ハンマー投の室伏広治選手は，投擲後の咆哮について，「飛距離に貢献している感覚がある」と述べられている．しかし，それは咄嗟の行為ではなく，試技前の段階から「そう決意されてのこと」だろう．従って，咆哮の効果というよりも，その決意と呼吸が心身を充実させ，結果的に試技を良いものに変えたからではないか．この種の感覚は本人だけのものなので，推測するしかないが，上述の「フォロー」と同様の問題のように思われる．

2 なお，バットの「握り」に関しては，両手共「親指と小指・薬指で作った輪の中で挟むように把持し，他の指は添えているだけ」である．これを常に意識しておく為に，敢えて人差し指を浮かせる選手も多い．これは人間の手が，親指の下側に拡がる拇指丘(手首から始まる丘状の膨らみであり，母指球とも書かれる) と小指側の小指丘が対向的に働き，手全体を対象物に最も密着させやすい形に変形させるからである――これは正に手の延長たることが期待されるグローブが，親指と小指で挟む形に整えられていることからも分かる．

武術で，相手を手で制圧する際に用いるのは，主に拇指丘である．この場合は，中指と薬指が作る“フック”に引っ掛け，対向する拇指丘で押し込む形で握る．何れにしても，人差し指を使うことは無い．未経験者の多くが，「強く握ること」を人差し指と親指を使うことだと誤解している．それでは拇指丘が完全に浮いてしまい，“ただ摘まんでいるだけ”にしかならない．

余話

また，この握りは，バットをより長く使うことになる点，手首，腕，肘と続く筋肉の緊張を緩和し脱力を促す点などの意味があり，力学的にも非常に領けるものである．後年，稀代（きだい）の教え魔として「かっぱえびせん」の異名（いみょう）を取った山内一弘選手は，バットをまるで箒（ほうき）の如く軽々と扱い，頭の上の蠅（はえ）でも払うようにに自在に動かしてみせた．そして，内角球を捌（さば）く極意として，掌中（しょうちゅう）でバットをズラす技術を披露していた．一瞬で「撃心が臍（へそ）の位置にまで降りてくる」その捌きは，「腹切り打法」とも呼ばれていた——練習方法や打撃論に関しては相違があったと伝えられる落合博満選手であるが，その打撃術を誰よりも使い熟（こな）していたのは、落合選手その人であった．両達人の阿吽（あうん）の呼吸である．

4.2 各論：打撃の四過程

前節の総論を受けて，打者が生成する運動量とその変換，そして開放に至る過程について，時系列（じけいれつ）に従って述べる．これを打撃の四過程と称する．即ち

1:初動 → 2:変換 → 3:加速 → 4:慣性

なお，投手側にある腕を「引手 (Lead arm)」，捕手側を「押手 (Push arm)」と呼ぶ場合があり，これは打者の左右に依らず使える上，打撃における「腕の役割」をも活写（かっしゃ）した名称となっているが，結論を先取りした形でもあり，返って本質が見え難い場合もあるので，本書では，右腕が引手，左腕が押手となる「左打者」を想定して話を進める．以下，バットの各部に対して，質量中心をCM，慣性モーメントをMI，撃心をSS，先端（ヘッド）をH，末端（グリップ）をEと略記する．

1 第一過程：初動

これは以後の全過程に影響を及ぼすものであり，運動量の「生成」とバット軌道の「制御」の二つが，渾然一体（こんぜんいったい）となって為される過程である．

1 現状は，アマプロ問わず，ほぼ全ての打者が撃心SSを自身の肩から頭部附近，即ち「ストライクゾーンよりも上」に位置させている．従って，SSは上から下へ移動する必要があるが，その為の工夫（くふう）は無用である．単に手を離せば，バットは自然に落ちていく．「この現象を利用する為に上に構えている」とさえ言えるだろう——仮に「投球前は，バットの先端は必ず本塁に触れていること」とルールが改変されたなら，現在の打撃理論は崩壊（ほうかい）し，クリケットの選手に相談に行くことになるかもしれない．

2 バットの制御に最も影響する要素は，その“振り心地”を決めている慣性モーメントMIである．しかし，一般にMIは回転運動に伴う量であり，並進運動には関係しない．従って，長手方向に動かす限り，打者はMIの違い(形状・振り心地)が分からない．質量の違いしか感じない．

傘立から傘を取る時，差す時，我々はそれを難しいとも，体を酷使(こくし)しているとも思わない——人は軽々と物を操(あやつ)れた時，“重さを感じない”などというが，この場合には“重さしか感じない”という表現が適切であろう．

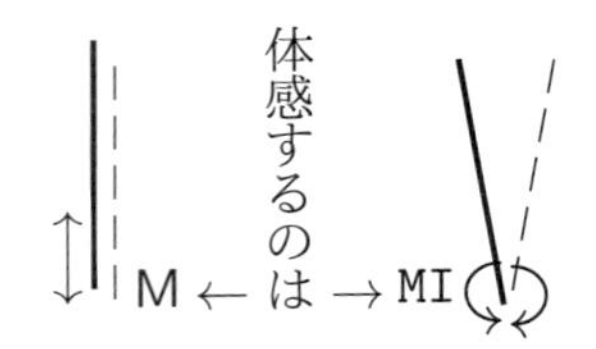

よって，**第一過程では，打者はバットの自然な落下を妨げず，末端Eを真っ直ぐ引けばよい**．実際，打者は右肘を投球方向へ，左肘を左脇腹へ向け直線的に動かすことで，Eを投手方向に向けながら，全体を体の周囲に巻き附けるようにして捌(さば)いている．この時，投球の軌道に合わせる為，バットを長手方向に僅かに回す必要が生じるが，その軸をCMに取れば，MIは最小値になり負担(ふたん)は無い．掌(てのひら)の上で傘を立てる遊びをした人は分かるだろう．上手な人は，傘のCMを動かさず，あたかもそれが空間に対して固定されたかの如く軽々と扱う．

3 これらに，打者が投手方向に踏み出すことで生じる「全身の運動量」が加わる．繰り返しになるが，第一過程において重要なことは，バットを直線的に引くこと，全体の(線)運動量を最大にすること，唯それだけである．

体重の移動は運動量獲得に直接的に貢献(こうけん)する．その為に，打者は投手の動きに合わせて捕手側に体重を移動させると共に，両腕を限界まで後ろに引いて静止する．これが「運動量計算の原点」になる態勢であり，通常「トップ」と呼ばれている．形だけを言えば，下半身は続く踏み出しの為の準備態勢にあり，上半身は弓道(きゅうどう)における弦(つる)を引いた姿に似ている．上・下とも投球開始前よりも僅かに捕手側に移動し，投球に対して距離を取ることを目指している．

2 第二過程：変換

運動量の“線から角へ”の「変換」である．ここに来て初めて，「バットを振る(回す)」為の準備動作が始まる——ただし，この段階でもなお打者自身の運動能力が主ではない．現状で打者が有している運動量は，「バットの自由な落下」「直線的な引き」「全身の体重移動」に起因する三種の総和である．そして，これを「壁」を利用して，バットの回転運動へ変換するわけである．壁に関しては，投手編で紹介した通りであるが，最も重要なアイデアなので，今一度，簡単の為に次元・単位を省略した上で，数値的な関係のみを論じておこう．

1 壁とは，**運動量保存則の下での質量交換による加速機構**である．例えば，「質量 1 のバットを持つ質量 99 の打者」が速度 1 で動く時，その運動量は 100 であるが，打者が障害物により静止した場合，バットは全運動量を引き継ぎ「速度は 100」になる．これを下半身の急停止，より詳細には右足を基点にした「仮想的な壁」により実現させる．この時，手を離さなければ，バットは自動的に両手の握りを軸に回転し始める．“振る必要は未だない” のである．

さて，一連の動作により，バットはボールと衝突する位置まで移動した．ここまでは「素振り」と同じ．時間的には「Δt の直前」まで進んだことになる．ここで，バットの質量中心 CM に注目しよう．バットは，主に全身の「並進」(translation)運動と，手首による「回転」(rotation)運動の合成として空間を移動している．この時，CM の位置は，空間に対して如何に変化しているか．次はこれを考える．

2 円輪が直線上を転がる時，周上の一点が描く軌跡を**サイクロイド**(cycloid)と呼ぶ．

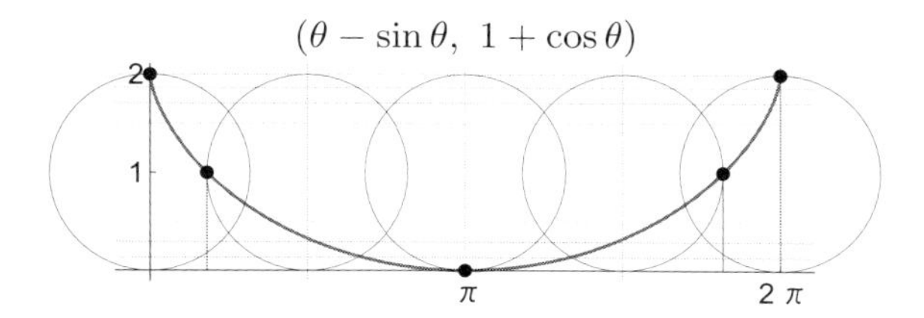

ただし左図では打撃との関連を優先させた為，通常の表現とは異なり，円を直線に対して逆回転させているが，曲線の基本的特性は変わらない．

バットの CM は，この曲線上を動く．これも著者年来の主張である．即ち

バットの CM の軌跡は，サイクロイド曲線を模倣する！

この仮定は充分に自然である．誰もが容易に映像で確認出来る時代であるにも関わらず，今なお「ダウンスイング」という言葉が独り歩きをし，「上から叩く」という言葉が曲解されている．映像を見れば一目瞭然(いちもくりょうぜん)，誰もそんなスイングはしていない．ある大きさ以上の質量を持つ物を，斜め下へと真っ直ぐに移動させることは極めて困難である．何故か．そこに重力が存在するからである．

この混乱の原因は，**最短距離**という言葉の魔力に，プロ経験者さえも翻弄(ほんろう)されているからである．打撃に限らず，**多くのスポーツにおいて最も重要な要素は，距離ではない．時間である．**構えた位置から打点まで，最速でバットを移動させることが課題である．それが近回りでも遠回りでも，移動に要する時間が問題なのである．即ち，**最短時間**の達成こそが，全競技者の目的となる．

3 一様重力の下，この目的に叶(かな)う軌道が，またまたサイクロイドなのである．「眼下(がんか)の獲物(えもの)」を狩(か)ろうとする鳥は，決して直線的な急降下はしない．先ずは．重力を利用して“落ちるに任(まか)せ”，充分な速度を得た後で，水平飛行に移り獲物の後方に迫る．この意味でサイクロイドは，**最速降下線**(brachistochrone)とも呼ばれている．

直線が最短距離 (最短時間)	**サイクロイドが最短時間**
重力がない時	重力がある時

先ずは，この認識が必要である [虚数]．曲線の最下部で打てば「レベルスイング」，その前は「ダウン」，その後は「アッパー」ということになる——実際にはボールは点ではなく回転もしているので，問題はそれ以上に複雑になる．

右図は，右打者の構えから打点までを，サイクロイドを用いて理論的に描いたもの (数式処理ソフトを利用) であり，モーションキャプチャーなどにより，実在の打者の映像を模倣したものではない (表紙背景も同様)．仮に，この種の疑念が生じたとしたら，それこそが本説の妥当性を示す傍証になろう．

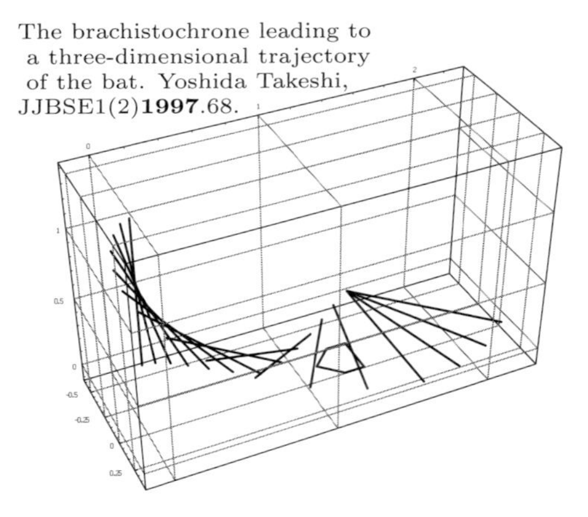
The brachistochrone leading to a three-dimensional trajectory of the bat. Yoshida Takeshi, JJBSE1(2)**1997**.68.

斯(か)くして，この曲線は打撃論の中央に登場した．その出自と二面性は

回転 ＋ 並進 → サイクロイド (幾何学)

最短時間軌道 → サイクロイド (力学)

とまとめられる．打者の自然な動きから導かれた曲線が，同時に重力下で行うスイングの最適解にもなっているのである—— Like a Rolling Circle.

3 第三過程：加速

打者とは，「自身の運動量で，投球の運動量を変換する機構」である．左打者はボールの**右半球**を凝視(ぎょうし)して，それを撃心で捉えようとする．両者の接触時間は Δt. この一瞬を体感出来ない観客には，変換後の結果しか分からない．

余話

野球の打撃では，動いているボールを打ち返す．テニスも卓球も，同様の特徴を持っているが，どちらも打器(だき)の面が平らで広い．ゴルフは止まっているボールを打つ．サッカーなどのゴールキーパーは，動いているボールを止める．様々な球技がある中で，小さな動くボールを，点に等しい撃心で捉える野球が，独特の難しさを持っていることは確かである．僅か三割の成功率で，極めて高い評価が得られることが，その難しさを傍証している．

1 第三過程，Δt の間に何が起こるか．ここからは，一般的な記法が必要になる．これまでは運動量を軸に話を進め，派生する量や用語を使わなかった．しかし，これだけでは他書への引継ぎが出来ない．“下拵え” にもならない．

ようやく一般的な著作なら冒頭にある基本用語を，紹介する為の準備が整った．既知の結果をまとめよう．“何もなければ” 運動量は時間経過に依らず一定値を取る．これを保存則と呼んだ．しかし，“何かがあれば” 運動量の値は変化する．そして，それは接触時間に比例するだろう．即ち，以下が成立する．

$$\Delta p\,(\text{運動量の変化}) \propto \Delta t\,(\text{接触時間}). \qquad (\text{記号} \propto \text{は比例の意})$$

この “何か” を**力**と呼び，上式の比例定数と見做して F で表すと

$$\Delta p = F \times \Delta t, \quad \text{又は} \quad \frac{\Delta p}{\Delta t} = F$$

となる．即ち，**時間当たりの運動量変化を力という**わけである——特に $F \times \Delta t$ は**力積**と呼ばれる．これは，$[\text{加速度}]_{\mathrm{D}} = \mathsf{L}/\mathsf{T}^2$ を用いて，「質量×加速度＝力」とも表せる．この定義により，直ちに力の次元，単位が以下の如く定まる．

$$[F]_{\mathrm{D}} := \frac{[\text{運動量}]_{\mathrm{D}}}{[\text{時間}]_{\mathrm{D}}} = \frac{\mathsf{ML}}{\mathsf{T}^2}, \qquad [F]_{\$} = \frac{\mathrm{kg\,m}}{\mathrm{s}^2} = \mathrm{N}.$$

SI では表記を簡潔にする為に，上の組立単位 N(ニュートン) も認められている．ここで，1 N とは，1 kg の質量を $1\,\mathrm{m/s^2}$ で加速させる力の意である．

2 さて,「接触時間 Δt」と「投球・打球の速度 (運動量)」が具体的になれば,打者がボールに与えた力が定まる.これは実験に俟つべき量であるが,仮に

$$\Delta t = 0.001\,\mathrm{s}, \qquad \text{投球速度}: -45\,\mathrm{m/s}\ (= -162\,\mathrm{km/h}),$$
$$m_{\text{球}} = 0.145\,\mathrm{kg}, \qquad \text{打球速度}: +55\,\mathrm{m/s}\ (= +198\,\mathrm{km/h})$$

と定めよう——ここで打球の方向を「正」とした.この時,以下を得る.

$$F = \frac{\Delta p}{\Delta t} = \frac{0.145\,\mathrm{kg}\times[55-(-45)]\mathrm{m/s}}{0.001\,\mathrm{s}} = 14500\,\mathrm{N}.$$

力の実体,その詳細は未だ論じていないが,既述の通り「運動量をより大きく変化させる」為には,力積 (力と接触時間の積) を大きくする必要があった.

打者は力積を,「力と技の積」と理解するだろう.選手は体を鍛え,「力」を強くすることに精励する一方,様々な「技」を駆使して,接触時間を長くせんと試みているからである.屡々一流選手が「ボールをバットに乗せ,押し込んでいく感覚」などと語っているが,これなどが典型事例である.一瞬の過程に永遠を見るように,バットを撓らせ,ボールの凹みを利用し,少しでも両者の接触時間が長くなるように,自らのスイングを矯正しているのである.

スイングに至る過程においても,下半身から順に,腰,肩,腕,手首,そしてバットへと「捻れを解いていく」ことが重要である——表紙の打者は,右足爪先を浮かせ,踵を軸にした「身体の回転可動域」を最大化している.逆に見れば,これらは第四過程に進むまで,常に捻れている.特に「腰骨の線」と「両肩を結ぶ線」の二本の直線が,重ならないように強く意識する必要がある.

4 第四過程:慣性

打者がバットの慣性,更に自身が獲得した運動量の中,ボールに伝えきれなかった残余の部分を精算する作業が主である.一般にフォロースルーと呼ばれるが,既述の通り,これらは結果であり原因ではない.

第三過程の加速段階において,自身の体の捌きが拙く,壁機構による加速よりも劣る場合,これは "減速効果" しかもたらさない.従って,「体力が無い」,あるいは「態勢を崩された」「タイミングを外された」などで,自身の力で上手く加速出来ないと判断した場合には,むしろそれを放棄した方がよい.例えば,外角球の場合には,壁機構による加速だけでも,充分に長打が期待出来る.所謂「ヘッドが走る」と表現される状態を作るのである.

その内実は，第四過程において「明らかな形」となって現れる．解説では度々「片手打ちで長打とは！」だとか「あれだけ崩されて本塁打は凄い」だとかいった形で驚きが表明されているが，これらは，瞬間的に力を放棄して壁機構に全てを託す判断をするという「高い技術」があればこその結果であって，それらをなお「力」や「体躯」に求めることは，単に誤解を招くだけでなく，打者の高度な技術を伝えない稚拙なものであると言わざるを得ない．

4.3 力学の法則

運動量の保存法則から拡がる話題について紹介した．ここでは，より一般的にこの基礎法則を採り上げ、そこから導かれる「力学の基本法則」を論じる．

1 慣性の法則

さて，「運動量の保存法則」とは何か．その反省から始めよう．個々の運動量を $p_i (= m_i v_i)$ として，番号 i を添える．この法則は，質点の数に依らないから，n 個の場合の総和 P は，時間に依存せず一定である．．即ち

$$P := p_1 + p_2 + \cdots + p_n = m_1 v_1 + m_2 v_2 + \cdots + m_n v_n = \text{定数}$$

である．ここで，全体が「一定の速度 v で移動する座標系」に乗ったとすると

$$m_1(v_1 - v) + m_2(v_2 - v) + \cdots + m_n(v_n - v) = P - (m_1 + m_2 + \cdots + m_n)v$$

となる．右辺第二項は定数であるから，全体もまた定数 (値は異なる) になる．

従って，**運動量の保存法則は，一定の速度で動く座標系においても成立する**．加えて，この座標系における物理は，静止系と全く同様になる——逆に，刻々と移動速度が変化する座標系では，静止系とは異なる現象が現れる．例えば，162 km/h のボールが持つ運動量を，速度 81 km/h で動く座標系から見た場合，運動量は半減しているが，「保存法則の成立」という物理的な意味は変わらない——更に言えば，「ボールに乗った座標系では運動量はゼロになる」が，その値が時間的に不変であるということは変わらない．

このように，「運動量が保存する」ということは，速度が一定である座標系の存在を暗示しており，また，その運動は外部から何の作用も受けなければ，一切変化しないことを意味している．これは**慣性の法則**と呼ばれている．

2 運動方程式

さて「運動量の変化は，力積に等しい」ことから，力と運動量について右の関係が導かれた．これを**運動方程式**と呼ぶ．更に，この式を睨(にら)みながら，二質点に対する保存法則を記述すると，$p_1 \to p'_1$, $p_2 \to p'_2$ なる変化に対して

$$\frac{\Delta p}{\Delta t} = F$$

$$p_1 + p_2 = p'_1 + p'_2 \text{ より，} p'_1 - p_1 = -(p'_2 - p_2)$$

となるが，対象が衝突することにより，運動量が変化した場合には，力積から以下が導かれる—— $\boldsymbol{F_{21}}$ は質点 2 が 1 に及ぼす力を，$\boldsymbol{F_{12}}$ はその逆を表す．

$$p'_1 - p_1 = \boldsymbol{F_{21}}\Delta t,$$
$$p'_2 - p_2 = \boldsymbol{F_{12}}\Delta t.$$

$F_{21}\longrightarrow$
②①
$\longleftarrow F_{12}$

元の式に戻して，$\boldsymbol{F_{21}}\Delta t = -\boldsymbol{F_{12}}\Delta t$ を得る．これが任意の Δt で成立するには

$$\boldsymbol{F_{21}} = -\boldsymbol{F_{12}} \text{ より，} \quad \boldsymbol{F_{21}} + \boldsymbol{F_{12}} = 0$$

が必要である．即ち，対象が互いに力を及ぼしあう時，その総和は 0 になる．

3 作用・反作用の法則

これは「押せば →|← 押される」という異なる物体間の関係であり，そこに働く力は全体で消去される．これを**作用・反作用の法則**という．その本質は，二体間の運動量の遣り取りであり，既述の如く「力の性質」に根差している．

> **補足**
> 従って，この法則の意味するところは「力と反力の関係」であって，これを「作用」と呼ぶべき必然性はない．実質は“握手の法則”で充分である．用語「作用」は“運動の核”にも使われている．同じ概念を異なる名 (作用／力) で呼び，異なる概念 (力／運動の核) に同じ名前を与えることは混乱の元である．

以上の三種，即ち，「慣性の法則」「運動方程式」「作用・反作用の法則」をまとめて**ニュートンの三法則**と呼ぶ．運動量が「質量×速度」と表せることから

$$m\frac{\Delta v}{\Delta t} = F \text{ より，} ma = F$$

と表すことが出来る (既に紹介済み)．ただし，この式は普遍性を持つ運動量表記とは異なり，「質量が定数扱い出来る速度域」でのみ成立する近似である．

4 仕事・運動エネルギー

先に，力積 (力×時間) を示した．その対比として，力とそれに沿った距離との積：$W = F\times\Delta s$ を考える．これは**仕事**と呼ばれており，その次元と単位は

$$[W]_{\mathrm{D}} = \frac{\mathsf{ML}}{\mathsf{T}^2}\mathsf{L} = \mathsf{M}\left(\frac{\mathsf{L}}{\mathsf{T}}\right)^2. \qquad [W]_{\$} = \mathrm{kg}\left(\frac{\mathrm{m}}{\mathrm{s}}\right)^2 = \mathrm{J}$$

となる．これを**エネルギー**の次元という——組立単位 J(ジュール) が常用される．先の「もう一つの保存量」も同じ次元を持つ．$mv^2/2$ は**運動エネルギー**と呼ばれ，V で表す場合が多い．例えば，先の打球の運動エネルギーは

$$V = \frac{1}{2}\times 0.145\,\mathrm{kg}\times\left(55\,\frac{\mathrm{m}}{\mathrm{s}}\right)^2 = 219.3125\,\mathrm{J}$$

となり，投球の運動エネルギーとの差は，数値の計算：

$$\frac{0.145}{2}(55^2 - 45^2) = \frac{0.145}{2}(55+45)(55-45) = \frac{145}{2}$$

より，72.5 J となる——これが打者による増加分である．

1 さて，不生不滅とは「故(ゆえ)無くして増減しない」ということであるが，それは「行為には常にそれに見合う代償が伴(ともな)う」ということでもある．**エネルギーは，この“代償”を数式化したものであり，物理学における“通貨”とも呼ばれている．**それは保存されるが，相互に変換もされる．特に，運動エネルギーは，数式 (v^2 で定義) が示す通り，負になることもない．しかし，その値は座標系の選択により変わる．例えば，同じ速度で移動する座標系においてはゼロになる．後で示すが正・負の値を取るエネルギーもある．これは，座標系を如何に定めるか，「物差しの原点を何処にするか」という任意性のある問題である．

エネルギーは多分野を繋ぐ必須の存在であるが，力と同様に難しい問題を孕(はら)んでおり，奥が深く掴み難い．従って，最初に扱うべきものではない．そこから始めるにしても深入りをせず，**「力とは，エネルギーとは何か」という問を封印(ふういん)したまま，先へと進む必要がある．本書がこれらを避けた所以である．**

2 時間当たりの仕事の割合を**仕事率**と呼ぶ．これには組立単位 W (ワット) が与えられており，エネルギーとは，以下の関係にある．

$$1\,\mathrm{W} := 1\,\frac{\mathrm{J}}{\mathrm{s}}.$$

電気代の元となる電力量の単位には，kWh (キロワット時) が使われているが

$$1\,\mathrm{kWh} := 1000\,\mathrm{W} \times 3600\,\mathrm{s} = 3600000\,\mathrm{J}$$

と換算され，これがエネルギーの単位であることが分かる．我々は，電気代の名目でエネルギーを買っているのである．

余話

　因みに「力積 (impulse)」「仕事 (work)」は，原語・訳語共に良いものとは思えない．拙(つたな)くとも「力に対する時間積／空間積」とする方が，実体に相応(ふさわ)しく，両者の関連も見えて紛(まぎ)れもない．特に．仕事は日常語としての語感が強く，「〜は仕事をする・しない」といった妙な用法もあるので，非常に厄介である．「仕事率 (power)」も日英で語感の乖離(かいり)が激しい．パワー，パワーと筋トレで“力”漲(みなぎ)る人達に，「さて皆さん何ワット?」と聞いたところで返事は来ない．

　逆に，専門用語の「エネルギー (energy)」が日常化を極め，“元気一杯”の意でないと諭(さと)す“パワー”も失った．『ギョエテとは俺の事かとゲーテ言い』とは斎藤緑雨の言ともされるが，「エナジー」なる発音が我が国に広まったのは，SONY の“ラジカセ”CM 以降ではないか．「力 (force)」に関しては，お手上げ状態である．語る力に黙る力，気力に魅力に魔力にと，物理的とは言わないまでも，真面な用例を探すのに苦労するほどである．先に議論した「作用」と同じく，如何なる意味で使われているか，常にその定義を確認しておく必要がある．

---

3 力積と仕事は，運動量とエネルギーの変化を記述する．それ故に，保存法則に関連している．ここでは，全体的な復習も兼ねて，運動方程式から直接これらの関係を導く．また，表記も少しずつ洗練されたものに変えていく．

　時間と空間を一つにまとめた記述の基盤を**時空**と呼んだ．ここでの時空は，時刻 t と位置 s が作る平面である．この時，速度 v は，時空の二点：$(t_1, s_1), (t_2, s_2)$ の差として定義される．s_1 は，t_1 における位置を表しているが，これを $s(t_1)$ と書き直すことにする．この表記によれば

$$v = \frac{s(t_2) - s(t_1)}{t_2 - t_1} = \frac{\Delta s}{\Delta t}, \qquad a = \frac{v(t_2) - v(t_1)}{t_2 - t_1} = \frac{\Delta v}{\Delta t}$$

と表すことが出来る——同時に加速度も定義した．この時，力積 $I = F\Delta t$ は，運動方程式より，「$I = (\Delta p/\Delta t)\Delta t = \Delta p = p(t_2) - p(t_1)$」となり，二時刻での運動量の差になる．この式は本来「(積分型の) 運動方程式」と見做すべき式であり，通常の運動方程式 (微分型) と同等のものである．

同様の計算により，仕事 $W = F\Delta s$ は，二時刻での運動エネルギーの差：

$$W = \frac{\Delta p}{\Delta t}(v\Delta t) = (\Delta p)v = (m\Delta v)v$$
$$= m[v(t_2) - v(t_1)]\frac{v(t_1)+v(t_2)}{2} = \frac{1}{2}m[v(t_2)]^2 - \frac{1}{2}m[v(t_1)]^2$$

になる．第二行では，v は「$v(t_1)$ と $v(t_2)$ の平均」であることを利用した．

余話

以上より，打球の運動量とエネルギーを大きく変化させる為には，より長い時間，より長い距離に渡って「バットをボールに接触させる必要がある」ことが分かった．その為に，左肘 (左打者) を脇腹に沿わせて，出来る限り「直線的 (仕事を最大にする為) に前方に押し込む」ことが求められている．これは通称「おっつけ」と呼ばれる技術である——元々は相撲用語であろう．

また，武道の場合，相手の突きや押しに対し，その運動量に直交する方向から応接すると，楽に (仕事ゼロで) 攻撃の方向が変えられる．これを「いなし」という．「相手の動きを利用して倒す」為の基本的な技術である．

5 力積と仕事の相関図

最後に，力積と仕事の「違い」について，図式を用いて説明しておこう．

力は「方向を持つ量」であるが，時間は持たない．従って，両者の積である力積は，力の方向が運動量の方向になる．一方，仕事は「距離とその方向の力」の積であり，結果はエネルギーという「方向を持たない量」になる．一般に，力は直交する方向には効かないので，その場合，仕事もゼロになりエネルギーは増減しない．距離は，座標により異なる値を取るので「仕事は座標系により変化する」が，力と時間は座標系に依らないので「力積は不変」である．

関係をまとめる．矢印に附随(ふずい)する量は，それを掛けることを意味している．即ち，右矢印は「×時間」，下矢印は「×速度」，斜め矢印は「×距離」である．

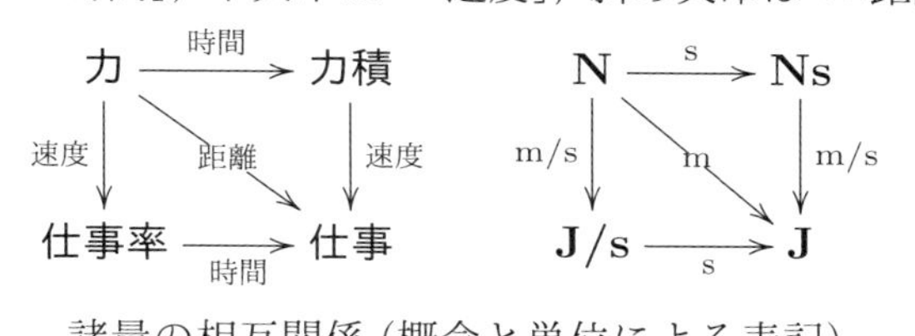

諸量の相互関係 (概念と単位による表記)

上段は力，下段はエネルギーの関連を示し，斜め矢印が両者を繋いでいる．この図式を眺めるだけでも，「フォース」「パワー」「インパルス (モメンタム)」「ワーク (エネルギー)」の違いをより明確に意識するようになるだろう．

> 余話
> 　本書冒頭でも述べたように，数学と物理学では必須とされる才が異なる．数学者は理論に潔癖さを求め，物理学者は状況を受容する．投手は数学者に，打者は物理学者に似ている．純粋に身体運動を追求すれば，投球技術は向上し成績は上がる．一方，打者は相手を受容し対応する必要があり，技術の向上と成績は直結していない．二刀流の難しさは，精神の在り方にまで及ぶのである．
> 　理系最高の栄誉とされる数学のフィールズ賞，物理学のノーベル賞の両取り，究極の二刀流を為し得た者は未だ居ない．特に，フィールズ賞には年齢制限 (40 歳以下) がある為，その難しさを高めている——従って，学界の巨人がその名に連ならない場合もあり，本賞はあくまでも “新人賞” であると評する人も居る．

4回裏：まとめ

◇円で直線を描く方法を考える (初等幾何学として，次に身体運動として)．
◇エントロピーの概念 (覆水盆に返らず) ——青年よ 非可逆行為を恐れよ！
◇用語：力の釣合 (一体二力)，作用・反作用 (二体二力) の違いを理解する．
◇運動量保存と「壁」の問題を再考する．
◇「慣性・運動・作用」について学ぶ．

$$p = \text{一定},\ \frac{\Delta p}{\Delta t} = F,\ F_{21} + F_{12} = 0$$

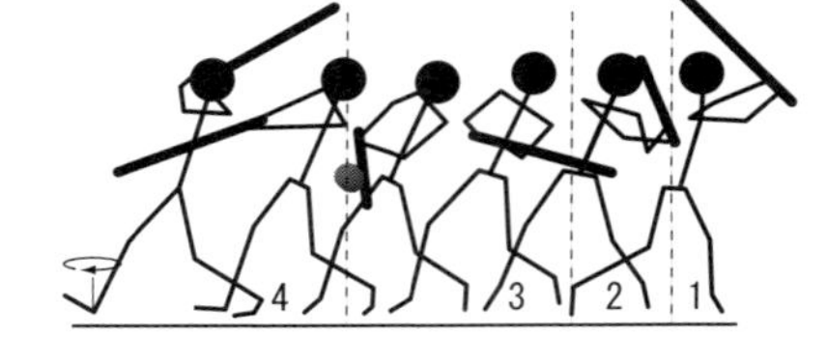

◇打撃の四過程について考える (右図)．
◇サイクロイド曲線は，並進運動と回転運動の組として描かれる．一般には

$$x = a(\theta - \sin\theta),\quad y = a(1 - \cos\theta)\quad \text{ただし，}a\text{ は動円の半径}$$

　と表される．ここで，x に存在する「生の θ」が直線運動を描写している．
　$X := x + a\sin\theta = a\theta$, $Y := y + a\cos\theta = a$ と書き換えるとより明瞭になる．
◇最速降下線 (サイクロイド) は最短時間曲線でもあり，打撃を模倣出来る．
　身体運動 (移動・回転) の必然であり，一つの理想型としてモデルになる．
◇仕事と運動エネルギー，仕事 $F\Delta x$ と力積 $F\Delta t$ の相関図に親しむ．

5回表　今宵も月は落ちてくる

言葉は略すと意味が霞む．しかし，霞んだ分だけ強く浸透する．口の端には上り易いが，既に雑味が増している．旨くもないが不味くもない．ただ手軽なだけである．悪貨は良貨を駆逐する．要領を極めることが知性ではない．

例えば，**万有引力** (universal gravitation) とは何だろうか．

万の物が**有**している，互いに**引**き合う**力**

僅かに言葉を補い解せば，どうなるか．四文字に圧縮した段階で，意味は遠ざかり，音が強調される．「万物」「(森羅)万象」「万能」とは言うが，「万有」という言葉は余り使われない．これらは皆，“この世の全て” を表す言葉であるが，普遍性を意味する「universal」の訳語として「万有」を当てたことは興味深い．また，この場合の「引力」は，質量が生む無限遠まで届く大域的な力を指すのに対し，「重力」は周辺の状況をも加味した複合的で局所的な力を指すといった違いがある．発生源を示す式に「引力」が選ばれたことに齟齬はない．「万有 “重力” とも，無 “引力” とも言わない」のも象徴的である．

存在として「在る」のか，それを「有する」のか．物理学は，万 “物” を質量あるものと見做し，それらが互いに引き合う特性を持つことを実験的にも確認した．太陽も地球も人間も，その血の一滴までもが，互いに引き合うのである．これほど測定の難しい量はない．周囲の全ての質量が測定の邪魔をする．よって，引力の程度を示す測定値の精度は，他の物理量に比べて各段に低くなる．

ニュートンが構成した理論の白眉は，均一な質量分布を持つ球体は，その全質量が中心に集中した「数学的な点と見做せる」ことの証明にある．地球も林檎も唯の点と見做して計算出来るというのである．正に驚異の結論である．

5.1 万有の引力

ならば万有引力とは何か．それは「力」である．従って，次元：$\mathsf{ML/T^2}$ が確定する．二つの質量 m, M の何れにも比例して大きくなる．更に観察に因れば，それは方向性を持たず，両者が遠ざかれば小さくなる．

1 逆二乗力と定数

そこで，半径 r の球面的な拡がりの中で，力は面積 r^2 に比例して小さくなると仮定すると，逆二乗力と呼ばれる力の形式：$F \propto mM/r^2$ が明確になる．ここで比例定数を G，質量 m の加速度を g とすると，m が消去されて

$$mg = G\,\frac{mM}{r^2} \quad \text{より，}\quad g = G\,\frac{M}{r^2}$$

を得る．G は次元：$\mathsf{L^3/(MT^2)}$ を持つ正数であり，**万有引力定数**「通称 Big G」と呼ばれている．これは，対象の質量とは無関係に，地球質量 M，半径 r だけで力が決まるという主張である．また，我々は簡単な実験により，落体に働く**重力加速度** g「通称 Small g」の値，約 $9.80\,\mathrm{m/s^2}$ を得ている．更に，地球のおよその大きさ (赤道の周) も航海や測地(そくち)作業を通して推測された．

ここで，$gr^2 = GM$ と変形すると，G の値から地球の質量が分かるという話になる．その値は，後年 (1798 年) キャベンディッシュが測った——ニュートンはその実験の難しさを熟知(じゅくち)していたが故に，深く追求しなかった．我々は，地球の外へ一歩も出ることなく，その質量を知ることが出来たのである．

2 等加速度運動

我々は地表において，質量 m の物体が，力 $F = mg$ により引かれることを知った．具体的な g の値を用いれば，質量 1 kg の物体に働く力は，およそ

$$1\,\mathrm{kg} \times 9.80\,\frac{\mathrm{m}}{\mathrm{s^2}} = 9.80\,\mathrm{N}$$

である．これを**重さ** (重量) と呼ぶ．即ち，重さとは「地球が引く力の大きさ」のことである——逆に，1 N とは “小振りの林檎” に働く力である．レスラーが体当たりをして来た時に感じるのが「質量」であり，抑え込みを狙って真上から体を乗せて来た時に感じるのが「重さ」である，地球 (引力源) が無ければ

重さは無いが，それでも質量は存在する．重力の有り様(よう)によって，重心 CG は異なるが，質量中心 CM は変化しない．重力の大きさに依らず (月でも地球でも) 天秤は正しく機能するが，力を測るバネ秤は異なる値を示す

一般論として，「質量 m に一定の加速度 K が働いている時，その速度 v と距離 s が，時刻 t で如何なる値を取るか」を考える．それは運動方程式：

$$\begin{bmatrix} ma = F \\ F := mK \end{bmatrix} \text{ より，} \quad a = \frac{\Delta v}{\Delta t} = K \, (\text{定数})$$

を解くことである．即ち，$\Delta v = K \Delta t$ であるが，これは

$$\left.\begin{array}{l} v(t_2) - v(t_1) = K(t_2 - t_1) \\ v(t_3) - v(t_2) = K(t_3 - t_2) \\ v(t_4) - v(t_3) = K(t_4 - t_3) \\ \underline{v(t_5) - v(t_4) = K(t_5 - t_4) \ (+} \\ v(t_5) - v(t_1) = K(t_5 - t_1) \end{array}\right\} \Rightarrow \quad \begin{array}{l} \text{ここで両端の値を} \\ t_1 = 0,\ v(0) = 0, \\ t_5 = t,\ \ v(t) = v \\ \text{とおいて，} v = Kt. \end{array}$$

となる．両辺は「番号に依らず $\mathrm{X}_n - \mathrm{X}_1$ の形になる」と $n = 5$ で目安を立て，それを t, v と略記した．運動に関わる量 (距離 s，速度 v，加速度 a，時間 t) を視覚化する場合，横軸に t，縦軸に v を取った「tv 平面」が有効である．この平面上の面積が，速度の式 $s = vt$ より距離を与え，直線 $v = Kt$ の傾きが加速度を与えるからである．なお，水平線は速度一定，垂直線は同時刻を表す．

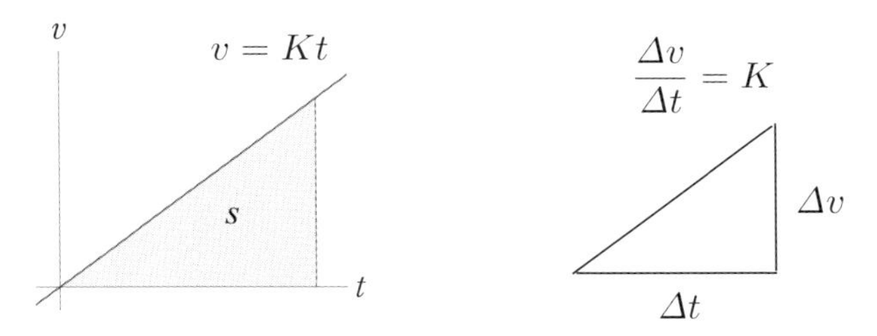

これより，諸量は次のように定まる—— t の次数を強調する表記を採った．

$$a = Kt^0, \quad v = Kt^1, \quad s = \frac{1}{2}Kt^2.$$

当然，$t^0 = 1$, $t^1 = t$ であるが，こうした“強調”が一般化の為の初手になる．図の通り，「tv 平面」において，$v = Kt$ は傾き K で原点を通り，その直線と軸が囲む面積 s は，三角形の面積「(底辺 t)×(高さ Kt) ÷ 2」として導かれる．

補足

既述の通り，$v(t), s(t)$ と書くべきところを，単に v, s と略す場合がある．$v = v(t)$ と書いて，「v は t に依存する」ことを強調する場合もある．定数を意識させる為に，v_0, v_f などと文字を添える場合もあれば．a, b, c などアルファベット前半の文字により，それと暗示させる場合もある．何れも，明確な指定が無い限り，その意味は文脈により決まる．機械的に統一することで見失うものも多くあり，場所に応じて簡略化することは，決して不徹底なわけではない．

3 運動方程式の解

運動方程式は，位置と速度の「基準」をズラす，二種の"平行移動"を許容している．例えば，位置 $\Delta s = s_2 - s_1$ において，二点を定数 s_0 だけ移動させても，結果は $(s_2 - s_0) - (s_1 - s_0) = \Delta s$ となり変わらない．速度も同様である．

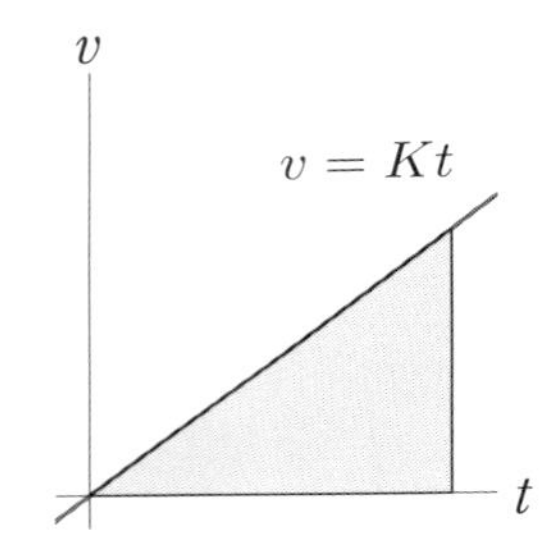

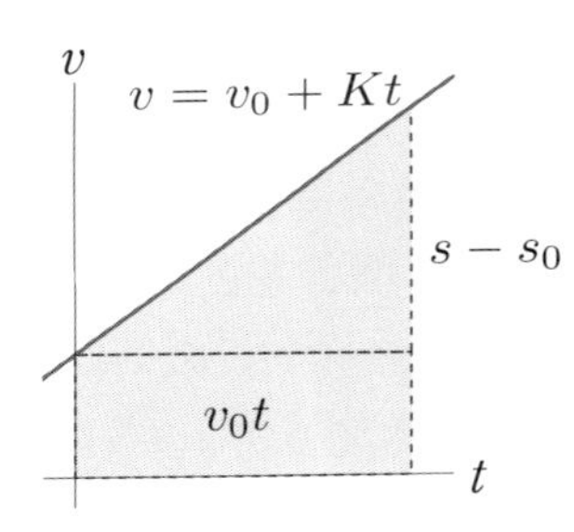

前例を「$s \to s - s_0$, $v \to v - v_0$」と置換すると，直線は $v - v_0 = Kt$ となり，直下の面積には長方形 $v_0 t$ が追加されて，その結果が $s - s_0$ になる．即ち，$Kt^2/2 + v_0 t = s - s_0$ となる．これらを整理して，以下の式が導かれる．

$$s(t) = \frac{1}{2}Kt^2 + v_0 t + s_0, \quad v(t) = Kt + v_0.$$

1 力学の問題は，運動方程式を解き，任意の時刻 t における位置 $s(t)$ と，速度 $v(t)$ を決定出来れば，完全に解決する．そして，その問題に応じた条件：s_0, v_0 を解に適用することで，具体的な運動が記述される．

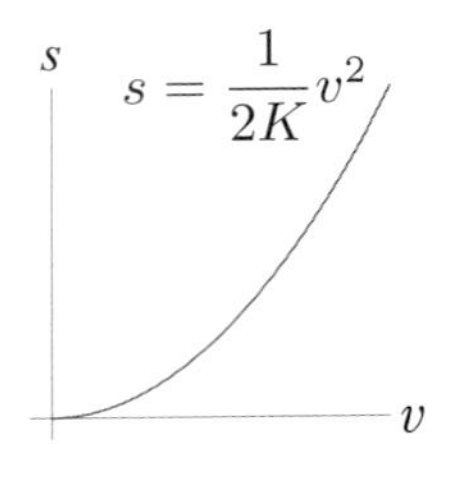

例えば，元の問題ならば，$s_0 = 0$, $v_0 = 0$ を代入した

$$s(t) = \frac{1}{2}Kt^2, \quad v(t) = Kt$$

に全情報が含まれている．先ず，二式から t を消去して，$s = v^2/2K$ を得る．

これは「sv 平面」における放物線であり，対象の力学的状況を表す——幾何は時間の無い世界，又は全ての時間を“一枚の絵”に封印(ふういん)した世界である．また

$$\frac{1}{2}v^2 - Ks = \frac{1}{2}K^2t^2 - \frac{1}{2}K^2t^2 = 0$$

は「時刻 t に依らず常に 0」になる．これは，上の図形 $s = v^2/2K$ の別の導出法とも見做せるが，二つの重要な概念を含んでいる点で，大きく異なっている．

なお，本問は**次元解析**により，「解の形式」は容易に決定出来る．即ち

$$[K]_\mathrm{D} = \frac{\mathsf{L}}{\mathsf{T}^2},\ [v]_\mathrm{D} = \frac{\mathsf{L}}{\mathsf{T}},\ [\mathbf{1}]_\mathrm{D} = \mathsf{L}\ \text{より，}\ s(t) := C_2Kt^2 + C_1vt + C_0\mathbf{1}$$

より，解 $s(t)$ を得る——なお，定数 C_2, C_1, C_0 は，この手法では決まらない．

2 質量あるものは全て，地球に引かれ落下する．空気を切り裂(さ)くストレートも，視界から消えるフォークも，バントもホームランも，全てのボールは落下する．この支配を免(まぬが)れることは出来ないのか．ロケットの父，ゴダードはこの問題に敢然(かんぜん)と挑戦した．一体どれほどの力でボールを打てば，月まで飛んでいくのか．嘗(かつ)て「月に向かって打て」と若き日の大杉勝男選手を指導した名伯楽(めいはくらく)が居た．ニュートンも，山から砲弾を様々な速度で撃ち出す図版を自著に沿(そ)えている．宇宙への旅は，万有引力との熾烈(しれつ)な戦いから始まるのである．

余話

ゴダードの歴史的な挑戦を「ニューヨークタイムズ (1920.1.20)」は嘲(あざけ)り罵倒(ばとう)した．『飛ぶはずがない．彼には高校で日常的に教えられている知識もないようだ』と得意満面の筆致(ひっち)で個人攻撃を続け，彼の支援者達を大いに困惑させた．その結果，ゴダードは秘密主義になり，広報活動を控えるようになった．

時は流れてアポロ 11 号の打ち上げ翌日 (1969.7.17)．この日を狙っていたタイムズ紙は訂正記事を出した．しかし，それは遥か昔に為された「ニュートンの証明」を理解出来ない人達が，まるで「アポロで初実証された」かの如く書いた“謝罪文”であり，社の気質を示すものであった．新しいことに挑む人を冷笑する．平均的であり多数派であることに執着し，強きを助け，弱きを挫(くじ)く．正に品性下劣の一言に尽きる．ニューヨークにおける，こうした論調は分野を問わず，昔も今も変わらない．「二刀流」は現代のゴダードであった．彼等が声高に“不可能”ということは，それが可能ということだ．挑戦者ゴダードは言った．

『昨日の夢は，今日の希望であり，明日の現実である』と．

5.2 概算こそが智恵

物理学者に求められる能力には，様々なものがあるが，特に重要なものとして，概算(がいさん)の能力が挙げられるであろう．「桁さえ合えば，それでよし」として，前へ進もうとする強い精神は，知的営為の神髄(しんずい)であるとも言える．

1 智恵の源泉(げんせん)となる「記憶すべき知識」は極めて少ない．しかし，そこから「導かれる結果は多岐(たき)に渡る」——これが物理学の醍醐味(だいごみ)である．この関係を知っていることが何より重要である．基本的な定数に関わる話題から始める．

★地球の赤道周の長さは「4 万 km」である．

★光の速さは「秒速 30 万 km」である．

★太陽は，地球から「光で 500 秒掛かる距離」にある．

★月・地球間の距離は，太陽・地球間の「1/400」である．

★月は腕先 (550mm) の五円玉の穴 (5mm) に入る．

★日蝕(にっしょく)は，月が太陽をほぼ完全に隠す現象である．

★地球の平均密度は「水の 5.51 倍」である．

★地表では $g = 9.80\ \mathrm{m/s^2}$，月面では $g/6$ である．

★エネルギーと質量には，$E = mc^2$ という関係がある．

この辺りの粗い値から何が導けるか．先ずは，地球を真球と仮定し，その大きさに関して計算しておく．赤道周：$l = 40000\ \mathrm{km} = 4\times10^7\mathrm{m}$ より

赤道半径	断面積	表面積	体積
$r = l/2\pi$ $\approx 6.37\times10^6\ \mathrm{m}$	$A = \pi r^2$ $\approx 1.27\times10^{14}\mathrm{m}^2$	$S = 4\pi r^2 = 4A$ $\approx 5.08\times10^{14}\mathrm{m}^2$	$V = 4\pi r^3/3$ $\approx 1.08\times10^{21}\mathrm{m}^3$

を得る．これらの値を参照しながら，議論を進める．基本は光速である．

2 俗に「地球を七回半回る」と言われるが，光は直進するので回ることはない．確かに $4\times7.5 = 30$ なので，両者の関係を記憶する為にはよいだろう．太陽・地球間の距離 R を「1 天文単位」と呼び，au と略記する．概算すると

$$R = 1\ \mathrm{au} = 300000\ \frac{\mathrm{km}}{\mathrm{s}}\times500\ \mathrm{s} = 1.5\times10^{11}\mathrm{m}.$$

月・地球間の距離は，これを 400 で割る．光で 1.25 秒掛かる距離である．月

の直径：$d_{月}$ が 550mm 先の 5mm の穴に入り，日蝕が起こることから，太陽の直径：$d_{太}$ も同程度となる．よって，比：5/550 を用いて

$$d_{月} = \frac{1.5\times10^{11}\text{m}}{400}\times\frac{5}{550} \approx 3.4\times10^{6}\text{ m}, \qquad d_{太} = 400\times d_{月} \approx 1.36\times10^{9}\text{ m}.$$

水の密度：$\rho_{水} = 1\text{ g/cm}^3 (= 1\text{ ton/m}^3)$，地球の平均密度：$\rho_{地} = 5.51\rho_{水}$ より地球の質量が求められる——逆に質量から密度が分かる．$M = \rho_{地}V$ より

$$M = \left(5.51\,\frac{\text{ton}}{\text{m}^3}\right)\times(1.08\times10^{21}\text{m}^3) = 5.95\times10^{24}\text{kg}$$

となる．更に丸めて 6×10^{24}kg，場合によっては 10^{24}kg でも充分である．

3 よって，万有引力定数 G の値は，先に紹介した $G = gr^2/M$ を用いて

$$G = \frac{(9.80\text{ m/s}^2)\times(6.37\times10^{6}\text{m})^2}{5.95\times10^{24}\text{kg}} \approx 6.68\times10^{-11}\frac{\text{m}^3}{\text{kg s}^2}$$

と求められる．この関係を質量に関して解き，月に適用すると

$$\frac{(g/6)\times(d_{月}/2)^2}{G} = \frac{[(9.80\text{ m/s}^2)/6]\times[(3.4\times10^{6}\text{m})/2]^2}{6.68\times10^{-11}\text{m}^3/\text{kg s}^2}$$

より，$M_{月} \approx 7.07\times10^{22}$kg となる——月面での値 $g/6$ を既知とした手法．

4 地球の公転軌道を「半径 R =1 au の円」として，その公転速度を求めよう．先ず，その周期は当然「1 年」であるから，$T_{公}(= 2\pi/\omega_{公})$ は

$$T_{公} = 365\times24\times3600\text{ s} = 3.1536\times10^{7}\text{s}$$

である．これより，$v_{公} = \omega_{公}R = 2\pi R/T_{公}$ を具体的に計算をして

$$v_{公} = \frac{2\pi R}{T_{公}} = \frac{2\times3.14\times(1.5\times10^{11}\text{m})}{3.1536\times10^{7}\text{s}} \approx 2.99\times10^{4}\frac{\text{m}}{\text{s}}$$

を得る．即ち，およそ 30 km/s である．赤道での自転速度 $v_{自}$ は

$$v_{自} = \omega_{自}r = \frac{2\times3.14\times(6.37\times10^{6}\text{m})}{24\times3600\text{ s}} \approx 4.63\times10^{2}\frac{\text{m}}{\text{s}}.$$

ここで，$\omega_{自}$ は 24 時間で一周する角速度を表している．

5 太陽光は，地球大気上端の垂直な面 $1\,\mathrm{m}^2$ に対して，1 秒当たり $1.37\times10^3\,\mathrm{J}$ のエネルギーを与える．これを**太陽定数**という——ここでは K で表す．このエネルギーが，地球の半球面 (昼) に注(そそ)ぐ総量は，地球断面積との積として

$$KA = \left(1.37\times10^3 \frac{\mathrm{J}}{\mathrm{m^2 s}}\right)\times(1.27\times10^{14}\mathrm{m}^2) \approx 1.74\times10^{17}\mathrm{W}$$

と求められる——これを表面積 S で除して，地球の全表面 (昼＋夜) に対する平均値：$KA/S = K/4$ を得る．また，太陽が全天に放出するエネルギーは，地球に降り注ぐエネルギー KA に，「太陽を中心とする半径 $R\,(=1\mathrm{au})$ の球の表面積 $4\pi R^2$ と，地球断面積 A の比」を掛けたものと考えられるので

$$KA\times\frac{4\pi R^2}{A} = 4\pi K(\mathrm{au})^2 \approx 3.87\times10^{26}\mathrm{W}$$

となる．これを**太陽光度**という．常識：「外に出たものは，内に在ったもの」であるから，源は明らかに太陽内部にある．現在，太陽はその生涯の半(なか)ばにあり，齢(よわい)46 億歳 $(1.45\times10^{17}\mathrm{s})$ と推定されている．誕生以来，その活動が一定であったと仮定すると，これまでに放射したエネルギー総量は以下のようになる．

$$(3.87\times10^{26}\mathrm{W})\times(1.45\times10^{17}\mathrm{s}) \approx 5.61\times10^{43}\ \mathrm{J}.$$

これをアインシュタインの式：$E = mc^2$ により，質量に換算すると

$$m = \frac{E}{c^2} = \frac{5.61\times10^{43}\ \mathrm{J}}{(3\times10^8\ \mathrm{m/s})^2} \approx 6.23\times10^{26}\ \mathrm{kg}$$

となる．これは，太陽内の「水素の原子核 (陽子) からヘリウムの原子核を生成する」核融合における質量欠損(けっそん)であり，反応前質量の 0.7% に当たる．即ち

核のみに注目	${}^1_1\mathrm{H} + {}^1_1\mathrm{H} + {}^1_1\mathrm{H} + {}^1_1\mathrm{H} \;\Rightarrow\; {}^4_2\mathrm{He}$	$\dfrac{4.032-4.003}{4.032} \approx 0.007$
	$4\times1.008 = 4.032 \qquad 4.003$	

となる．従って，反応には少なくとも以下の量の燃料 (水素) が必要である．

$$6.23\times10^{26}\ \mathrm{kg}/0.007 \approx 8.90\times10^{28}\ \mathrm{kg}.$$

ただし，これは過去を説明する最低限の量であり，実際の太陽は更に重い．

5.3 それでも月は落ちてくる

巷間伝えられるところによれば，「ニュートンは林檎が落ちるの見て，万有引力を発見した」ということになっている．しかし，少なくとも歴史書などにおいて，発見の経緯をこうした直接的な表現で語られた場面は登場しない．

1 物理学者の見立ては違う．恐らくニュートンは，月もまた落ちることを，「天上の月も地上の林檎と同様に，大地に向かって落ちている」ことに感嘆したのだと思われる．もしも引力が無かったなら，もしも大地が平坦だったなら，水平に撃ち出された砲弾は，何処までも水平に，大地との距離を一定に保ったまま飛び続けるだろう．この辺りは，既にガリレイが論じていたことである．

月も同様である．ある瞬間に引力が消え失せたなら，その地点から直線運動を始め，地球から離脱して永遠の放浪者となるだろう．しかし，引力が存在する現実のこの世界では，砲弾は落ちてくる．そして，同じく月も落ちてくるが故に，一定の円軌道の上に存在しているのである．

● ←引力 ・↑慣性　　● ←引力 ・↑慣性
地球　　月　　太陽　　地球

以上は，太陽と地球の関係に置き換えても変わらない．地球は太陽に向かって落ちている．それが太陽系から離脱しない理由である．直線運動を欲する慣性に由来する力と，引力が均衡することで，周回運動が実現しているわけである．

2 先ず一般的な枠組を示し，その後，太陽・地球系の具体的な問題を扱う．円の中心と周上の動点を結ぶ直線を動径と呼ぶ．等速の円運動を前提にし，動径は円の半径 R の長さを持ち，一定の角速度 ω で反時計回りに動くとする．

更に，速さを v，加速度を a で表すと，周上の動点の速さは $v = \omega R$ となり，円の接線方向 (半径に直交) に沿う．これを，速さに応じた長さ v' を持つ矢線で表せば，「矢線は動径に対して 90° 進んだ方向を向く」と表現出来る．半径 R の周上の各点で矢線を定めると，それらは全て長さ v' を持ち，矢筈を一点に集めると，鏃は全て半径 v' の周上に並ぶ——「円軌道と動径」の類似である．

ここで，鏃と直交する直線を描くと，これは速さの変化の割合，即ち加速度を表す．速さの矢線も動径と同様に，角速度 ω で回転しているので，加速度は

「$v = \omega R$」における変数を，$v \to a$, $R \to v$ と置き換えた式「$a = \omega v$」で表される．この右辺に，再び速さの式を代入・整理して

$$a = \omega v = \omega(\omega R) = \omega^2 R \quad ：計算$$

$$\frac{\mathsf{L}}{\mathsf{T}^2} \quad \frac{1}{\mathsf{T}}\frac{\mathsf{L}}{\mathsf{T}} \quad \frac{1}{\mathsf{T}}\left(\frac{1}{\mathsf{T}}\mathsf{L}\right) \quad \frac{1}{\mathsf{T}^2}\mathsf{L} \quad ：次元$$

加速度 速度 動径

諸量の方向

を得る．a は v に対して直交し，90° 進んでいるので，動径から見れば 180° 進み，「反対の向きを持つ」ことになるが，これは加速度が中心を指向していることを示している．即ち，等速の円運動において，加速度は中心方向に向かっており，質量は中心からの力を受けることになる．なお，上式に見る通り，角速度 ω は速度の名を持ってはいるが，実際の次元は 1/T であり，L に掛けることで速度の次元を生み出す，謂わば「速度の生成子」である．

5.4 宇宙の営みを探る

1 周期から質量を求める

角速度 ω で，半径 R の円運動を行う質量 m が，中心から受ける力の大きさは $m\omega^2 R$ であった．では，その力の源を万有引力に求めてみよう．m を地球質量，M を太陽質量として，先に紹介した式と等置し，変形すると

$$G\frac{mM}{R^2} = m\omega^2 R \text{ より，} GM = \omega^2 R^3$$

となる．ここで特筆（とくひつ）すべきことは，質量 m が消えていることである．即ち，太陽系の中で円運動を行う惑星に関しては，全て上記関係が成立し，角速度と軌道半径が分かれば，太陽質量が求められるわけである．更に角速度は，周期と $\omega = 2\pi/T$ の関係にあったから，これを代入して以下を得る．

$$K := \frac{GM}{4\pi^2} \text{ を定義して，} \quad R^3 = KT^2.$$

上式は，太陽質量を既知として，「惑星の周期と軌道半径の関係」を定める式であり，ケプラーの第三法則と呼ばれる．ここでは，「円軌道に限定」して議論しているが，実際には惑星軌道の本質である「楕円軌道」に対して成立する――この楕円軌道に関する定理が，これに先立つ第一・第二法則である [力素].

比例定数 K は，T を年，R を天文単位で測ると，地球の値が利用出来て，$K = 1\,\mathrm{au}^3/年^2$ となる．これより，$R^3 = 1\times T^2$ と簡潔になるが，この式は全ての太陽系惑星に対して適用可能 (円軌道を仮定した上で) である．そこで，周期から軌道半径を求めてみよう．例えば，木星の場合であれば，$R_{木}$ は

$$(11.86\,年)^{2/3}\ より，5.201\,\mathrm{au}.$$

★ Google 検索は計算も出来る

11.86^(2/3)	と半角入力すれば
5.20063601688	と出力される.

地球より内側にある水星の場合，$R_{水}$ は

$$(0.2409\,年)^{2/3}\ より，0.3871\,\mathrm{au}$$

となる．ここで重要なことは，G の値も太陽質量 M も具体的に利用することなく，GM の値を「地球における周期と軌道という観測値で置き換える」ことで，太陽系全体に成り立つ関係式を導いたことである．

最後に太陽質量の具体的な値を，既述の以下の数値：

$$R = 1.5\times 10^{11}\,\mathrm{m}, \qquad G = 6.68\times 10^{-11}\frac{\mathrm{m}^3}{\mathrm{kg\,s}^2},$$
$$T = 365\times 24\times 3600\,\mathrm{s} = 3.1536\times 10^7\mathrm{s}$$

を利用して求めておこう——下右では記号 $[\ ]_{\mathrm{N}}$ を用いて単位を省略した．

$$\frac{GM}{4\pi^2} = 1\,\frac{\mathrm{au}^3}{年^2}\ より，\ \frac{M}{[M]_{\$}} = \left[\frac{4\pi^2\mathrm{au}^3}{G\cdot 年^2}\right]_{\mathrm{N}} = \frac{4\times 3.14^2\times(1.5\times 10^{11})^3}{6.68\times 10^{-11}\times(3.1536\times 10^7)^2}$$

を計算して，およその値：$M = 2.00\times 10^{30}\mathrm{kg}$ を得る．

2 衛星の周期を求める

全く同様にして，地球周辺の衛星に関してその周期，又は軌道半径を求めることが出来る．地球の質量 m とし，比例定数がなるべく簡単な数値になるように実験値を選ぶとよい．この場合，静止衛星軌道が参考になる．静止衛星とは，地球と同期 (公転周期 24h) している為，常に同じ位置に存在しているかの如く見える衛星であり，その高度は地上約 36000 km である．理論は中心点からの距離を基準にしている為，地球の半径 6370 km をこれに加える必要がある．そこで，42370 km を単位に取り，これを独自記号 su (satellite unit) で表す．周期を「一日 (24h)」に取った結果，以下が導かれる．

$$\frac{Gm}{4\pi^2} = 1\,\frac{\mathrm{su}^3}{日^2}\ より，\ t = r^{3/2}\ 日.$$

例えば，国際宇宙ステーション(International Space Station)(ISS) は，上空約 400 km を飛行しているので，これを静止衛星軌道に換算して，以下を得る．

$$t = \left(\frac{6370+400}{6370+36000}\right)^{3/2} \approx 0.0639\,\text{日}\ (\text{約}\ 92\ \text{分}).$$

月までは，光で 1.25 秒掛かる距離であったから，月の公転周期は

$$t = \left(\frac{6370+375000}{6370+36000}\right)^{3/2} \approx 27.0\,\text{日}$$

となる．なお，月の自転周期は公転周期と同じであり，それ故に月は未だ “裏の顔” 見せていない．“The Dark Side of the Moon” を知るには，iPod だけでは足りない．探査機が必要である．次の “有人” は何時になるのだろう．

3 離脱速度を求める

ところで，地球周回軌道に乗るには，どの程度の速度が必要だろうか．先の結果を流用して求めよう．基礎式は，地球質量を m，地球半径を r として

$$Gm = \omega^2 r^3 \ \text{より，}\ v = \omega r = \sqrt{\frac{Gm}{r}}$$

である．距離の単位を su (先に静止衛星に対して定義した) に取ると

$$v = \frac{2\pi}{\sqrt{r'}}.\quad \text{ここで，}\ r' = \frac{6370}{42370}\,\mathrm{su},\quad Gm = 4\pi^2\frac{\mathrm{su}^3}{\text{日}^2}.$$

計算して，$v = 16.18\,\mathrm{su}/\text{日}$．これに $42370/(24\times3600)$ を掛けて換算すると，$v = 7.934\,\mathrm{km/s}$ となる．これは**第一宇宙速度**と呼ばれ，音速の 23 倍以上ある．

元の「ムーン氏の本塁打(Mr.Wally Moon's shot)」が，何時しか「月へも届く大飛球(Moon shot)」の意となった，もし，この速度を打球が得たなら，ボールはもう落ちることはない．球場を越えて世界一周の旅に出る．帰還(きかん)するのはおよそ 1 時間 24 分後である．更に想像を逞(たくま)しくすれば，「初回の本塁打が六回に帰ってくる」と言えようか．

さて，宇宙という名に相応しいのは何処からだろうか．

$$\overset{\text{ISS軌道}}{400\,\mathrm{km}} < \overset{\text{静止衛星軌道}}{36000\,\mathrm{km}} < \overset{\text{月面基地}}{375000\,\mathrm{km}} < \overset{\text{火星最接近}}{57590000\,\mathrm{km}}$$

月を射程(しゃてい)に収めてから，既に半世紀以上の歳月(さいげつ)を重ねた．重力を克服(こくふく)し，時間の軛(くびき)から逃(のが)れる術(すべ)はあるのだろうか．縦か横かの違いを無視すれば，ISS まで

は新幹線で行ける．静止衛星も赤道の長さを思えば，世界一周旅行にも譬えられる．しかし，月は分からない．地上に比較するものがない．こうして数値を並べるだけでも，アポロ計画に命を捧げた宇宙飛行士の偉大さが分かる．

宇宙を象徴する絵，その代表格である宇宙遊泳に興じる飛行士の姿を見ると，ISS における引力に興味が湧く．船内の g' と，地表附近の g の比を取ると

$$g'/g = \frac{GM}{(6370+400)^2} \Bigg/ \frac{GM}{6370^2} = \frac{6370^2}{6770^2} \approx 0.8853$$

となる．即ち，ISS には地表の約 88% の引力 (月面の五倍以上) が作用している．では何故，飛行士達は楽しそうに泳いでいられるのか．その秘密は既述の通り，慣性力と引力の均衡にある．ISS は，真っ直ぐに進もうとする．地球はそれを引き留める．両者が相殺されて，無重力環境が実現しているのである．

4 正確と精確

既述の値に対して，より**精確な値** (理科年表 2023) を紹介する．ただし，大切なことは概算が出来ることであって，詳細な値を丸呑(まるの)みすることではない．

光速：$c_0 = 299792458\,\mathrm{m/s}$ (定義値)
万有引力定数：$G = 6.674\times10^{-11}\mathrm{m^3\,kg^{-1}\,s^{-2}}$
標準重力：$g = 9.80665\,\mathrm{m/s^2}$ (定義値)
天文単位：$1\,\mathrm{au} = 149597870700\,\mathrm{m}$ (定義値)
地球：赤道半径 6378137 m ／ 質量 5.972×10^{24}kg
　　　公転速度 297800 m/s ／自転速度 465 m/s
太陽：赤道半径 6.957×10^{8}m ／質量 1.9884×10^{30}kg
　月：赤道半径 1737400 m ／質量 7.34×10^{22}kg
　　　公転周期 27.3217 日
水星：公転周期 0.24085 年／軌道長半径 0.3871 au
木星：公転周期 11.8620 年／軌道長半径 5.2026 au

なお，用語の問題として，一般に以下の関係がある．

数学的対象：(真値・定義値 $\leftrightarrow$ 　誤差) $\rightarrow$ 正確
物理的対象：(不明・測定値 $\leftrightarrow$ 不確かさ) $\rightarrow$ 精確

数学的対象は，真の値が分かっている，又は定義されている．その真値とのズレを「誤差 (error)」と呼び，その値が小さい場合，「正確」であると表現する．一方，物理的対象に真値はなく，測定値のみが存在する．その測定値の拡がりに対して，「不確かさ (uncertainty)」という用語を用い，その値が小さい場合，「精確」であると表現する．しかし，これだけでは物理学全体を明確に語ることが出来ない．そこで，SI では高い精度で測定された幾つかの物理量の測定値を丸め，定義値 (不確かさ 0) にしている (附録参照).

また，嘗てボーア (Niels Bohr) が述べたように，『汚れた皿を汚れた水で洗っても，それでもやはり次第に綺麗になっていく』のである．物理的対象という捉え難いものを，数学的には怪しげな手法で処理したとしても，それが現実を上手く描写しているなら，そこには確かに意味がある．単に「それは (現状の) 数学では足りない」というだけのことである——勿論，“綺麗な水” が誰にも利用可能な形で潤沢にあるのなら，それに越したことはないが.

5回裏：まとめ ……………………………………………

◇万有引力：万有の意味を考える (塵も積もれば山となる).

◇等加速度運動 $a = K$ を解き，t を消去して軌道を求める (幾何学化).

$$\begin{bmatrix} s(t) = Kt^2/2 + v_0 t + s_0 \\ v(t) = Kt + v_0 \end{bmatrix} \text{より，} s = \frac{1}{2K} v^2.$$

◇次元解析の手法により，上記結果の定数を除く部分を求める.

◇概算の手法を学び，基本定数 (光速など) から諸定数を自力で導く.

◇万有の必然として，「林檎と月の類似点」について考察する.

◇天界の法則・地球の周期：$T^2 = R^3/K,\ K := GM/(4\pi^2)$ を用いる…………チ。

◇太陽・地球・月の大きさ・質量，原子の大きさ・質量などについて，諸定数の値を根拠に粗い議論が出来る——そこから，自身の “常識” を鍛える.

◇重力圏からの離脱速度を求め，再び運動量の保存法則について考える.

◇物理定数，特に基本定数に興味を持ち，相互の関連を知る.

◇物理学を変革した大学者の来歴を学ぶ (ケプラー，ニュートン，ファラデー，マクスウェル，プランク，アインシュタイン，ボーア，ファインマン等).

6回表　自由について

物理学の基礎として力学を扱い，力学の基礎として，幾つかの代表的な運動を論じる．それが学習の王道である．しかし，代表の選択，提示(ていじ)の方法には任意性がある．本書では，大仰(おおぎょう)な名乗りもせず，必殺技を叫ぶこともなく，名も身も隠して，密(ひそ)かに背後(はいご)に迫る手法を採ってきた．そうして揃えた素材が，ようやく形を為し始めた．選択したのは，等速直線運動を続ける**自由粒子**，万有引力の作用のみを考える**自由落下**，そして，“自由”と永遠の“落下”が共存する**等速円運動**，その影であり，振動・波動の源泉である**調和振動子**である．

6.1 自由落下とエネルギー

これらの例を以(もち)て，下拵えは完了する．自由粒子と運動量保存，等速円運動と加速度は，具体例と共に論じた．次は自由落下，落体の運動の本質に迫る．

1 非存在が示すこと

自由粒子と等速円運動は，物理量を表す「定数」のみで表せた——事前と事後，譬えるなら「食材と料理」を示すのみで，調理中の変化は議論の外であった．自由落下は本質的に「変数」を必要とする．そこで，両者を明確に区別する為に，定数には「添字(そえじ)0」を附けよう (質量や普遍定数など自明なものは除く)．自由落下の運動方程式と解は，質量を m，力を $F=-mg$ として

$$ma=-mg \text{ より，} a=\frac{\Delta v}{\Delta t}=-g \quad \Big| \quad \text{解：} z(t)=-\frac{1}{2}gt^2,\ v(t)=-gt$$

である ($t=0$ で $z=0,\ v=0$ となる解)．「二回表」冒頭で示した投球の落下距離は，この z により算出された．ここで，a は加速度，$g\ (=9.80\ \mathrm{N/kg})$ は

重力加速度を表す定数である．m は直ちに消去されているが，系を構成する物理量でありながら，それが数式に全く含まれない場合，運動はその量に関係しない．即ち，**存在しないことが本質を語る**のである．この場合であれば，**落体の運動は質量に依存しない**ことが，この式から読み取れるわけである．

また，物理学の等式においては，左辺と右辺で出自(しゅつじ)が異なる場合が多い．実際，$a = -g$ に対し，その記号だけを説明しても不充分である．背後に抱(かか)える「物理的な実体」を明確にする必要がある．では，定数 g とは何か．上下の運動であるから，上を正とする直線 z を軸に取る．その時，定数 $-g$ は力の大きさが，高さに依らず一定であることを示している．質量 m をどの位置に置いても，等しく g の影響を受けて下方へ引っ張られる．これを，空間そのものに「力の源となる**場** (field)」が存在していると解釈する．場とは風に靡(なび)く稲穂(いなほ)である．存在は見えずとも，稲穂(いなほ)を見れば風向きが知れる．その強弱も分かる．

場は，試験粒子をそこに位置させれば現れる．質量を置いた時，それが引き寄せられるなら，そこには**重力場**が存在している．荷電粒子を置いた時，それが動かされるなら，そこには**電場**が存在している．場の実在は，こうして実験的に確認される．なお，理学系での「場(ば)」を，工学系では「界(かい)」という．

2 場と位置エネルギー

定数 g は "一様な" 重力場を代表している．この一様性は，逆二乗力一般が，近似的に持つ特徴である．地表を平面と仮定し，原点の直上 h に質量 m を置こう．"万有引力" であるから，平面上の全質量がその源となるが，等方性から質点を左右に引く成分は相殺されて，鉛直方向のみが残る．地表に近いほど引力は強くなるが，寄与する地表の範囲は狭くなる．高く上がれば引力は弱くなるが，見晴らしが利く分，寄与する面積も広くなる (下図)．式で表せば

$$\underset{\text{寄与面積}}{C_1 h^2} \times \underset{\text{力の法則}}{C_2/h^2} = \underset{\text{定数}}{C_1 C_2}$$

となる．以上が，逆二乗力から一様な力が導かれる簡単な説明である．これは，その設定から明らかなように，地表附近でのみ成立する近似式である——別法を含め，この法則の詳細は後述する．

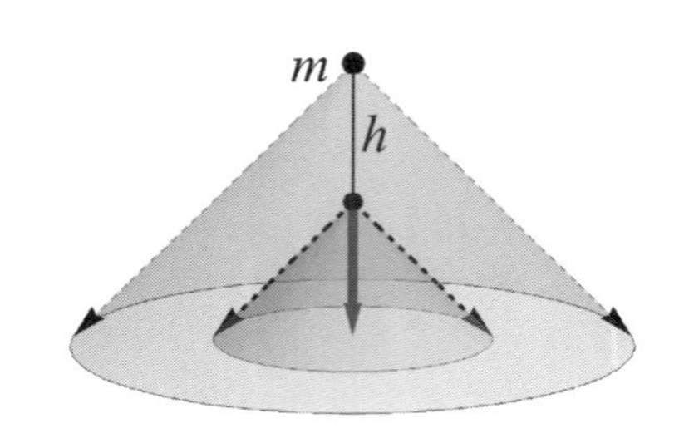

重力場の中で，質量 m を $z = h_0$ まで上げる．これを仕事の定義に当て嵌(は)めると，力 $-mg$ に逆らって m を h_0 まで上げるには，mgh_0 という量が必要だと分かる．これは位置だけで決まり，また仕事はエネルギーの次元を持つことから，**位置エネルギー**と呼ばれる．より一般には，可能性を意味する**ポテンシャル** (potential) という用語で括(くく)られるエネルギーの一種である．以後，これを U で表す．質量は，高さに応じた U を持つ．ただし，高さは相対的である．仮に基準点を h_0 の半分の位置まで上げれば，この質量が持つ U もまた半分になる．同じ意味で，位置エネルギーの値は正にも負にも成り得る——現象は一つ，それを記述する理論も一つではあるが，観測する立場は無限にある．

3 全エネルギーと初期条件

落ちるとは，位置を表す数値が減ることであり，U を失うことであるが，その分は運動エネルギー $V = mv^2/2$ へと移行する．即ち，定数 $E_0 = V + U$ なる量が保存して全体を統括(とうかつ)する．そこで，地上を 0 に取り，以下を定義する．

$$H := \frac{1}{2}mv^2 + mgz \ (= E_0).$$

この v (z の時間当たりの変化) も z も様々な値を取るが，H は落下中一定値 E_0 を常に取る．例えば，高さ h の屋上に置かれた m は静止しているので，$v = 0$ より $V = 0$ となり，$E_0 = mgh_0$ を得る．以後，この値は「落下中の全ての時刻において不変」であり，位置 z における v は

$$\frac{1}{2}mv^2 + mgz = mgh_0 \text{ より，} \quad v = \sqrt{2g(h_0 - z)}$$

となる．従って，着地 ($z = 0$) の時の速さは $v = \sqrt{2gh_0}$ となる．

以上の結果を元に，「バットを手から放せばどうなるか」を計算すると，質量を 0.88 kg，落下距離を 1.5 m として，その運動量の大きさは

$$[mv]_{\mathrm{N}} = 0.88 \times \sqrt{2 \times 9.80 \times 1.5} \approx 4.77$$

となる．構えた位置からバットを落とすことだけで得たこの値に対して，投球が対抗するには，速度 32.9 m/s．およそ 118 km/h が必要になる (ボールの質量は 0.145 kg)．この数値は，打撃の初期段階において，「バットの自重を如何に上手く使うか」が重要であることを傍証していると言えるだろう．

物理学は，問題の構造さえ分かれば，条件を変えることで，様々な状況に対応出来る．時刻 $t=0$ における系の状況を，その位置と速度により定めることを「初期条件を与える」という．上の例では，「位置 $z=h_0$，速度 $v=0$」という初期条件を与えることで，その後の質量 m の運動を求めたわけである．

次に「$z=0, v=v_0$」を初期条件とする．これは地上から v_0 で打ち上げた場合に相当する．H に $z=0, v=v_0$ を代入して，$E_0=mv_0^2/2$ を得る．よって

$$\frac{1}{2}mv^2+mgz=\frac{1}{2}mv_0^2 \text{ より，} \quad z=\frac{1}{2g}(v_0^2-v^2)$$

となる．$0 \leqq v^2$ なので，z は $v=0$ で最大値 $z=v_0^2/2g$ を取る．これは速度が“使い果たされて”ゼロになったところが「飛球の頂点」であるという常識を表している——先に示した解：$z(t)$, $v(t)$ を利用しても導くことが出来る．

6.2 二次元への展開

ところで，仕事の説明の中で，力の方向に関する話題が出た．地表附近の一様重力場では，上から下に向かって力が働く——本当は「重力が働く方向により天地，上下が定まる」のであるが．この時，水平方向に重力は作用しない．例えば，人間には持ち上げられないバスやトラックなどの重量物でも，横方向には動かせる．これは重力が水平方向には“無効”であることの傍証である．自由落下という用語も，垂直方向に関してのみ意味を持つのである．

1 解の組合せ

落体の一般的な運動は，**水平方向の自由粒子 (外力無し) と垂直方向の自由落下 (重力の作用) の組**として表される．力が働かない“自由”，力が働いても“自由”．力に基づくこの合成・分解は，非常に驚くべき自然の特性である．

補足 扱う対象が平面的に拡がることになった．その分だけ，記号も煩雑になる．これまで使えた技法も使えなくなり，誤読（ごどく）を避ける意味からも，より組織化された手法が望まれるようになる．ここで，表記を更新しておこう．初期値は「添字 0」ではなく，プライム「$'$」により表す．二方向を区別する為，速度にも方向を示す添字を附ける．従って，z 方向の速度の初期値は v_z' となる．

一般的な解の形式を元に，地表 $z(0)=0$ から放たれた打球の運動を調べよう．垂直(vertical)方向の速度を $v'_z := v_z(0)$，水平(horizontal)方向を $v'_x := v_x(0)$ とすると

$$\text{垂直}: z(t) = -\frac{1}{2}gt^2 + v'_z t, \qquad \text{水平}: x(t) = v'_x t$$

を得る．両式から t を消去して，xz 平面 (通常の空間) での軌道が導かれる．

$$z = -\frac{1}{2}g\left(\frac{x}{v'_x}\right)^2 + v'_z\left(\frac{x}{v'_x}\right) = -\frac{g}{2v'^2_x}\left(x - \frac{v'_z v'_x}{g}\right)^2 + \frac{v'^2_z}{2g}.$$

この曲線は放物線(parabola)である――物を投げた時の飛跡として“目に見える”為に，如何にも適切な訳語のように扱われているが，これは一様な重力下での些末(さまつ)な一致であり，この曲線の重要性と原意に鑑(かんが)みれば，なお議論の余地がある．

ここで z の最大値，最高到達点は，上の丸括弧内を 0 にする $x_{\mathrm{mid}} := v'_z v'_x/g$ での値：$z_{\max} := v'^2_z/2g$ となる．例えば，v'_z, $v'_x = 30\,\mathrm{m/s}$ の場合ならば

$$\text{位置}: \begin{cases} [x_{\mathrm{mid}}]_{\mathrm{N}} = \dfrac{30\times 30}{9.80} \approx 91.8, \\ [z_{\max}]_{\mathrm{N}} = \dfrac{30^2}{2\times 9.80} \approx 45.9, \end{cases} \qquad \text{時間}: \left[\frac{v'_z}{g}\right]_{\mathrm{N}} = \frac{30}{9.80} \approx 3.06.$$

即ち，水平方向 91.8 m，垂直方向 45.9 m (到達まで 3.06 s)，落下まで 6 秒越えの大飛球である――ただし，空気抵抗を考慮していない為，何れも実際より遥かに大きな値になっている．更に，前例に倣(なら)って以下の H を定義する．

$$H := \frac{1}{2}mv_z^2 + \frac{1}{2}mv_x^2 + mgz \ \left(= \frac{1}{2}mv'^2_z + \frac{1}{2}mv'^2_x\right).$$

これを z について解いて，上と同じ解の形式に辿り着く．

$$z = \frac{1}{2g}(v'^2_z + v'^2_x).$$

結果の正しさが，運動エネルギーの加算の妥当性を示唆(しさ)している．即ち，三平方の定理を念頭に，以下の書換が出来るのではないかということである．

$$H = \frac{1}{2}mV^2 + mgz = \frac{1}{2}mV'^2, \quad V^2 := v_z^2 + v_x^2.$$

これは，二方向の速度の「ある種の加算が可能である」ことを意味している．

2 記号表記の問題

文字・記号に関する表記の問題をまとめておこう．先ず，一文字で表す．二文字以上は「積」と誤解される可能性が高いからである．書体は，量はItalic，単位 (又は名称) はRomanである．内容は添字に託される．例えば

質量に対して「m，q_{mass}」などは可．「m，$MASS$」などは不可

である．初期値は，「添字0」による場合 (z_0 など) が多いが，同時に「それは定数を表す」という含みがある．既に紹介済みであるが，複数対象を並列的に扱う場合，番号を添えて，$p_1 + p_2 + \cdots + p_n$ などとする．また，プライムは初期値，又は事前・事後の変化を表す際に，例えば，$p \to p'$ という形式で用いる場合が多い．どの場合も，添字は記号の右下に位置させる——右上は冪指数の為に空ける．複数列挙の為に，冪とは異なる意味で，以下左 (箱囲み)：

$$\boxed{x^i,\quad A_i^j,\quad \Gamma_{ij}^k}$$

質量数→ $^3_2\mathrm{He}$
原子番号→
ヘリウム

CO_3^{2-} ←価数と符号
←左の原子数
炭酸イオン

などとする場合も，左側面を使う表現もあるが推奨はされない．この辺りは，上右の原子記号，化学記号とは趣旨が異なる．本書でも適宜用いているが，漢字一文字を添字にする，例えば「$m_{大}$，$m_{小}$」「$x_{内}$，$x_{外}$」「$t_{始}$，$t_{終}$」などは表記上の一工夫として許容される範囲にあると考える——特に対義語は便利である．

分数を一行に書く場合，例えば $1/A$ などとするが，二文字程度の積の場合であれば，同様に $1/AB$ と表記する．本来であれば $(1/A)\times B$ との誤解を避ける意味で，$1/(AB)$ とすべきであるが，表記の簡潔さを優先させた．

6.3 重力を消す魔法

最後に，質量を有する物，全てに働く重力を消す「魔法」を紹介する．過激なことをして怪我をするのは避けたい．先ずは階段，踊り場までの最後の一段を軽く飛んでみよう．着地するまでの僅かな時間，重力は消えている．もう少し長く体験したければ，鉄棒を利用してもよい．千万単位の小遣いがある人ならば，航空機が模擬的な墜落を繰り返す「弾道飛行」のツアーも愉しめる．

その魔法の正体は自由落下，呪文は「Free Fall!」である．

1 落下するバネ

これは簡単な実験でより明瞭に確かめることが出来る．『スリンキー』という玩具がある．その実体は，金属製の柔らかなコイル状のバネである (プラスティック製の安価版であれば，100 円程度で入手出来る)．何かに制御されているかの如く，上下を反転させながら，階段を一段毎に降りていく，その様子を愉しむ玩具である．階段に飽(あ)きたら，末端を持って自由落下させてみよう．

1 上ほど自重の影響を受けるので，バネが伸びて隙間(すきま)が開き，下は詰まる．従って，全体の重心は中央より下になる．手を放した瞬間，バネは落下すると共に自らの力で縮み，上端も下端も重心に引き寄せられる．一方，重心は質点と同様の割合で落下していく．この二つの効果の均衡により，最下端部はバネが自然長に戻るまで動かない．上端部が追い着くまで，初めの位置に留まる．

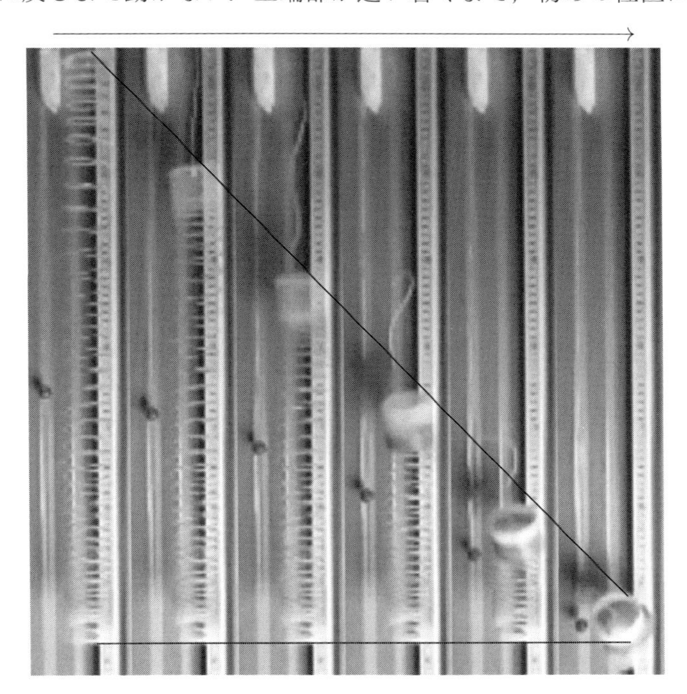

この写真には，一連の動きが活写されている．左側に見える球は，バネの重心位置に沿って設置され，バネと同時に落とされたもので，落下中に両者の重心の相互関係 (球の位置がバネの重心) は不変であることが示されている [は物]．

2 次は，バネの中央部を摘まんで持ち上げる．両端は垂れ下がり，「∩ の形」になる．手を放すと，バネは自らの力で縮み出す．前例と同様，最初期に両端は下降しないが，僅かの時間で円筒形の状態に戻り，後は自由落下を続ける．

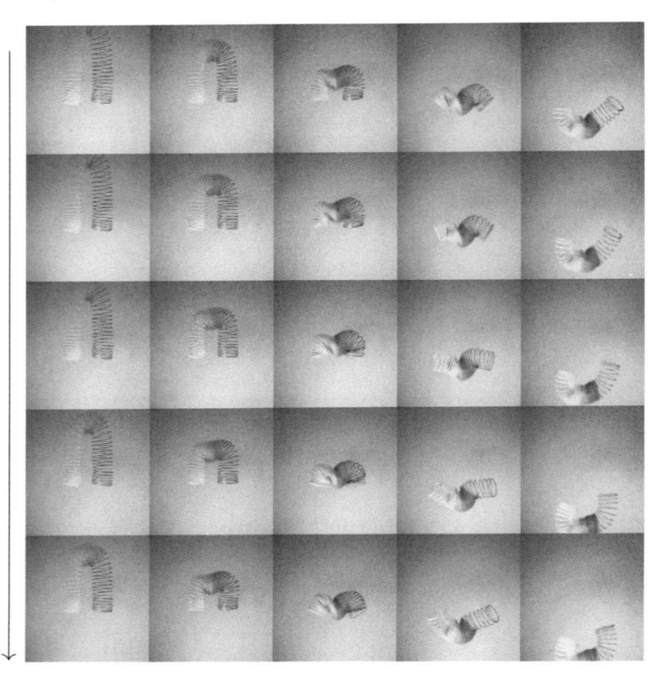

この二実験には「バネの端を持ったか，中央を摘まんだか」の違いしかない．眼前で起きたことは，自由落下中，バネは「内力」である自身の縮む力を活用して，その自然長に戻ろうとしたことである．そこに「外力」である重力の影響は見られない．即ち，“自由” 落下中は重力は消去されているのである．

自由とは何か？
何からの自由？
自由は何処に？

自由粒子
自由落下

左図が示す通り，放物運動の本質は二つの異なる自由，即ち「力に影響されない自由」と，「重力に身を任せた自由」の組合せとして表現された．一切の束縛が無い自由か，束縛を甘受した故の自由か．全てを駆逐して更地にする自由か，はたまた家畜の安寧か．両者の違いは大きい．実に自由は難しい．

2 時空の幾何学・一般相対性理論

しかし，ここに「空間の歪み」という概念を持ち込むと，景色が一変する．大自然の営(いとな)みというものは，誠に摩訶(まか)不思議なものである．

1 一般相対性理論では，力が存在しない空間は「平坦(へいたん)」であるといい，存在する空間は「曲がっている」という．実は，重力がもたらす「曲がった空間における自由粒子」が自由落下なのである．落下中の物体に重力は働かない．我々は「作用・反作用の法則」に従い，床を押せば床に押し返されて自重を感じている．もし，その床が我々が押すのと同じ割合で遠ざかれば，例えば同乗した昇降機のワイヤーが切れれば，落体の加速度は質量に依らないから，床も我々も全く同様に落ちて行く．“身を捨ててこそ浮かぶ瀬もあれ”，重力に身を任すことで力も消える．先に示した通り「二つの自由は融合する」のである．

ただし，この性質は局所的である．一様な重力とは何であったか．それは，地球の表面近く，我々の日常の生活圏の中で，一定の大きさを持っている．降り注ぐ“平行な雨”のようなものである．しかし，雨は地球の中心に引かれて「降る」のだから，遠方から見れば決して平行線ではない．何処までが平行に見えて，何処からがそうでないのか．それが，本問の局所と大域の境(さかい)である．

2 例えば，高さ $h = 634\,\mathrm{m}$ から，全長 $\ell = 100\,\mathrm{m}$ の葉巻型宇宙船が地表まで自由落下した時，船内両端に置かれた二つの林檎には，如何なる力が働くか．先ずは，船首と船尾が水平に保たれたまま落下する場合を考える．林檎には，各々の位置と地球の中心を結ぶ直線上に重力が働く．従って，林檎はこの直線に沿って落ちる．地球半径を $R = 6370\,\mathrm{km}$ とし，着陸時の林檎間の距離を求めて，変化があれば力が働いたことになる．ここに物理の知識は不要であり，それは単純な幾何学，「頂角を共有する二等辺三角形の相似比」から定まる．

$$\ell - \frac{R}{R+h}\times\ell = \frac{63400\,\mathrm{m}^2}{6370634\,\mathrm{m}} \approx 0.00995\,\mathrm{m}.$$

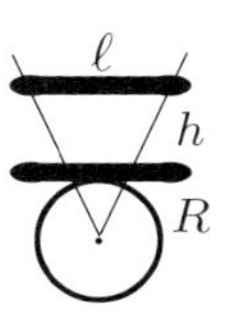

乗員は，落下中は林檎は浮遊していた．着陸後その相互距離は約 1 cm 短くなっていたと証言する．それは「林檎に力が働いていた」ことを示している．

3 船首を下にした場合はどうか．この時，船首と船尾で重力は，ℓ の分だけ異なる．船首は船尾に比べて強く引かれ，その関係は落下中も変わらない．結果，林檎の間隔は開く．これは船を縦方向に引き裂く力である．以上，水平，垂直何れの場合も，重力は局所的にのみ消去可能で，大域的に完全な消去は不可能であると分かった．

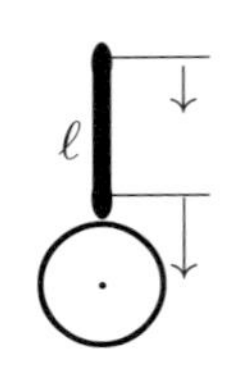

6.4 加速する宇宙船

逆も考えられる．無重力状態にある宇宙船に加速度 g を与えると，床が足元を押してくる．それを乗員は「地球へ戻ったか？」と錯覚(さっかく)する．我々にとって g は馴染み深いものであるから，長期間に渡り加速し続けても，何の通弊(つうへい)も感じない．この時，宇宙船は凄まじい速度を得ている．等加速度宇宙船こそ，人類が宇宙旅行に臨(のぞ)む最も合理的な方法である．

1 次は，垂直に加速する部屋を考える．上の宇宙船内の図と同じ状況である．左の窓から射した光が，右の壁を照らす．しかし，入射した光が壁面に届く時刻までに部屋は加速され，壁の位置は元よりも高くなる．従って，光は想定位置よりも下を照らす．この効果は，やはり重力と区別することが出来ない．よって，光も重力により，軌道を曲げられることになる．

即ち，野球のボールや月と同様に，光も放物線を描いて落ちる．しかし，それでもなお「光は直進する」という前提を捨てないならば，空間が曲がっている，その曲がった空間の中を光は直進していると結論せざるを得ない．

2 例えば，太陽の直近を掠(かす)める光はどのようになるか．先ずは，太陽表面附近での「一様な重力加速度」の値 $g_{太}$ を，地球の $g_{地}$ と同様の手法で求めよう．万有引力定数 G，太陽質量 M，太陽半径 r の値を，以下の式に代入して

$$\left.\begin{aligned} G &= 6.674\times10^{-11}\mathrm{m}^3/(\mathrm{kg\,s}^2), \\ M &= 1.9884\times10^{30}\mathrm{kg}, \\ r &= 6.957\times10^{8}\mathrm{m}, \\ g_{地} &= 9.80665\,\mathrm{m/s}^2. \end{aligned}\right\} \Rightarrow \quad \begin{aligned} g_{太} &:= \frac{GM}{r^2} \\ &\approx 2.74\times10^{2}\ \mathrm{m/s}^2. \end{aligned}$$

ただし，太陽に明確な表面は存在せず，境界は周囲のガス濃度により定義される．この値は地球重力 $g_{地}$ の約 28 倍であり，子供の体重でも 1ton を越える．

3 更に，"自由を享受(きょうじゅ)" して進む「光の経路」について考える．光は x 軸に沿って自由粒子として飛来し，太陽の大きさ (直径 $d=2r$) の領域でのみ一様な重力 $g_{太}$ を受けて，x に直交した z 軸に沿って太陽方向に自由落下する．重力下の通過時刻 : $t_{\mathrm{f}} := d/c_0 \approx 4.638\,\mathrm{s}$ の後は，再び自由粒子になるものと仮定する．基礎となる関係は，既に馴染みの自由粒子 : $z = g_{太}t^2/2,\ v_z = g_{太}t$ である．この時，太陽は光の加速装置として働き，領域侵入前に 0 であった v_z は，離脱後に $g_{太}t_{\mathrm{f}}$ となる．x 方向の速度 v_x は一貫して c_0 である．よって

$(v_x = c_0,\ v_z = 0)$ 自由粒子 (侵入前) $\underset{x}{\longrightarrow}$ $z\downarrow$ $|\leftarrow d \rightarrow|$ 自由落下 $z\downarrow$ $(v_x = c_0,\ v_z = g_{太}t_{\mathrm{f}})$ 自由粒子 (離脱後) $\underset{x}{\longrightarrow}$

その値は，$v_z = 274\,\mathrm{m/s^2}\times 4.638\,\mathrm{s} = 1270.812\,\mathrm{m/s}$ となる．以下に示した離脱後の x, z 方向の速度の比は，以後どの時刻においても維持される．

$$\frac{v_z}{c_0} = \frac{1270.812\,\mathrm{m/s}}{2.99792458\times 10^8\,\mathrm{m/s}} \approx 4.239\times 10^{-6}.$$

$\xrightarrow{c_0}\downarrow v_z \underset{c_0}{\longrightarrow}$ $\searrow\theta$

従って，底辺 c_0 と対辺 v_z の比である上式は距離の比でもあり，また充分小さな値であるから，円弧 v_z が為す角 θ と見做すことが出来る．この近似の下で，光は「太陽領域侵入前後で $\theta = 4.239\times 10^{-6}\mathrm{rad}$ だけ曲げられた」ことになる．

4 こうした荒い近似ではなく，太陽を球体として扱えば，より良い値が得られる．**特殊相対性理論**の補正を加えれば精度は更に上がり，最終的に一般相対性理論を用いると，観測値に近い値 : $8.48\times 10^{-6}\mathrm{rad}$ が得られる．この過程は可逆であり，逆も成り立つ．即ち，本来なら太陽の背後から発せられた光も，太陽に曲げられ平行光線となって我々に届く――太陽重力が，レンズの働きをして光を曲げる．従って，太陽近傍(きんぼう)に見える遠くの星は，実は太陽の裏側の「見えざる位置」に在ることになる．これは実験的にも確認されている．

斯くして，時空は決して単なる「物質の容器」や「運動の舞台」ではないと分かった．何故，物は落ちるのか．何故，放物線を描くのか．何故，重力は消せるのか．留まる所を知らない疑問の連鎖が，我々をこの結論へと導いた．

時空は，質量の進路を定め，
質量は，時空の歪みを生む．

一方で，「世界一有名な数式」と呼ばれる $E = mc^2$ により，質量とエネルギーは結び附く．エネルギーが凝縮(ぎょうしゅく)して質量になり，質量が空間を歪め，空間は光を尺度とし，光はエネルギーを運ぶ．この循環によって，重力の理論は，空間の性質を元に議論されるものとなる．即ち，力学の幾何学化である．

6.5 この世界を支えるもの

物理学には様々な分野が「有る」．しかし，物理学に分野など「無い」とも言える．学校教育は前者の立場を採り，研究者は後者の立場で研究を進めている．それを「魚」と呼ぶか，「fish(英語)」と呼ぶか，「pez(西語)」と呼ぶか，それは魚自身の与(あずか)り知らぬことである．学問も同様．如何なる名で呼ばれようが，如何なる区分けをされようが，自然の本質とは無関係である．従って，研究者は個別の分野，個別の学会には属しても，自身の脳内を区分けしようとは思わない．

1 質量と電荷

さて，高校物理で学ぶ大きな分野として「力学」と「電磁気学」がある．他にも「熱力学」や「振動・波動」，あるいは「原子」などがあるが，初等的な範囲に限定すれば，「電磁気学かそれ以外か」に分類出来る．そのカラクリは，質量と電荷にある．他分野が質点とその延長上の概念を軸とするのに対して，電磁気学は「荷電粒子」の振舞いを学ぶことが基本である．荷電粒子とは「電荷を持った粒子一般」を指し，多くの場合，そこでは質量も配慮される．しかし，分野を特徴附ける決定的な要素に絞って議論を進めるなら，**力学は質量の，電磁気学は電荷の“行動規範”を学ぶ学問であると**言って差し支えない．

補足　電荷の実体は，一個の電子が持つ「素電荷(そでんか) e」に起因する——歴史的に見れば，電子の電荷を「負」と定義した為に，電流の方向に混乱が生じた．e を基準に測れば，電子は -1，陽子は $+1$，中性子は 0 の電荷を持つ．全ての電荷は，「素電荷の整数倍」として表される．原子レベルまでの物理学で，この前提が崩れた事例は無い．数えられるが，区別出来ないものである．即ち，複数の電子が交叉(こうさ)した時，それを一貫した名前で呼ぶことは出来ない．全ての電子は，完全に同等，無個性である．こうした性質を持つ粒子を，一般に素粒子という．

1 電磁気現象の全ては電荷が引き起こす．力の源も電荷なら，それに反応して動くのも，溜まるのも電荷である．即ち，質量と電荷が，何の誇張(こちょう)も無く

この世界の全てである．

学問は，懐疑(かいぎ)に始まり断定に終る．そして，再びその断定が疑われる．断定を避ける弱い精神は，何も生み出さない．断定に甘んじる怠惰な精神は，人を腐敗させる．「もし」「仮に」を及腰(およびごし)の仮定ではなく，強い断定として捉える時にのみ，僅かな差異が際立ち，その綻(ほころ)びが露呈(ろてい)される．断定しなければ間違いは探せないのである．この立場に立てば，「質量と電荷だ」と断じることが，物理学を横断的に学ぶ為の第一要件だと分かる．両者は似ている．そして

根幹において全く異なっている．

2 質量には正値しか存在しない，故に引力のみである．電荷には正・負の符号が伴い，異符号の積は引力，同符号の積は斥力(せきりょく)を生み出す．従って，電荷を起源とする力は「相殺(そうさい)可能」であり，重力は不可能である．距離 r を隔てた，二つの対象に働く力は，以下に示すように，全く同型の式で表される [電素]．

$$\text{質量}:\ F_m = -G\frac{mM}{r^2}\ (= -mg) \qquad \Big| \qquad \text{電荷}:\ F_q = \frac{1}{4\pi\varepsilon_0}\frac{qQ}{r^2}\ (= qE)$$

前置された係数の名称などを気にせず，両者の対応関係に注目しながら，一挙に学ぶことが何より大切である．これらが質量 m, M，電荷 q, Q の間に働く力を表しているわけであるが，文字選択により，両者間の大きさの劇的な差：

$$m <<<<< M \qquad \text{ドドドドド} \qquad q <<<<< Q$$

が暗示されている——中央は驚きと神秘の“奇妙な表現”である．大きさに極端な差がある為に，本来なら対等に F_{mM} と書くべきところを F_m としている (同様に F_q)．即ち，大質量 M は力の源として静止し，それに小質量 m が引かれるという構図が仄(ほの)めかされている．そこで，地球半径，質量を代入して

$$g = \frac{GM_{\text{地}}}{r_{\text{地}}^2} \qquad \Big| \qquad E = \frac{1}{4\pi\varepsilon_0}\frac{Q}{r^2}$$

より定数 g の値が決まる (先に，円錐から得た結果の精密化)．g は一様重力場，E は一様電場を代表する記号である (E はエネルギーと被(かぶ)るので要注意)．

例えばこの時、半径 r の球殻 (表面積 $4\pi r^2$) で E を包めば以下が導かれる．

$$4\pi r^2 \times \frac{1}{4\pi\varepsilon_0}\frac{Q}{r^2} = \frac{Q}{\varepsilon_0}.$$

上式は，球殻の「表面」から外に漏れ出る“電荷の影響”，その全体が右辺 Q/ε_0 に集約されていると読める．これは，水の入った風船に多数の穴を開けた時，漏れ出す水の各々を「コップで受け止めて総和を計る方法 (左辺)」と，元々の水の「体積 (風船の容積) を計る方法 (右辺)」が同じ値を導くことに譬えられる．これも「**外に出たものは，内に在ったもの**」と要約することが出来るだろう――この面積と体積の関係を**ガウスの法則**という．なお，SI での「電荷の単位は A s」であるが，特別に C (クーロン) とする略称が認められている．

2 二つの場を比較する

質量が作る「一点から放射状に拡がる場」を，試験質量が極めて小さく，両者間の距離も近いと仮定することで，「一様な場」と見做すことが出来た．質量と電荷の並行的な議論から，電場にも同様の一様性が存在することになる．

1 そこで，位置エネルギー U に関しても，以下の関係が期待される．

$$U_m(z) = mgz \iff U_q(x) = qEx$$

試験質量 →	m	q	← 試験電荷
	$\times$	$\times$	
一様重力場 →	g	E	← 一様電場
	$\times$	$\times$	
高さ →	z	x	← 距離

ここでは，対比の為に U_m の負号を省いた．このようにして，電荷に対する一つの有益な結果が得られた．特に，$V_q(x) := U_q(x)/q$ を**電位**といい，二点間の差を電位差，より簡単には**電圧**という．この場合であれば

$$\overset{\text{電圧}}{V_{\mathrm{AB}}} := \underbrace{\overset{\text{電位}}{V_q(x_{\mathrm{A}})} - \overset{\text{電位}}{V_q(x_{\mathrm{B}})}}_{\text{電位差}} = E(\underbrace{x_{\mathrm{A}} - x_{\mathrm{B}}}_{\text{位置の差}})$$

である．電荷の運動により巨視的な電気量の移動が生じる時，それを**電流**という．即ち，「**電流とは電荷の時間変動**」である．一様電場 E の成立条件は厳しく，限定的にも思えるが，実際には電気回路など応用される範囲は広い．

2 なお，質量と電荷では，それがもたらす力の大きさが圧倒的に違うことにも留意すべきである．例えば，陽子一個と電子一個からなる水素原子を考える時，両者に働く引力と電気力の大きさには 10^{39} の "桁違い" がある．即ち

$$R_H := \left|\frac{\text{電気力}}{\text{引力}}\right| = \frac{\left|\dfrac{1}{4\pi\varepsilon_0}\dfrac{-e\cdot e}{r^2}\right|}{\left|-G\dfrac{m_e m_p}{r^2}\right|} = \frac{e^2}{4\pi\varepsilon_0 G m_e m_p}$$

$$= \frac{1.602^2\times 10^{43}}{4\pi\times 8.854\times 6.674\times 9.109\times 1.672} \approx 2.270\times 10^{39}$$

である．従って，荷電粒子の力学を考察する際に，万有引力の効果まで考慮する必要はない．なお，R_H の計算は，以下の数値を G の桁に揃えて行った．

$$\begin{aligned}
\text{素電荷}:\ & e \ = 1.602\,176634\times 10^{-19}\ \mathrm{A\,s},\\
{}^{\text{(真空の)}}\text{透磁率}:\ & \varepsilon_0 \ = 8.854\,187817\times 10^{-12}\ \mathrm{m\,kg/(A\,s)^2},\\
\text{電子質量}:\ & m_e = 9.109\,38356\times 10^{-31}\ \mathrm{kg},\\
\text{陽子質量}:\ & m_p = 1.672\,621898\times 10^{-27}\ \mathrm{kg},\\
\text{万有引力定数}:\ & G \ = 6.674\ \times 10^{-11}\ \mathrm{m^3/(kg\,s^2)}.
\end{aligned}$$

斯(か)くの如く，電気力が巨大であるが故，自然はその管理を極めて精密に行っており，僅かな電荷の過不足も許さない．この完璧な電気力の相殺により，磁場が発現する余地(よち)が生じる．磁力とは，電荷の移動に関する特殊相対性理論の帰結であり，電荷に相当する "磁荷" は存在しない．相対論は "日常" にある．

6回裏：まとめ

◇数式における非存在項の意味：$(ma = -mg) \to (a = -g)$

◇力学的全エネルギーと初期条件：$H = mv^2/2 + mgz$

◇問題の二次元化．時刻 t の消去による幾何学化．

◇重力を消す魔法：バネの自由落下と一般相対性理論．

◇場の中の直線：加速する宇宙船と光の湾曲．

◇質量と電荷：力の法則と一様場近似

$$\text{質量}: F_m = -G\frac{mM}{r^2},\ U_m = mgz. \quad \text{電荷}: F_q = \frac{1}{4\pi\varepsilon_0}\frac{qQ}{r^2},\ U_q = qEx.$$

◇磁場は，日常的な観測が出来る特殊相対性理論の効果である．

■現象を記録する

物理法則は，我々の体の内外で同様に働き、全てを支配している．従って，ホンの少しの工夫で，大自然にその本質を問うことが出来る．中でも重力は，最も身近で最も容易にその存在が確認出来る．先ずは Don't think, feel!

以下は，「synchronized fall（シンクロナイズド・フォール）」と名附けた自作の装置である．通常の落体実験では，一個の球を高速度カメラで追い軌跡を記録する．本装置は，五個の電磁石を計算機（コンピュータ）(Arduino) により制御し，0.05 秒間隔で球を落とすことで，同時刻に存在する五球の繋がり (放物線) を，一枚の静止画中に記録する [呼鈴].

また，エレベータの上下降で重さは変わる．下では，林檎 (293.86g) の重さが，上昇時には 18.70g 増え，下降時には 19.27 g 減ることが示されている．.

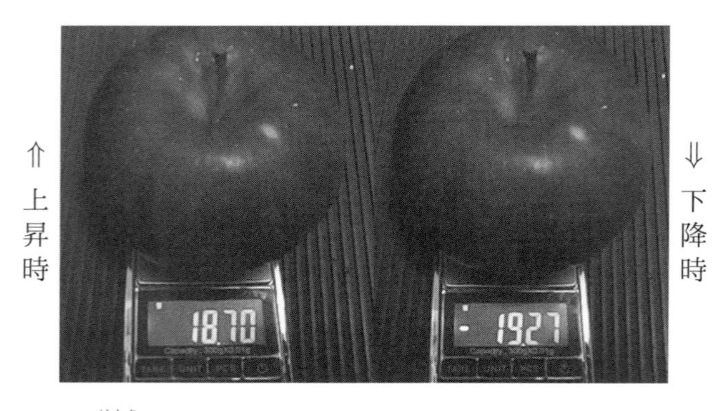

家庭用のデジタル秤（はかり）があれば，誰でも容易に出来る実験である [は物]．加速度と重力，そして具体的に体感出来る重さの変動．大自然が如何に精緻なものか，それを自らの手で確認出来ること，これもまた物理学の醍醐味である．

7回表　光と影と三平方の矢

ゲーテから少年忍者まで，『光あるところに影がある』という．光と影に社会の様々を仮託(かたく)して，陰陽の対比を描こうとの意図であるが，果たして本当か．

少なくとも物理の範囲で語るなら，注釈が必要になる．直上・直下で影は生じないからである．紀元前，数を「篩(ふるい)」に掛け，「地球の大きさを測った」ことで知られるエラトステネスは「太陽が真上にある時，光は井戸の底をも照らす」として，そこに影が生じないことを観測の基本的な要領として心得ていた．

真上から射す光は，水平線上に影を落とさない．互いが直交している時，両者は**直交関係**という名の"無関係"である——例えば，地表附近の重力は，直交する水平方向には寄与しない．この言葉は，理数系の者には「無関係・無縁の別表現」として便利に使われる．例えば，「**本書は既刊書と直交することを心掛けた**」とあれば，内容的に重複が無い，独自性に徹したという意味になる．

7.1　初等幾何から三角関数へ

図形の基本は「○△□」である．これら基本図形を，"空間に浮かぶ一つの実体"として扱うのが初等幾何学であった．従って，形や大きさは，合同・相似として考察の対象となるが，向きは問題にされない——この意味からも，我が国の折紙には，極めて大きな教育的価値がある．"閉じた図形"，例えば上記基本例を扱う場合には，それらが占める空間の大きさ，即ち「面積」や「体積」が議論の対象となる．無限に拡がる"開いた図形"，例えば，直線や放物線などは扱わない．"直線"は形式的に議論され，実際には，片方に端がある半直線や，両端がある線分(せんぶん)として登場する．直線は「曲線の対義語」として扱われ，そこに潜む無限の拡がりや，無限の充実は後に残されているのである．

1 相似と面積

全ての正多角形は相似である——円も同様．唯一の相違点である大きさ，その指標たる面積を議論するには，相似図形，特に正方形（正四角形）から始めるのがよい．

正方形：a^2	長方形：ah	三角形：$ah/2$	円：πr^2
$a\cdot a$	$a^2\cdot\dfrac{h}{a}$	$(a_1+a_2)\cdot\dfrac{h}{2}$	$(2\pi r)\cdot\dfrac{r}{2}$

一辺 a の正方形を，一方向に h/a だけ伸ばす．面積は h/a 倍されて ah となる．長方形を対角線で二分して，直角三角形の面積 $ah/2$ を得る．更に，任意の三角形が二つの直角三角形に分解出来る $(a = a_1 + a_2)$ ことから，結果は一般化されて，「同じ底辺，同じ高さを持つ三角形」は全て同じ面積になる．

円の面積は，底辺 $2\pi r$，高さ $r/2$ を持つ長方形の面積に等しい——これは，長さ r の棒の重心 $r/2$ が一周する時の両者の積であり，附録に同様の手法を記している．また，円を横に a/r，縦に b/r だけ引き伸ばすと，その面積は πab になる．この拡縮により，円の式：$x^2+y^2=r^2$ は

$$\pi r^2\times\frac{a}{r}\times\frac{b}{r}=\pi ab$$

$$\left(\frac{x}{a/r}\right)^2+\left(\frac{y}{a/r}\right)^2=r^2 \text{ より，}\quad \frac{x^2}{a^2}+\frac{y^2}{b^2}=1$$

となる．以上が，二軸を a,b とする楕円の面積と式である．ここでは幾つかの結果を先取りした．これらが何を表すのかは，初等幾何から解析幾何へと鍵になる発想を変えることで明らかになる．先ずは，直交の意味から考えていく．

2 三角関数の性質

直交関係とは「角度の関係」であるから，**三角関数**が重責を担う．それは，直角三角形の三辺 (底辺・対辺・斜辺) の長さに対して，底角 θ を用いて

$$\sin\theta := \frac{\text{対辺}}{\text{斜辺}},\quad \cos\theta := \frac{\text{底辺}}{\text{斜辺}},$$
$$\tan\theta := \frac{\text{対辺}}{\text{底辺}}\ \left(=\frac{\sin\theta}{\cos\theta}\right).$$

斜辺　対辺　θ　底辺

と定義される「関数」である——辺の比のみを扱う場合は，三角“比”である．また，円との密接な関係から，これを円関数と呼ぶこともある．

1 日本語では，順に正弦（せいげん）(sine)・余弦（よげん）(cosine)・正接（せいせつ）(tangent) と呼ぶ．注目したいのは，互いに補い合う関係を示す「正・余」という“冠”である——「余」は英語では「co」に対応し，cosine は co-sine の短縮形である．関数の値は，円の半径が二軸 (水平・垂直) に落とす“影”の長さに相当する [逞数].

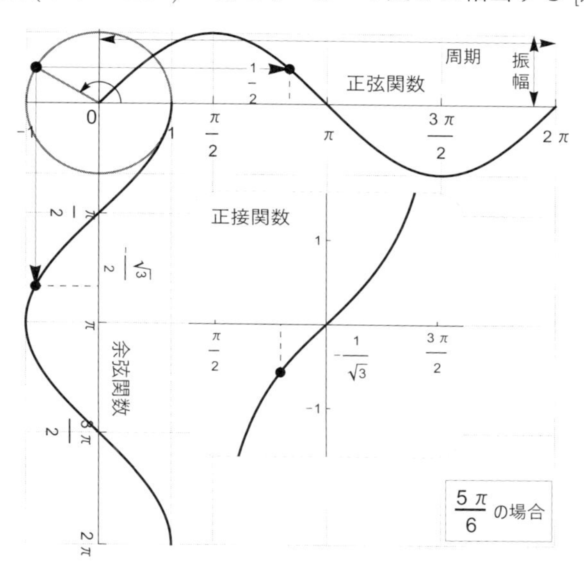

その定義から，直ちに「最もよく使われる」以下の関係：

$$\sin^2\theta + \cos^2\theta = \left(\frac{\text{対辺}}{\text{斜辺}}\right)^2 + \left(\frac{\text{底辺}}{\text{斜辺}}\right)^2 = \frac{\text{対辺}^2 + \text{底辺}^2}{\text{斜辺}^2} = 1$$

が導かれる．最後の式変形は，三平方の定理そのものである．“直角”三角形では，θ が決まれば残りの一つも決まる．これを余角（よかく）(complementary angle) という．$\theta_{\text{余}} := 90^\circ - \theta$ である．この時，容易に以下の関係が見出される．

$$\sin\theta_{\text{余}} = \frac{\text{底辺}}{\text{斜辺}} = \cos\theta, \quad \cos\theta_{\text{余}} = \frac{\text{対辺}}{\text{斜辺}} = \sin\theta, \quad \tan\theta_{\text{余}} = \frac{\text{底辺}}{\text{対辺}} = \frac{1}{\tan\theta}$$

即ち，余角においては，sin, cos が相互に入れ替わる．また，平角（へいかく）(180°) と θ の差を補角 (supplementary angle) と呼ぶ．従って，$\theta_{\text{補}} := 180^\circ - \theta$ であり

$$\sin\theta_{\text{補}} = \sin\theta, \quad \cos\theta_{\text{補}} = -\cos\theta$$

が成立する．なお，θ の符号に sin の値は連動し，cos はしない——対辺が第一象限 (++) から第四象限 (+−) へ移るが，底辺は移らないからである．これらの性質が読み取れるように，以下に正弦関数の挙動 (有名角) を示した．

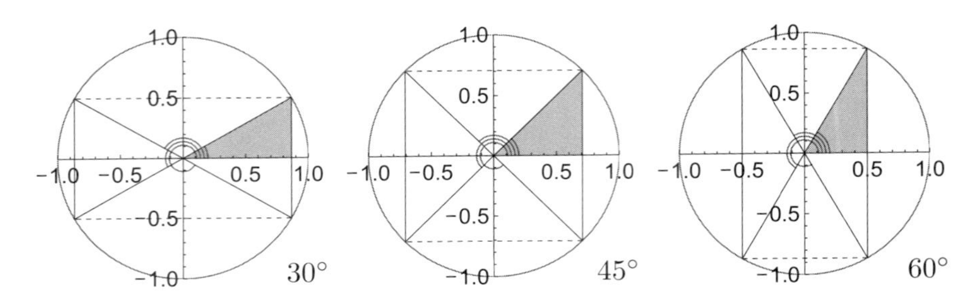

2 最も簡潔にその特徴を示しているのは，以下の関係：

同じ偶奇性を持つ関数

$$\sin(-\theta) = -\sin\theta, \qquad \cos(-\theta) = \cos\theta,$$

$$(-x) = -x \qquad (-x)^2 = x^2$$

である．入力の正負に対する出力の反応，これは一般に**偶奇性**と呼ばれる．「−1」は，自身の積により「+1」を作れるが，その逆はない．「−1」は冪によって符号を変える．「+1」にはない深みである．従って，「−1」の方がより基本的な数であるとも言える．**数学的な美とは，見掛けの単純さではない．**

補足

ここでは，$\cos\theta$ が重用されるが，その理由は，底辺と対辺が直交することを「$\cos 90^\circ = 0$」で，その二辺が同じ長さで同じ方向を向くことを「$\cos 0^\circ = 1$」で，即ち簡潔に数 0，1 で表せるからである——単位長さの棒の影は，0 から 1 の間の長さ持つ．$\cos\theta$ を元に，影の長さを求めることを「射影(しゃえい)を取る」という．

三角関数と同様に，様々な概念が直角三角形を元に論じられる．三平方の定理は，その代表格である．中でも「$3^2 + 4^2 = 5^2$」は最も著名な例である——以後，「▲*345*」という略称を用いる．ここで，辺の長さを「対辺 3」「底辺 4」「斜辺 5」とすれば，直ちに比の値が以下のように決まる．

$$\sin\theta = \frac{3}{5}, \quad \cos\theta = \frac{4}{5}, \quad \tan\theta = \frac{3}{4}.$$

ここから，斜辺と底辺が為す角 θ (約 36.87 度) も計算される．

7.2 座標：直と極

以上を念頭に，座標を再考する．座標とは定規である——目盛の無いものは定木と書く．直線的な定規を二本，直角に配すれば「直交座標」が出来上がる．横方向を x 軸，縦方向を y 軸 と呼び，両者の交点を原点と呼ぼう．これより，平面の位置を**順序対**：$(x,\ y)$ で表せる．ここで順序対とは，括弧内の文字の順番によって，一般に結果が異なる，即ち $(x, y) \neq (y, x)$ となる対の意である．

1 極座標と三角関数

三角関数の出自に戻り，斜辺を r，底角を θ とすると，平面上の全ての位置が (r, θ) で表せる．これを**極座標**という．容易に分かるように

$$x = r\cos\theta,\quad y = r\sin\theta,\quad (x^2 + y^2 = r^2)$$

により，両座標系は互いに結ばれている．ただし，$r = 0$ の時，θ とは無関係に $x = 0, y = 0$ になる．この決定的な相違により，両座標の変換には制約が附く．これらの関係も，「▲*345*」を用いることで，具体的に確かめられる．

極座標において，「$r =$ 定数」となる点の全体は円を為す——長さ r の棒を回せば，半径 r の円が描ける．三角形，円の何れを扱うにも．三角関数は必須の道具なのである．初等的な幾何学は，平面図形の研究から始まる．その図形の基本は「○△□」で尽きている——四角形は，二つの三角形を合成して作ることが出来るので，前二者だけでも充分である．円と三角形を理解し，その性質を存分に活用出来るようになることが，幾何攻略の初めの一歩となる．

2 三平方の定理と矢の演算

三点 $\mathrm{A} := (4, 3), \mathrm{B} := (0, 0), \mathrm{C} := (4, 0)$ から成る三角形を考える．三平方の定理は，空間の指標となる．原点 $\mathrm{O} := (0, 0)$ と点を結ぶ矢を考え，鏃（やじり）で点の位置を示す．各点を，「→」を上に乗せる表記を用いて

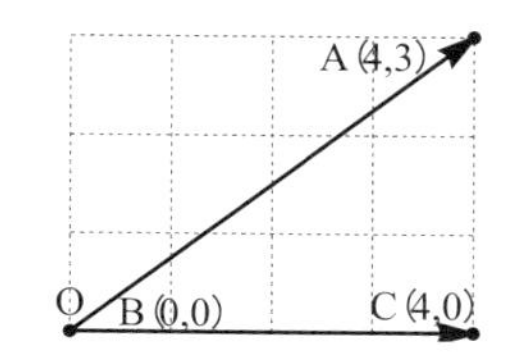

$$\mathrm{A} : \overrightarrow{\mathrm{OA}},\quad \mathrm{B} : \overrightarrow{\mathrm{OB}},\quad \mathrm{C} : \overrightarrow{\mathrm{OC}}.$$

矢筈　鏃

と表す——矢筈（やはず）は全て原点 O に位置する．これにより，思考対象を「点から辺へ」移行したわけであるが，B を原点に取った為に対称性が崩れている．

その結果，矢は「原点から点までの長さと方向」という二つの要素を持つことになる．長さは一つの数で表されるが，方向を定めるには二点が必要である．ここで縦棒二本で挟むことで，矢の表記から長さを絞りだそう．即ち

$$\left|\overrightarrow{\mathrm{OA}}\right| = 5, \qquad \left|\overrightarrow{\mathrm{OB}}\right| = 0, \qquad \left|\overrightarrow{\mathrm{OC}}\right| = 4$$

とする．この二重の縦棒は**絶対値**と呼ばれ，結果は必ず非負になる．

矢は足せる．それは以下のように，座標値の各々の和として定義出来る．

$$\overrightarrow{\mathrm{OA}} + \overrightarrow{\mathrm{OC}} = \overrightarrow{\mathrm{OX}} \quad \Leftarrow \begin{cases} \overrightarrow{\mathrm{OA}} : (4,3) \\ \overrightarrow{\mathrm{OC}} : (4,0) \ (+ \\ \hline \overrightarrow{\mathrm{OX}} : (8,3) \end{cases}$$

差も同様であるが，座標値の正負を反転させたものの和としても定義出来る．

$$\left.\begin{array}{l} \overrightarrow{\mathrm{OA}} : (4,3) \\ \overrightarrow{\mathrm{OC}} : (4,0) \ (- \\ \hline \overrightarrow{\mathrm{OY}} : (0,3) \end{array}\right\} \nearrow \begin{array}{c} \overrightarrow{\mathrm{OA}} - \overrightarrow{\mathrm{OC}} = \overrightarrow{\mathrm{OY}} \\ \text{又は} \\ \overrightarrow{\mathrm{OA}} + (-\overrightarrow{\mathrm{OC}}) = \overrightarrow{\mathrm{OY}} \end{array} \swarrow \left\{\begin{array}{l} \overrightarrow{\mathrm{OA}} : (4,3) \\ -\overrightarrow{\mathrm{OC}} : (-4,0) \ (+ \\ \hline \overrightarrow{\mathrm{OY}} : (0,3) \end{array}\right.$$

三平方の定理に戻れば，矢の長さがそのまま定理の内容になる．従って

$$5 = \sqrt{3^2 + 4^2}$$

と直せば，足し算の結果出来た新しい矢 $\overrightarrow{\mathrm{OX}}$ の長さも，以下のようになる．

$$\left|\overrightarrow{\mathrm{OX}}\right| = \sqrt{8^2 + 3^2} = \sqrt{73}.$$

以上を，座標を離れ「矢の世界」だけで再考すると，和の結果となる矢は，二本の矢を辺とする**平行四辺形の対角線**に相当する．これは和が「座標値のそれぞれの和」として定義されること，即ち

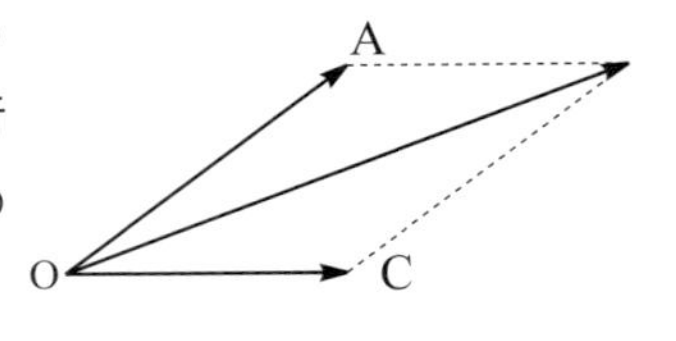

$$(x_1, y_1) + (x_2, y_2) = (x_1 + x_2, y_1 + y_2)$$

であることの幾何的な表現になっている．「何故，対角線なのか？」という疑問が，代数的表現の自然さにより直ちに氷解（ひょうかい）する．ここに“線型性”の萌芽（ほうが）を見る．異種の表現，異分野を同時に学ぶことの意義が，ここでも明らかになる．

7.3 テンソルへの道

矢は複数の数から構成されていた．更に，その矢を複数束ねたものが，一つの数に結ばれている時，これを**テンソル**と呼び，構成する矢の本数 (添字の数) を「テンソルの階数(かいすう)」という——添字を“脚(あし)”とも表現する．以下，階数と矢の関連を強調する為に図解した (矢の方向に意味は無い．横に並べても同じ)．

点：□	線分：↑	面積：↑↑	体積：↑↑↑	図解
0-t　x	**1**-t　x_i	**2**-t　x_{ij}	**3**-t　x_{ijk}	表記
0 本 (オバケ)	1 本 (かかし)	2 本 (アヒル)	3 本 (八咫烏)	脚数

1 数を束ねる

ここで，n 階のテンソルを n-t と略記した．**0**-t は単一の数である．矢自身が **1**-t であり，テンソルは「縦横に配置された数の集団」としても表現される．これは，内包する数 x に附属する「脚数」によっても表せる．最も身近な例は，点，線分，面積，体積である (ただし，符号が附く)．これらは，面積が縦・横，体積が縦・横・高さの積により定義されることからも分かる．

[1] 矢にテンソルを作用させることも，加算・乗算により新しいテンソルを作ることも出来る．例えば，**0**-t と **1**-t の積は，矢の方向を保ち，長さを定数倍したものとなる．なお，二つの **1**-t の積は，**0**-t にも **2**-t にもなる——当然ながら，**0**-t 同士の積は，通常の数の積である．

余話

入力に対して出力が一意(いちい)に決まる関数は，既述のように自販機に譬えられる場合も多いが，外貨(がいか)との両替にも似ている．自販機は，金を入れると物が出るが，物から金へは替えられない．金という“一つの数”と，物との対応が一方的である．その点，質屋(しちや)は，質草(しちぐさ)という名の物を預けると金が借りられ，(利息を含めて) 返済すれば物が返る．借金の額だけ見ても，何が質草かは分からない．同様に，結果としての数から「元のテンソルの内容」は読み取れない．

運動量は，一つの方向と大きさを持っていた．立方体に働く力には，面を押し引きするもの，面に沿ってズラすものと複数の方向が含まれる．テンソルは，これらを十全に表現する数学的対象であり，物理的記述の基礎を与える．

2 合同や相似を初めて学んだ際，座標なるものは登場しなかった．三角形であれ四角形であれ，図形はどれも宙に浮かび，固定されたものではなかった．問題は，角と辺の関係のみであり，補助線なるものに気を奪われて，便法探しに奔走（ほんそう）する人も多かった．学齢（がくれい）を重ね，科目の名称も変わり，幾何にも座標が導入された．図形は固定され，座標値を操る代数が解法に普遍性を与えた．これで，ユークリッドからデカルトの時代にまで歩を進めたことになる．

物理学では，座標は観測者を代行する．座標変換とは視点の変換であり，立場の変更である．実験結果を数値により評価する場合，必ず座標が必要になる．一方で，物理法則は如何なる観測者に対しても同じ形式を保つべきである．そこで「座標に依存しない記法」が望まれる．ある種の先祖返りである．

先に，矢の扱いのみで和を得たように，テンソルのみで物理法則は書ける．それが「座標から自由な記法」である．学習の進度に応じて，座標の扱いは「無し→有り→無し」と変化した．これは，実験と理論における座標の必要性の違いにも関連している．テンソルは抽象的な存在である．しかし，物理でそれを活用する以上，常に実在との対応を取る必要がある．テンソルを「複数の数を括（くく）った対象」として“無臭化”するよりも先に，「矢」という具体的な描像によって，その骨格を掴むことが重要である．先ずは，名よりも実である．

2 関数の意味とその記法

ここで数学における“対応関係”についてまとめておく．最も一般的な対応は**写像**，主に数に関するものは**関数**と呼ばれる．写像の英名 (map) は地図由来であるが，訳は「像を写す」という実質的意味を示している．関数は函数とも書くが，英名 (function) は機能の意である——「函（はこ）」は入出力を暗示し，その働きを連想させる．関数一般の詳しい定義を云々するよりも重要なことは，その結果が**「一つの数に帰結する」**という点である．これは先の「テンソルの特徴」においても指摘した，数学における最も重要アイデアの一つである．

1 数は，その特徴により分類される．分類の基礎は集合論が与える．同種のものを集めて一つの塊と見做す，これを**集合**という．物理学で扱う最大の数集合は複素数であるが，その基礎は実数である．実数全体を記号 $\mathbb{R}$ で表すと，数 x が実数であることを，$x \in \mathbb{R}$ と書ける——これを $\mathbb{R} \ni x$ とも表す．

本書では単位系を SI に限定しているので，物理量の次元は単位により紛れなく指定出来て，例えば x が「長さの次元を持つ実数」であることを

$$\left[(x \,\$\, \mathrm{m}) \in \mathbb{R} \;\middle|\; \mathbb{R} \ni x \,\$\, \mathrm{m}\right]$$

などと表せる．このように，詳論に入る前に対象の素性（すじょう）を明確にすることは重要である．数学は，基本的に「数」の学であり，「量」のそれではないので，次元は通常考慮されない．従って，学校数学で最も早い時期に学ぶ関数の形式：

$$y = f(x), \quad x, y \in \mathbb{R}$$

において，x, y は次元を持たない変数であり，即ち $x, y \,\$\, 1$ である．既に見た通り，関数とは「主」から「従」が唯一つ導かれる数の対応関係である．それは「$f(\text{主}) = \text{従}$」と表すことによって，更に強調されるだろう．

ただし，関数は f であり，$f(x)$ ではない．何故なら，$f(x) = y$ より，$f(x)$ は単なる数 y に等しいからである．この種の誤解を避ける意味から，表記：

$$\left[f : x \mapsto y,\ \mathbb{R} \to \mathbb{R} \;\middle|\; f : \mathbb{R} \ni x \mapsto y \in \mathbb{R}\right]$$

も好まれている．左では要素間の関係には「$\mapsto$」を，集合同士の関係には「$\to$」を用いて区別している．右は「$\to$」を廃した “逐語（ちくご）翻訳的” なものである．

2 また，関数を左から右への “作用” と見て，$fx = y$ と書く方法もある．この時，f を**演算子**，x をその**演算対象**という――数学では f を作用素（さようそ）と呼ぶ場合が多い．これは決して難解な概念ではなく，単純な四則計算の場合でも，例えば「$+, \times$」まで記号に含めて，以下のように処理することである．

$$\left.\begin{array}{l} 2+3 \text{ を「演算子 } f := 2\, + \text{」を用いて，} f\,3 = 5 \\ 2\times 3 \text{ を「演算子 } g := 2\, \times \text{」を用いて，} g\,3 = 6 \end{array}\right\} \text{などと表す．}$$

既述の通り，$f(x)$ という形式は，$f(\ \ )$ に x が入力され，その結果を受け取ることから，自販機に譬えられる．一方，fx は，対象 x を f により変換した結果であると読める．こうした立場を強調する意味から，敢えて文字を用いず，入力を空所，又はスロット (slot) と見る記法：$f(\sqcup)$，$f\sqcup$ もある――ここで，$\sqcup$ は入力すべき対象が “存在すべき場所” を示している．

7.4 関数の表現

関数の命名は煩わしい．自ら問題を設定し，それを解く必要に迫られた時，「関数名をどうするか」「如何にして重複を避けるか」といった煩瑣な作業が手を止める．計算機工学では，日常的に遭遇する厄介事である [素数].

1 ラムダ記法

関数は，数から数への対応である．数 x を二乗する関数を $f(x)=x^2$ と書く時，x や f は形式的なもので，$g(y)=y^2$ としても役目は果たせる．本質は，$x \mapsto x^2$ で尽きており，f も g も必須ではない．そこで，次の表記を導入する．

$$\lambda x.x^2 \ \ (\text{関数定義}) \quad \Big| \quad (\lambda x.x^2)\,3 \ \ (\text{関数適用})$$

具体的な値，この場合であれば「9 を求める」には，演算子のように対象である「3 をその右側」に据える．これを λ 記法という．この場合も，$\lambda t.t^2$ としても同内容になる．なお「λ」は，計算の開始を宣する記号 (半ば呪文) であり，「エル プサイ コングルゥ」(El Psy Kongroo) などと同様，**特に意味は無い**——単に，タイプライター上での使用頻度が少ない記号として選ばれた「^」が，時を経て，形が似た「ラムダの大文字 Λ」に置き換えられ，その後小文字の λ になり現在に至っている．

一般に，同一項目の中で文字が被る場合，それらを“一斉に交換”しても内容が変わらないことがある．このような文字を束縛変数という．数学における“公式”とは多くの場合，この一斉変換に関して不変な恒等式である．例えば

$$(a+b)^2 = a^2+2ab+b^2 \Longleftrightarrow (p+q)^2 = p^2+2pq+q^2$$

などである．当然ではあるが，確認すべきことである．

多くの場面で，変数，未知数が x と置かれることも，このような「何を選んでも同じ」という融通無碍の状況が前提にある．ならば，その代表として「意味のぶれない文字」を社会全体で認定し，共有しようということである．

関数を抽象化，無名化したものが λ 記法であるが，この記法の本質は，変数と特定の値とを明確に区別したことである．既述の通り，$y=f(x)$ という表記は，動く変数 x と y の関係を示したものか，固定された数 x と y の関係を示したものかという区別が附かない．その判断は前後の文脈に依る．一方，λ 記法の場合は，関数定義と値の抽出が，異なる手続きになっており紛れがない，

2 線型関数の条件

数学における厳密性とは，静止画を隈無く調べる思想に基づく．あらゆる対象から動きを奪い，一枚の絵として吟味する．論理のメスで斬り込めば，未熟な用語を操る必要もない．一方，物理は動きを重視する．動画の世界で全体を把握しようとする．直観と連想が頼りである．先に強調した通り，“結果が一つの数に帰結する” という条件を元に，関数は拡張される．様々な対象を喰らい，数を吐き出す．これが物理屋が関数に持つ印象である．更に，演算子は，飢えた f が獲物 x を狙っているように見える．具体的な結果を追う者は，常に何かに譬えようとする．その形容は “粗にして野だが卑ではない”．

さて，定数 α, β を含む形式：$\alpha x + \beta y$ を線型結合と呼ぶ．これに対して，一般に “線型性” と呼ばれる以下の性質を充たす f を**線型関数**という．

$$f(\alpha x + \beta y) = \alpha f(x) + \beta f(y).$$

例えば，原点を通る直線の式と見做せる $g(z) = Kz$ (K は定数) の場合

$$g(\alpha x + \beta y) = K(\alpha x + \beta y) = \alpha K x + \beta K y = \alpha g(x) + \beta g(y)$$

となり，条件を充たしている．このように，線型性とは直線の性質を抽象化し，モデル (型) としたもので，具体的なシェイプ (形) について主張するものではない．即ち，外形的な特徴ではなく，内在する性質を捉えたものである．昨今多数派の線形ではなく “線型” と書きたい理由はこの辺りにある．

これは，幾何学的には，矢の長さの拡縮と平行移動に関連している．また，矢の拡張であるテンソルは線型であり，自身を定義する機能の一つとして「矢を入力すると数を返す関数」という特徴を持っている．譬えれば，テンソルとは，矢を喰って数を吐き出す魔族である．では，魔力を隠してこれを欺こう．

7.5 二種類の積

先の問題を対称性の立場から見直す．点 B を原点に取り見通しを良くしたのであるが，その為に対称性を失った．そこで，「▲345」を平行移動させて，点 B を (0.0) から $(1, 2)$ へと変える．これにより，三点 A,B,C の位置は，対応する座標値にこれを上乗せした A＝$(5, 5)$, B＝$(1, 2)$, C＝$(5, 2)$ になる．

■1 ウロボロスの環と矢の計算

鏃が各点を指向し，矢筈を原点に持つ矢：$\overrightarrow{\mathrm{OA}}$, $\overrightarrow{\mathrm{OB}}$, $\overrightarrow{\mathrm{OC}}$ を導入して，辺を表す矢を書換える——文字は巡回置換 (A,B,C,A,...) により整理する．

1 次に，矢筈に次の鏃を順に合わせた図形が閉じた時，総和が 0 になる性質 (著者は**ウロボロスの環**，又は「〜の理」と呼んでいる) を活用する．即ち

$$\overrightarrow{\mathrm{AB}} := \overrightarrow{\mathrm{OB}} - \overrightarrow{\mathrm{OA}} \text{ より，} (1,2)-(5,5)=(-4,-3),$$
$$\overrightarrow{\mathrm{BC}} := \overrightarrow{\mathrm{OC}} - \overrightarrow{\mathrm{OB}} \text{ より，} (5,2)-(1,2)=(4,0),$$
$$\overrightarrow{\mathrm{CA}} := \overrightarrow{\mathrm{OA}} - \overrightarrow{\mathrm{OC}} \text{ より，} (5,5)-(5,2)=(0,3)$$

となる．各部分を縦に追えば，確かに文字は A,B,C,A の順に並んでおり，また最右辺の縦の総和は，(0,0) になっていること (環の存在) が確認出来る．これより，三平方の定理は三本の矢の長さを用いて，次のように表現される．

$$\left|\overrightarrow{\mathrm{BC}}\right|^2 + \left|\overrightarrow{\mathrm{CA}}\right|^2 = \left|\overrightarrow{\mathrm{AB}}\right|^2$$
$$4^2 + 3^2 = 5^2$$

ところで，三角形の各辺を示す矢を描くと，それらは原点から放射状に伸びる．これは先の設定通り，全ての矢を「矢筈を原点に揃えた矢」で書換えたこと，矢の全体がウロボロスを為す時，その総和が 0 になることが理由である——三方から引き合い均衡した綱引きにも見える (上段右)．また，矢は平行移動出来ること (下段) にも注意する．

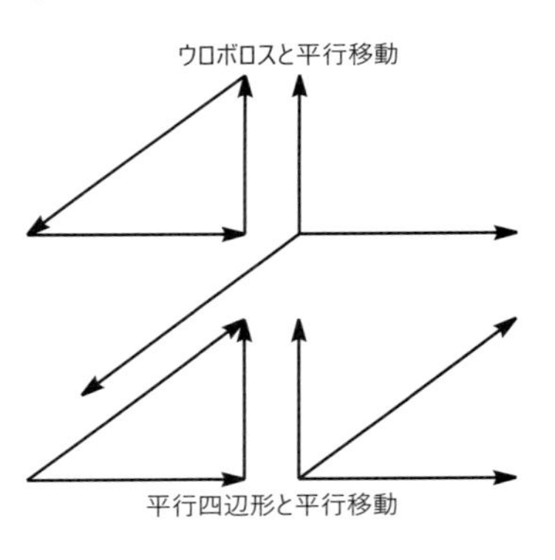

2 表記に二点を要するはずの矢が，一個の点を与えるだけで表現された．そこには矢筈が「原点にある」という諒解があった．同様に，座標上の全ての点，即ち全ての “位置” は，原点から伸びる矢により表現される．一方，矢の相互関係だけであれば，全体を平行移動させようと，回転させようと “自由” である．座標系を必要とせず，矢の相互関係だけで全てが賄える．このような性質を持った矢，「自由な矢」が物理学の記述に重要な役割を果たす——位置を示し，作用の発生地点，到着地点などを示す矢は “束縛” されているわけである．

平行移動で重なる矢を同一視（どういつし）すると，矢筈の位置 (原点) を記す必要がなくなり，$\overrightarrow{\mathrm{OA}}$ (二頂点表記) から，より簡潔な $\mathbf{a}$ (辺表記) へと移ることが出来る——特に「長さ 0 の矢」を $\mathbf{0}$ で表す．前者には，各頂点の名称から「自動的に矢の名称も決まる」という利点はあった．しかし，“矢” を強調する「→」記号も，対象が抽象化されるに従い妥当性を失う．そこで，以後は「二文字の矢印記法」から離れて，一文字の「ローマン太字」で表すことにする．

2 矢の計算の具体例

次に，単一の数に帰着する「矢の積」について考える．先の用語によれば，**1**-t 同士の積が **0**-t になる場合である．二点 (a_x, a_y), (b_x, b_y) を指す矢を，それぞれ $\mathbf{a}, \mathbf{b}$ で表す．両者の矢筈は一点を共有し，角 $\theta\,(< \pi/2)$ で交わる．

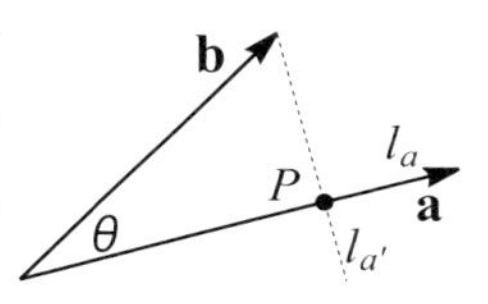

1 先ずは第一例．この時，$\mathbf{b}$ が $\mathbf{a}$ に落とす影の長さ L は

$$L := |\mathbf{b}|\cos\theta, \quad \text{ただし，} |\mathbf{b}| = \sqrt{b_x^2 + b_y^2}$$

であり，その先端の座標を $P(x_0, y_0)$ とする．ここで，$\mathbf{a}$ に沿う直線 ℓ_a と，これに直交し，点 P を通る直線 ℓ'_a は，定数 K を用いて以下のように書ける．

$$\begin{aligned} &\ell_a\colon\ y = m_a x, && m_a := a_y/a_x \ (\text{傾きの定義}),\\ &\ell'_a\colon\ y = m'_a x + K/a_y, && m_a \cdot m'_a = -1 \ (\text{直交条件}). \end{aligned}$$

更に，直線 ℓ'_a は点 (b_x, b_y) を通るので，これを代入して $K = a_x b_x + a_y b_y$ と決まる．そこで，ℓ_a と ℓ'_a を連立させて，P の座標：

$$x_0 = \frac{K}{(m_a - m'_a)a_y} = \frac{a_x K}{a_x^2 + a_y^2} = \frac{a_x K}{|\mathbf{a}|}. \quad \text{同様にして，} y_0 = \frac{a_y K}{|\mathbf{a}|}$$

を得る．$L = \sqrt{x_0^2 + y_0^2}$ より，$K/|\mathbf{a}| = |\mathbf{b}|\cos\theta$ となり，全体をまとめて

$$\mathbf{a}\cdot\mathbf{b} := |\mathbf{a}||\mathbf{b}|\cos\theta = a_x b_x + a_y b_y$$

を得る．これを $\mathbf{a}, \mathbf{b}$ のドット積という．定義より，角を $\mathbf{a}, \mathbf{b}$ のどちら側から測っても，$\cos(-\theta) = \cos\theta$ により結果は変わらないので $\mathbf{a}\cdot\mathbf{b} = \mathbf{b}\cdot\mathbf{a}$ が成り立つ．また，各々に定数 k_a, k_b が乗じられている場合，以下となる．

$$(k_a\mathbf{a})\cdot(k_b\mathbf{b}) = k_a k_b\,\mathbf{a}\cdot\mathbf{b}.$$

これより，直交関係は $\mathbf{a}\cdot\mathbf{b}=0$ と極めて簡潔に書ける．また，長さも自身との積により，$\mathbf{a}\cdot\mathbf{a}=|\mathbf{a}|^2$ となるが，通常これを単に $\mathbf{a}^2$ と書き，更に $|\mathbf{a}|=a$ とする．即ち，$\mathbf{a}^2=a^2$ である——ここで，細字は「長さ」を意味しているが，「大きさ」と呼称する方がより一般性が高い．また，a_x, a_y などの表記も，一般には「座標」とは限らないので，$\mathbf{a}$ の「成分」と記す場合が多い．更に

$$\mathbf{e}:=\frac{\mathbf{a}}{|\mathbf{a}|} \text{ とすると，} \mathbf{e}\cdot\mathbf{e}=\mathbf{e}^2=1. \quad \therefore\ |\mathbf{e}|=1$$

となる．このように「大きさを 1 に調整すること」を規格化という．

ドット積として，三角形 $\mathbf{c}=\mathbf{a}-\mathbf{b}$ の両辺を二乗すると，容易に余弦定理：

$$\begin{aligned}\mathbf{c}^2=c^2=(\mathbf{a}-\mathbf{b})^2&=\mathbf{a}^2+\mathbf{b}^2-2\mathbf{a}\cdot\mathbf{b}\\&=a^2+b^2-2ab\cos\theta\end{aligned}$$

が得られる．$\mathbf{a},\mathbf{b}$ が直交する場合 $(\theta=\pi/2)$，上式は三平方の定理になる．

2 第二例．二本の矢が作る三角形の面積 S を二つの方法により求める．先ず，底辺 $\mathbf{a}$ から見た頂点の高さは，$|\mathbf{b}|\sin\theta$ であるから，直ちに以下を得る．

$$S=\frac{1}{2}|\mathbf{a}||\mathbf{b}|\sin\theta \text{ より，} \quad 2S=|\mathbf{a}||\mathbf{b}|\sin\theta.$$

一方，S は四点 $(0,0),(b_x,b_y),(a_x,a_y),(a_x,0)$ が作る四辺形の面積から，$\mathbf{a}$ の下の三角形 S_3 を引いたものでもある．また四辺形の面積は，$\mathbf{b}$ の下の三角形 S_1 と残る台形 S_2 の和であるから，結局，S の二倍は

$$\begin{aligned}2S&=\overbrace{b_xb_y}^{S_1}+\overbrace{(a_y+b_y)(a_x-b_x)}^{S_2}-\overbrace{a_xa_y}^{S_3}\\&=a_xb_y-a_yb_x\end{aligned}$$

となる．両者をまとめると「第二の積」が，その姿を徐々(ジョジョ)に現す．

$$\mathbf{a}\times\mathbf{b} \text{ の大きさ} = |\mathbf{a}||\mathbf{b}|\sin\theta=a_xb_y-a_yb_x \text{ (仮)}$$

これは後に**クロス積**と呼ばれる．関係：$\sin(-\theta)=-\sin\theta$ により，$\mathbf{a},\mathbf{b}$ のどちら側から角を測るかで正負が変わり，$\mathbf{a}\times\mathbf{b}=-\mathbf{b}\times\mathbf{a}$ となる．この意味で，結果は単一の数値に見えながら，なお元の “矢の方向” の影響が認められる．この問題も含め，手順を踏んで上の「仮の定義」を修正していく．

3 クロス積は，$\mathbf{a},\mathbf{b}$ が作る平行四辺形の面積に等しい値 (符号附き) を導く．特に，両者が平行 ($\theta = [0 \mid \pi]$) であることは，$\mathbf{a}\times\mathbf{b} = \mathbf{0}$ と簡潔に表される．この時，$\cos\theta = \pm 1$ であるから，ドット積は $(\mathbf{a}\cdot\mathbf{b})^2 = a^2b^2$ となる．よって

$$a^2b^2 - (\mathbf{a}\cdot\mathbf{b})^2 = (a_x^2 + a_y^2)(b_x^2 + b_y^2) - (a_xb_x + a_yb_y)^2$$
$$= a_xb_y - a_yb_x = 0$$

より，ドット積からも同様の結論を得た——定数倍に関しては，クロス積もドット積と同様の性質がある．また $\mathbf{a}^2$ を「$\mathbf{a}\cdot\mathbf{a}$ の略記」として紛れが無いのは，$\mathbf{a}\times\mathbf{a}$ は常に $\mathbf{0}$ (長さ 0 の矢) になり，具体的な意味を持たないからである．

補足

二つの積を考えた，その動機(どうき)は以下である．先ずは，座標値を用いて $\mathbf{x} : (x_1, x_2)$, $\mathbf{y} : (y_1, y_2)$ を定義する．これは線と線の掛け算であるから，次元 L^2 を持つ．従って，座標値に対して，一文字単独や三文字，四文字の積は出て来ない．必ず「二文字の積」の和の形を取るので，次の二形式が候補に残る．

$$\mathbf{x}\,\boxed{積}\,\mathbf{y} = \begin{cases} x_1y_1 \pm x_2y_2, \\ x_1y_2 \pm x_2y_1. \end{cases}$$

二本の矢が完全に重なった，即ち自分自身との積の場合：$x_2 = x_1$, $y_2 = y_1$ を

$$x_1^2 \pm y_1^2 \quad\to\quad x_1^2 + y_1^2 = r^2,$$
$$x_1y_2 \pm x_1y_2 \quad\to\quad x_1y_2 - x_1y_2 = 0$$

とする．実用上の意味から，上段は複合を「+」に取り，自身の長さを表せるようにした．下段は「−」に取り，二本の矢で挟んだ領域の面積に対応させた．

7.6 座標系の構築

二本の定規を直交させて，その目盛を根拠に対象の位置を特定する．これが座標系，特に直交座標系と呼ばれるものである．水平方向の軸に x，垂直方向に y を取る場合が多いことは，既に見て来た通りである．

1 直交基底とその変換則

座標系に矢を描く時，その射影，即ち二本の軸に落とす影の長さが，軸での値 (座標値) となる．それは鏃が指す位置を示している．任意の方向を持った矢 $\mathbf{r}$ を，直交する二軸 (x, y) に沿った矢の合成として表現したい．

1 そこで，二軸に沿う矢を $\mathbf{x}, \mathbf{y}$ とし，その定数倍で $\mathbf{r}$ が表せる，即ち

$$\mathbf{r} = \alpha\mathbf{x} + \beta\mathbf{y}.\ \text{ただし，}\ \mathbf{x}\cdot\mathbf{y} = 0$$

と書けるとする．この時，$\mathbf{r}$ は，二本の矢が作る平行四辺形 (この場合は長方形) の対角線になっている．また，二つの定数 α, β は，以下のように定まる

$$\mathbf{r}\cdot\mathbf{x} = (\boldsymbol{\alpha}\mathbf{x} + \boldsymbol{\beta}\mathbf{y})\cdot\mathbf{x} = \alpha x^2.\ \text{同様にして，}\ \mathbf{r}\cdot\mathbf{y} = \beta y^2.$$

しかし，これでは二本の矢の大きさ x^2, y^2 が邪魔である．そこで，以下に示す規格化した二本の矢：$\mathbf{e}_x$, $\mathbf{e}_y$ を導入して

$$\mathbf{e}_x := \frac{\mathbf{x}}{x},\ \mathbf{e}_y := \frac{\mathbf{y}}{y}\ \text{より，}\ \mathbf{r} = x\mathbf{e}_x + y\mathbf{e}_y,\ \ r^2 = x^2 + y^2$$

と書き直す．これは**正規直交基底**と呼ばれ，座標系 $\mathbb{E}(x, y)$ を定める．名称は，$\mathbf{e}_x$, $\mathbf{e}_y$ が充たす関係 (規格化：$|\mathbf{e}_x| = 1$, $|\mathbf{e}_y| = 1$，及び直交性：$\mathbf{e}_{\boldsymbol{x}}\cdot\mathbf{e}_{\boldsymbol{y}} = 0$) に由来している．この書き直しにより，$\mathbf{r}$ の成分は

$$\mathbf{r}\cdot\mathbf{e}_{\boldsymbol{x}} = (x\mathbf{e}_x + y\mathbf{e}_y)\cdot\mathbf{e}_{\boldsymbol{x}} = x.\ \text{同様にして，}\ \mathbf{r}\cdot\mathbf{e}_{\boldsymbol{y}} = y$$

と簡潔に記述される．また，これらを $\mathbf{r}$ に戻して

$$\mathbf{r} = (\mathbf{r}\cdot\mathbf{e}_{\boldsymbol{x}})\mathbf{e}_x + (\mathbf{r}\cdot\mathbf{e}_{\boldsymbol{y}})\mathbf{e}_y$$

を得る．上は，基底：$\{\mathbf{e}_x, \mathbf{e}_y\}$ が与えられた時，$\mathbf{r}$ が「如何に展開され，成分は如何なる値を持つか」を示す非常に有用な式である．その有用性を次に示す．

2 異なる基底 $\{\mathbf{e}'_x, \mathbf{e}'_y\}$ を持つ $\mathbb{E}'(x', y')$ においても，矢そのものは変化せず，長さも不変である．それが物理的な実在である限り，当然の話である．観測者が立って見るか，寝て見るかによって，矢そのものが変化するはずがない．唯，その座標系において観測される成分のみが変化する．そこで，実際に直交基底：$\{\mathbf{e}'_x, \mathbf{e}'_y\}$ における変化を調べてみよう．この基底において，$\mathbf{r}$ は

$$\mathbf{r} = (\mathbf{r}\cdot\mathbf{e}'_{\boldsymbol{x}})\mathbf{e}'_x + (\mathbf{r}\cdot\mathbf{e}'_{\boldsymbol{y}})\mathbf{e}'_y = x'\mathbf{e}'_x + y'\mathbf{e}'_y$$

となる．両基底が「原点を共有し，角 ξ (グザイ) だけ回転した関係」にあるとすると

$$|\mathbf{e}'_x| = 1,\ |\mathbf{e}'_y| = 1,\ \ \mathbf{e}'_{\boldsymbol{x}}\cdot\mathbf{e}'_{\boldsymbol{y}} = 0,\ \ \mathbf{e}_{\boldsymbol{x}}\cdot\mathbf{e}'_{\boldsymbol{x}} = \mathbf{e}_{\boldsymbol{y}}\cdot\mathbf{e}'_{\boldsymbol{y}} = \cos\xi$$

が成り立つ．また，元の基底そのものも

$$\mathbf{e}_x = (\mathbf{e}_x \cdot \mathbf{e}'_x)\mathbf{e}'_x + (\mathbf{e}_x \cdot \mathbf{e}'_y)\mathbf{e}'_y = \mathbf{e}'_x \cos\xi - \mathbf{e}'_y \sin\xi,$$
$$\mathbf{e}_y = (\mathbf{e}_y \cdot \mathbf{e}'_x)\mathbf{e}'_x + (\mathbf{e}_y \cdot \mathbf{e}'_y)\mathbf{e}'_y = \mathbf{e}'_x \sin\xi + \mathbf{e}'_y \cos\xi$$

と展開される——ここで，関係：$\cos(\pi/2 \pm \xi) = \mp \sin\xi$ を用いた．

3 以上の結果を用いて，$\mathbf{r}$ は以下のように変換される．

$$\begin{aligned}\mathbf{r} &= x\mathbf{e}_x + y\mathbf{e}_y \quad (= x'\mathbf{e}'_x + y'\mathbf{e}'_y) \\ &= x(\mathbf{e}'_x \cos\xi - \mathbf{e}'_y \sin\xi) + y(\mathbf{e}'_x \sin\xi + \mathbf{e}'_y \cos\xi) \\ &= (x\cos\xi + y\sin\xi)\mathbf{e}'_x + (-x\sin\xi + y\cos\xi)\mathbf{e}'_y.\end{aligned}$$

両者を比較して，x', y' が次のように求められる．

$$x' = x\cos\xi + y\sin\xi, \quad y' = -x\sin\xi + y\cos\xi.$$

この時，以下の通り $\mathbf{r}^2$ は変化しない——即ち，$\mathbf{r}$ の長さは不変である．

$$\begin{aligned}\mathbf{r}^2 &= [(x\cos\xi + y\sin\xi)\mathbf{e}'_x + (-x\sin\xi + y\cos\xi)\mathbf{e}'_y]^2 \\ &= (x\cos\xi + y\sin\xi)^2 + (-x\sin\xi + y\cos\xi)^2 = x^2 + y^2.\end{aligned}$$

以上のことが，$\mathbf{r}$ を「矢」として，物理的な実体と見做し得る根拠になっている．単なる二数の組には，こうした不変性は存在しない．特に「位置を表す矢」は，他の「物理量表記の規範」にもなる極めて重要な存在である．

2 矢を用いた解法

再度，「▲*345*」：$\mathbf{a} + \mathbf{b} + \mathbf{c} = \mathbf{0}$ (ウロボロス表記) を考える．これは「既知の問題を新手法により解く」ことで，その「手法の正否を確かめる」という学習の常套(じょうとう)手段である．先ずは，座標系 $\mathbb{E}(x, y)$ において以下を定義する．

$$\mathbf{a} := 4\mathbf{e}_x, \quad \mathbf{b} := 3\mathbf{e}_y. \quad \therefore\ \mathbf{c} = -(4\mathbf{e}_x + 3\mathbf{e}_y)$$

この時，明らかに $a = 4$, $b = 3$, $c = 5$, $\mathbf{a} \cdot \mathbf{b} = 0$ となり，この三角形が「▲*345*」であることが確認出来る．ここで，この三角形の底角分だけ反時計回りに回転させた座標系 $\mathbb{E}'(x', y')$ を導入する．この系において，三角形は如何に見えるだろうか．既に準備は出来ている．即ち

$$x' = x\cos\xi + y\sin\xi, \quad y' = -x\sin\xi + y\cos\xi$$

に，具体的に $\mathbf{a}, \mathbf{b}$ の座標値を代入して，(x', y') を求めればよい．

$$\mathbf{a}:\left(4\times\frac{4}{5}+0\times\frac{3}{5},\ -4\times\frac{3}{5}+0\times\frac{4}{5}\right)=\left(\frac{16}{5},\ -\frac{12}{5}\right),$$
$$\mathbf{b}:\left(0\times\frac{4}{5}+3\times\frac{3}{5},\ -0\times\frac{3}{5}+3\times\frac{4}{5}\right)=\left(\frac{9}{5},\ \frac{12}{5}\right).$$

ここで，$\sin\xi = 3/5$，$\cos\xi = 4/5$ を用いた．よって

$$\mathbf{a}=\frac{4}{5}(4\mathbf{e}'_x-3\mathbf{e}'_y),\quad \mathbf{b}=\frac{3}{5}(3\mathbf{e}'_x+4\mathbf{e}'_y),\quad \mathbf{c}=-(\mathbf{a}+\mathbf{b})=5\mathbf{e}'_x.$$

座標系 $\mathbb{E}'$ では，元の斜辺 $\mathbf{c}$ は水平になり，$\mathbf{a},\mathbf{b}$ は下に潜った．各辺の長さも，間の角も不変 $(\mathbf{a}\cdot\mathbf{b}=0)$ であるので，三角形の形は保たれたことが分かる．

ここでは，座標系 $\mathbb{E}$ を「↺」させた $\mathbb{E}'$ で「見える三角形」の図を描いた．一方，$\mathbb{E}$ において，三角形そのものを「↻」させても，同様の景色が見える．この同等性は，回転の問題を扱う場合，常に現れる極めて重要なものである．

3 クロス積と面積の計算

基底の扱いにも慣れたところで，先に仮定義したクロス積について再考する．既に指摘した通り，その積は面積の姿を借りていたが，そこには符号が含まれていた．先ずは，素直に仮定義に従って，基底のクロス積を調べよう．

$$\mathbf{e_x}\times\mathbf{e_y}=-\mathbf{e_y}\times\mathbf{e_x},\qquad |\mathbf{e}_x||\mathbf{e}_y|\sin 90^\circ=|\mathbf{e}_y||\mathbf{e}_x|\sin 90^\circ=1.$$

従って，$|\mathbf{e_x}\times\mathbf{e_y}|=|\mathbf{e_y}\times\mathbf{e_x}|=1$, $\mathbf{e_x}\times\mathbf{e_x}=\mathbf{e_y}\times\mathbf{e_y}=\mathbf{0}$ が導かれる．

角を測る方向で正負が変わる特徴を捉えて，この積を原点を中心にした回転と見做すと，$\mathbf{e_x}\times\mathbf{e_y}$ は反時計回りの回転に対して，紙面からこちら側に向かって「$+1$」を，時計回りに対して，紙面奥側に向かって「-1」を取る基底として利用出来る．これを $\mathbf{e}_z$ と表し，原点を中心に三方に伸びる基底：

$$\mathbf{e}_z:=\mathbf{e_x}\times\mathbf{e_y},\ \ \mathbf{e_y}\times\mathbf{e_z}=\mathbf{e}_x,\ \ \mathbf{e_z}\times\mathbf{e_x}=\mathbf{e}_y$$

という三竦(さんすく)みの関係が設定出来る．この三本の基底により，縦横高さの三次元の構造が描写可能となる．以上の結果を，クロス積に戻して，最終的な定義：

$$\mathbf{a}\times\mathbf{b}:=|\mathbf{a}||\mathbf{b}|\sin\theta\mathbf{e}_z=(a_xb_y-a_yb_x)\mathbf{e}_z$$

が得られる——ここで，$\mathbf{a},\mathbf{b}$ は，$\{\mathbf{e}_x,\mathbf{e}_y\}$ で張られる平面内に存在するものとする．上記関係は，以下に示す基底間の直接的な計算により再確認出来る．

$$\begin{aligned}\mathbf{a}\times\mathbf{b} &= (a_x\mathbf{e}_x + a_y\mathbf{e}_y)\times(b_x\mathbf{e}_x + b_y\mathbf{e}_y)\\ &= a_xb_y\mathbf{e}_{\boldsymbol{x}}\times\mathbf{e}_{\boldsymbol{y}} + a_yb_x\mathbf{e}_{\boldsymbol{y}}\times\mathbf{e}_{\boldsymbol{x}} = (a_xb_y - a_yb_x)\mathbf{e}_z.\end{aligned}$$

以上の議論からも明らかなように，クロス積は平面内の計算が，その外側に飛び出している．しかも，これらが上手く機能するのは三次元空間に限定されており，ドット積のような普遍性は持っていない．

最後に，ここで開発した算法を用いて，「▲*345*」の面積 S を求めておく．先に求めた $\mathbf{a},\mathbf{b}$ を用いて，$\mathbb{E}$ 系では以下が求められる．

$$\frac{1}{2}\mathbf{a}\times\mathbf{b} = \frac{1}{2}(4\mathbf{e}_x)\times(3\mathbf{e}_y) = 6\mathbf{e}_z.$$

同様に，$\mathbb{E}'$ 系においては，変換された $\mathbf{a},\mathbf{b}$ を代入して

$$\frac{1}{2}\left[\frac{4}{5}(4\mathbf{e}'_x - 3\mathbf{e}'_y)\right]\times\left[\frac{3}{5}(3\mathbf{e}'_x + 4\mathbf{e}'_y)\right] = \frac{6}{25}(16+9)\mathbf{e}'_x\times\mathbf{e}'_y = 6\mathbf{e}'_z$$

となる．$|\mathbf{e}_z| = |\mathbf{e}'_z| = 1$ より，$S = 6$ となって両者は一致した．

7回裏：まとめ ………………………………………………

◇三角比から三角関数 ($x = r\cos\theta, y = r\sin\theta$)，そして極座標 (r,θ) へ．

◇三平方の定理と矢の演算．平行四辺形の対角線．

◇矢から数への対応．テンソルの直観的なイメージ (脚数を意識する)．

点：□	線分：[↑]	面積：[↑↑]	体積：[↑↑↑]
0-t　x	**1**-t　x_i	**2**-t　x_{ij}	**3**-t　x_{ijk}

◇関数の意味 (一対一対応) と表現 ($y = f(x)$, $x \mapsto y$, $\lambda x.x$)．

◇線型関数の条件：$f(\alpha x + \beta y) = \alpha f(x) + \beta f(y)$．

◇ドット積とクロス積 (矢における二種類の積)

ドット積：$\mathbf{a}\cdot\mathbf{b} := |\mathbf{a}||\mathbf{b}|\cos\theta = a_xb_x + a_yb_y$,

クロス積：$\mathbf{a}\times\mathbf{b} := |\mathbf{a}||\mathbf{b}|\sin\theta\mathbf{e}_z = (a_xb_y - a_yb_x)\mathbf{e}_z$

この種の関係式は，次項の計算処方を理解すれば，全て自力で導ける．

■記号操作から本質へ

定数にしろ変数にしろ，使える文字は僅かである．そこで，これを数で置き換える．例えば「$x \to 1,\ y \to 2,\ z \to 3$」とすると，一気に見晴らしが良くなる．更に「条件を充たせば 1 (又は -1)」「他は 0」という二定数を導入する．

$$\delta_{ij} = \begin{cases} 1 : \delta_{11},\ \delta_{22},\ \delta_{33} \text{ の時,} \\ 0 : \delta_{12},\ \delta_{13}, \ldots \text{ の時.} \end{cases} \qquad \varepsilon_{ijk} = \begin{cases} 1 : \varepsilon_{123},\ \varepsilon_{231},\ \varepsilon_{312} \text{ の時,} \\ -1 : \varepsilon_{132},\ \varepsilon_{321},\ \varepsilon_{213} \text{ の時,} \\ 0 : \varepsilon_{111},\ \varepsilon_{112}, \ldots \text{ の時.} \end{cases}$$

それぞれ「クロネッカーのデルタ (Kronecker)」「レビ・チビタの記号 (Levi Civita)」という [素電]．具体的に数値 $(1,2,3)$ を代入すれば容易に確かめられるように，これらの記号を用いることで，基底の関係は極めて簡潔に，以下のように表せる．

$$\mathbf{e}_i \cdot \mathbf{e}_j = \delta_{ij}, \quad \mathbf{e}_i \times \mathbf{e}_j = \varepsilon_{ijk}\mathbf{e}_k. \quad (\mathbf{e}_1 := \mathbf{e}_x,\ \mathbf{e}_2 := \mathbf{e}_y,\ \mathbf{e}_3 := \mathbf{e}_z)$$

左式においては，ドット積の規格化 (値 1) と直交性 (値 0) が一気に表現されている．右式では，クロス積の特徴である「積の順番によって正負が変わる性質」が表されている．また，「$\mathbf{r} = x_1\mathbf{e}_1 + x_2\mathbf{e}_2 + x_3\mathbf{e}_3$」の展開に関しては

$$\mathbf{e}_m \cdot \mathbf{r} = \mathbf{e}_m \cdot \sum_{n=1}^{3} x_n\mathbf{e}_n = \sum_{n=1}^{3} x_n(\mathbf{e}_m \cdot \mathbf{e}_n) = \sum_{n=1}^{3} x_n\delta_{mn} = x_m \text{ より,}$$

$$x_n = \mathbf{r} \cdot \mathbf{e}_n \text{ を得る．これを } \mathbf{r} \text{ に戻して，} \mathbf{r} = \sum_{n=1}^{n} (\mathbf{r} \cdot \mathbf{e}_n)\mathbf{e}_n$$

と書ける．ここで，アインシュタインの和の規約 (一つの項に同じ添字が二つある時は，可能な全ての和を取る) を採用して，総和記号を略すと $\mathbf{r} = (\mathbf{r} \cdot \mathbf{e}_n)\mathbf{e}_n$ と表せる――これは，計算の煩雑化を避ける為の規約であるが，単なる省略に留まらない本質的な意味を持っていることが，多くの計算を熟(こな)していく中に分かるだろう．実際，異なる基底の関係も，重複する n に，$1,2,3$ を代入して

$$\begin{aligned} \mathbf{r} &= (\mathbf{r} \cdot \mathbf{e}_n)\mathbf{e}_n = x_1\mathbf{e}_1 + x_2\mathbf{e}_2 + x_3\mathbf{e}_3 \\ &= (\mathbf{r} \cdot \mathbf{e}'_n)\mathbf{e}'_n = x'_1\mathbf{e}'_1 + x'_2\mathbf{e}'_2 + x'_3\mathbf{e}'_3 \end{aligned}$$

と形式的に書き下すことから容易に計算が出来る．なお，両定数の関係として

$$\varepsilon_{ijk}\varepsilon_{ilm} = \delta_{jl}\delta_{km} - \delta_{jm}\delta_{kl}, \quad \varepsilon_{ijk}\varepsilon_{ijm} = 2\delta_{km}, \quad \varepsilon_{ijk}\varepsilon_{ijk} = 6$$

がよく用いられる――左から順に，左辺の「i」が，「ij」が，「ijk」が重複．故に，和の規約の適用を避けたい場合には，添字を意識的に変える必要がある．

8回表　名から考える

本書では，一貫して「名」を避けてきた．名の弊害(へいがい)について考えてきた．このことを今一度，採り上げよう．例えば，我々の名は社会全体において如何なる意味を持つか．果たして名は私のものか，社会のものか．私が生涯に渡って，自分の名を書いた，あるいは名乗った回数と，他人が書いた，読んだ，あるいは社会の中で“識別(しきべつ)記号”として共有された回数のどちらが多いだろうか．

個人的には，後者が圧倒的だと感じている．名は個人から離れ，社会で独り歩きするものだと思う．従って，読み易く書き易く呼び易い方が，世に与える負担は少ない．同じ意味で，あるいはより強い意味で，専門用語もまた，誰彼(だれかれ)の区別無く，それが示す意味が明瞭であり，紛れがないことが望まれる．

しかし，必ずしも「名が体を表す」わけではない以上，その齟齬が問題になる．名の記憶とその理解は別物である．そのことを知る人も，事の重大性に自省する人も，極めて少ないのが現状である．これが名を避けてきた理由であるが，中身が理解されたなら，一般に通用している名を知っておく必要もある．

8.1 対「微分」前哨戦

そこで，ここまでに展開してきた議論において，敢えて伏せてきた名を掲げ，更に「下拵え」以降の発展的な学習の助走となるよう配慮する．

1 接線の傾きを求める

先ずは，微分である．曲線を「直線の集まり」と見做す．これは，滑らかな曲線を拡大すれば直線に見える，その直線を全体に渡って集めれば，元の曲線を再構成出来るだろうという意味である．問題は，その直線の傾きである．

元より傾きとは，直角三角形における「対辺÷底辺」，即ち $\tan$ に相当するものである．例えば，xy 平面上の二点 $(x_1, y_1), (x_2, y_2)$ を通る直線に対して

$$\frac{y\text{ の増加分}}{x\text{ の増加分}} = \frac{y_2 - y_1}{x_2 - x_1}$$

が傾きになる．また，曲線と一点で交わる直線を接線という．

その接線の傾き，即ち「直線：$ax+b$」における a を求めよう．対象とする曲線を，$y = f(x)$ と表す．先ず，「$y =$ 定数」「$y = kx$」は傾き 0, k を明示した直線なので，当然接する直線も同じ傾きを持つ．次に，放物線「$y = x^2$」と一点で交わる直線は，両者を連立した二次方程式の「判別式 D を 0 とおく」ことより決まる．即ち，「接する $\Rightarrow$ 一点で交わる $\Rightarrow$ 判別式」の連鎖から

$$\begin{bmatrix} y = x^2 \\ y = ax + b \end{bmatrix} \text{ より，} x^2 - ax - b = 0$$

を経て，$D = (-a)^2 - 4(-b) = 0$ より，$b = -a^2/4$ を得る．更に，直線が任意の点 (x_0, y_0) を通る時，$y_0 = x_0^2$ であるから，以下の縛りが生じる．

$$x_0^2 = ax_0 - \frac{a^2}{4} \text{ より，} \left(x_0 - \frac{1}{2}a\right)^2 = 0.$$

即ち，$a = 2x_0$ となる．従って，題意を充たす直線は以下のように定まる．

$$y = (2x_0)x - x_0^2.$$

ここで，x_0 は任意の点であるから，これを改めて x と表せば，曲線 x^2 の「接線の傾きは $2x$」ということになる．対応関係「$x^2 \to 2x$」の発見である．

2 微分とその記法

微分の初等的な印象は，「曲線の接線の傾きを，機械的に得られる仕組」というものである．従って，以上の計算は「微分により得られる結果」を先取りしたことになる．まとめると，x に関して微分する記号を $\mathcal{D}_x$ で表して

$$\mathcal{D}_x\text{定数} = 0, \quad \mathcal{D}_x kx = k, \quad \mathcal{D}_x x^2 = 2x$$

となる——微分を表す記号は他に色々ある (後述する)．

傾きの定義に戻って，より一般的な議論を行う．曲線 $y=f(x)$ における x と，$x+\Delta x$ における y の値を取り，先に定義した「傾きの式」に代入すると

$$\frac{f(x+\Delta x)-f(x)}{(x+\Delta x)-x}=\frac{f(x+\Delta x)-f(x)}{\Delta x}=\frac{\Delta y}{\Delta x}.$$

最右辺は，傾きが「x, y の増分の比である」ことを表現している．この関係が全ての基礎式となる．更に，上式が一定の値を持つ時，両辺に Δx を掛けて，右の形式により表すと「比例定数 a の役割」を増分の比が果たしていることが分かる．更に，分母・分子で共通する Δx は，他の量で置き換えられることも分かる．

自明な関係：$\Delta y=\dfrac{\Delta y}{\Delta x}\Delta x$

$\updownarrow \quad \updownarrow \quad \updownarrow$

一次関数：$y=\ a\ x$

さて，基礎式を用いて，再び $y=kx$ の傾きを調べると

$$\frac{f(x+\Delta x)-f(x)}{\Delta x}=\frac{k(x+\Delta x)-kx}{\Delta x}=k$$

と再確認出来る．同様にして，$y=x^2$ の傾きは，Δx を 0 に近づけることで

$$\frac{f(x+\Delta x)-f(x)}{\Delta x}=\frac{(x+\Delta x)^2-x^2}{\Delta x}=2x+\Delta x\approx 2x$$

となり，傾きも $2x$ に近づく．これは曲線と二点で交わる直線が，二点間の距離を縮めることで，遂に一点で交わる接線になることと同じである．

余話

ある値に“無限に近づける操作”を「極限を取る」と表現する．微分も積分も，この極限操作を経て“本物”になるのであるが，本書ではこれを避け，四則計算の延長として，その基礎を論じている．これは単なる議論の簡略化ではない．物理学においては，有限の微小量の関係を現象の本質として立式する．**無限の果てに消え去る前の，右往左往（うおうさおう）を把握することが重要なのである．**

続いて，$y=x^3$ について求めてみよう．結果は以下の通りである．

$$\frac{(x+\Delta x)^3-x^3}{\Delta x}=3x^2+(3x+\Delta x)\Delta x\approx 3x^2.$$

以上は，x の冪関数 $y_n=x^n$ にも，同様に適用出来て，次の系列：

$$\mathcal{D}_x x=1,\ \ \mathcal{D}_x x^2=2x,\ \ \mathcal{D}_x x^3=3x^2,\ \ \mathcal{D}_x x^4=4x^3,\ldots$$

を得る．ここで新しい記号を導入して，上記を，以下のように表す．

$$\frac{\mathrm{d}y_1}{\mathrm{d}x} = 1, \quad \frac{\mathrm{d}y_2}{\mathrm{d}x} = 2x, \quad \frac{\mathrm{d}y_3}{\mathrm{d}x} = 3x^2, \quad \frac{\mathrm{d}y_4}{\mathrm{d}x} = 4x^3, \ldots$$

これは，先の「傾きの式」を意識した形式であるが，下に示すように，y を経由せず直接 x の冪を書いてもよい．表記は問題に応じて自由に選べる．

$$\mathcal{D}_x x^3, \quad \frac{\mathrm{d}}{\mathrm{d}x}x^3, \quad \frac{\mathrm{d}x^3}{\mathrm{d}x}.$$

なお，左側に位置する記号は「微分をする主体」，即ち (微分) 演算子であり，その右側に「微分をされる要素」である関数が収まる．一般に，「する側」は量との識別の意味から，記号の書体に $\mathcal{D}$, d を用いるなど一工夫する．

3 微分の計算規則

以上の計算を繰り返し行った結果，次の関係を得る．

$$\mathcal{D}_x x^n = nx^{n-1}. \qquad n \swarrow \boxed{n} \rightarrow (n-1)$$

即ち，冪関数の微分とは，形式的には「n を降ろし，指数部から 1 を引く操作」である．続けて微分をする場合には，冪の形式を転用して次のように表す．

$$\mathcal{D}_x^2\, x^3 := \mathcal{D}_x(\mathcal{D}_x x^3) = \mathcal{D}_x(3x^2) = 6x,$$
$$\frac{\mathrm{d}^2}{\mathrm{d}x^2}x^3 := \frac{\mathrm{d}}{\mathrm{d}x}\left(\frac{\mathrm{d}}{\mathrm{d}x}x^3\right) = \frac{\mathrm{d}}{\mathrm{d}x}(3x^2) = 6x.$$

同様に，円の面積 A とその周 L，球の体積 V と球面 S には，冪の微分：

$$\mathcal{D}_r A = L \ \Rightarrow\ \mathcal{D}_r(\pi r^2) = 2\pi r \quad \Big| \quad \mathcal{D}_r V = S \ \Rightarrow\ \mathcal{D}_r\left(\frac{4\pi}{3}r^3\right) = 4\pi r^2$$

という関係にあることが分かる――逆向き (右辺から左辺へ) の操作は積分．

1 次に，一般に成立する関係を紹介する．関数の和・差の微分は，「個別に微分したものの和・差」となる．ここで，$J(x) := f(x) \pm g(x)$ を定義すると

$$\begin{aligned}\Delta J &= [f(x+\Delta x) \pm g(x+\Delta x)] - [f(x) \pm g(x)] \\ &= [f(x+\Delta x) - f(x)] \pm [g(x+\Delta x) - g(x)] = \Delta f \pm \Delta g\end{aligned}$$

となる．全体を Δx で割って所望の関係を得る．例えば，以下が成立する．

$$\mathcal{D}_x(x^2+x^3)=\mathcal{D}_x x^2+\mathcal{D}_x x^3=2x+3x^2.$$

以降，無限個の和の場合も同様の性質 (個別に項を微分出来る) を仮定する．

2 同様に二つの関数の積：$J:=f\cdot g$ に関しても

$$\begin{aligned}\Delta J&=f(x+\Delta x)\cdot g(x+\Delta x)-f(x)g(x)=(f+\Delta f)\cdot(g+\Delta g)-fg\\&=f\Delta g+g\Delta f+\underline{\Delta f\Delta g}\approx f\Delta g+g\Delta f\end{aligned}$$

を得る——二つの微小量の積 $\Delta f\Delta g$ を消去した．具体的には

$$\begin{aligned}\mathcal{D}_x[(x^2+x^3)x^4]&=[\mathcal{D}_x(x^2+x^3)]x^4+(x^2+x^3)[\mathcal{D}_x x^4]\\&=(2x+3x^2)x^4+(x^2+x^3)4x^3\\&=2x^5+3x^6+4x^5+4x^6=6x^5+7x^6\end{aligned}$$

となる——当然，上は与式を展開した x^6+x^7 の微分に等しい．

3 最後に，$J:=f(g(x))$ という形式 (ただし，$g(x)\neq 0$) の場合には

$$\Delta J=\frac{\Delta f}{\Delta g}\Delta g \text{ より，}\quad \frac{\Delta J}{\Delta x}=\frac{\Delta f}{\Delta g}\frac{\Delta g}{\Delta x}$$

となる．例えば，$g(x)=x^2+x^3$, $f(g)=g^2$ とすると

$$\begin{bmatrix}\dfrac{\mathrm{d}f}{\mathrm{d}g}=2g\\[2mm]\dfrac{\mathrm{d}g}{\mathrm{d}x}=2x+3x^2\end{bmatrix} \text{ より } \left\{\begin{aligned}\frac{\mathrm{d}f}{\mathrm{d}x}&=\frac{\mathrm{d}f}{\mathrm{d}g}\frac{\mathrm{d}g}{\mathrm{d}x}\\&=2(x^2+x^3)(2x+3x^2)\\&=4x^3+10x^4+6x^5\end{aligned}\right.$$

となる——確かに，上は直接 $x^4+2x^5+x^6$ を微分したものに等しくなっている．

以上は証明ではなく，諸関係に対する一つの “納得” と表現するのが適切であろう．最後に，これらの関係を，微分の形式によりまとめておく．

$$\frac{\mathrm{d}}{\mathrm{d}x}(f\pm g)=\frac{\mathrm{d}f}{\mathrm{d}x}\pm\frac{\mathrm{d}g}{\mathrm{d}x},\quad \frac{\mathrm{d}}{\mathrm{d}x}(fg)=\frac{\mathrm{d}f}{\mathrm{d}x}g+f\frac{\mathrm{d}g}{\mathrm{d}x},\quad \frac{\mathrm{d}}{\mathrm{d}x}f(g(x))=\frac{\mathrm{d}f}{\mathrm{d}g}\frac{\mathrm{d}g}{\mathrm{d}x}.$$

同じ内容を示す記号でも，様々に使い分けられている理由が，一連の表記の中から読み取れる．記号には各々に長所も短所もあり，絶対的なものはない．もし，そこに不便を感じたなら，誰もが自由に創作してよい．

4 解としての関数

数学において，「加」に対する「減」，「乗」に対する「除」など，逆の計算は極めて重要である．こうした相互関係があってこそ，様々な発展がある．微分を曲線の接線と見做したのと同様に，積分の初等的な印象は，「面積・体積を，機械的に得る仕組」というものであるが，ここでは微分の逆としての面のみを強調する――この意味での積分は，俗に“逆微分”などと呼ばれている．

1 冪関数に関しては，極めて簡単である．例えば，微分して x になる関数は，先の計算規則から，一つ上の冪，即ち x^2 を主要素とするものであろう．ところが，x^2 を微分すると，余分な係数 2 が出る．そこで，それを事前処理して

$$\mathcal{D}_x \frac{1}{2}x^2 = x$$

とすればよい．即ち，x の積分は $x^2/2$ である．ところで，定数の微分は 0 なので，0 を積分すると不定の定数が湧き出てくる．これを C と書いて

$$\mathcal{D}_x \left(\frac{1}{2}x^2 + C\right) = \mathcal{D}_x\, \frac{1}{2}x^2 + \mathcal{D}_x\, C = x + 0 = x$$

となる．C は任意なので，これを 0 として先の結果を逆微分としての“積分”と見ることも出来るが，物理学では，この定数 (数学では積分定数という) が個別の問題の状況を記述する為の条件として必須のものになる．

その意味で，この定数を**初期条件** (時間に関する条件)，又は**境界条件** (位置に関する条件) という．微分を含む“一般的な形式”で与えられた物理法則が，これらの条件を加味することで様々な問題の“具体的な解”となる．

2 物理屋は解かず，予想する．それを当て嵌(は)めて様子を見る．先に求めた冪関数の微分の結果から，積分を求めよう．その解を αx^β と予想する．この関数を微分して，それが x^n になれば，それが求める関数である．そこで

$$\mathcal{D}_x\, \alpha x^\beta = \alpha\beta x^{\beta-1} = x^n$$

より，これを充たす $\beta = n+1$, $\alpha = 1/(n+1)$ を選べばよい．従って

$$x^n \text{の積分は}\quad \frac{1}{n+1}x^{n+1} + C.$$

これが求める関係である．また，微分と積分，積分と微分を連続して行うと

$$x^N \xrightarrow{\text{微分}} Nx^{N-1} \xrightarrow{\text{積分}} N\frac{x^{(N-1)+1}}{(N-1)+1} = x^N, \qquad 2 \xrightarrow{\div 3} \frac{2}{3} \xrightarrow{\times 3} 2,$$
$$x^N \xrightarrow{\text{積分}} \frac{x^{N+1}}{N+1} \xrightarrow{\text{微分}} \frac{(N+1)x^{(N+1)-1}}{N+1} = x^N, \qquad 2 \xrightarrow{\times 3} 6 \xrightarrow{\div 3} 2$$

となり元に戻る——議論を簡明にする為に，積分定数を省略した．これは「互いに逆の関係にあること」を示している．微分は割り算，積分は掛け算に譬えられる．従って，これらは上右に示す乗除の微積分版ということになる．

8.2 物理法則と微分方程式

さて，これまでに議論した結果を，微分を含む形式に書き直しておこう．力学の場合，時間に関する変化が主となるので，時刻 t の関数を扱うことになる．

1 運動方程式の再構成

初めに，速度の定義と共に，新しい微分記号の紹介もしておく．速度 v とは時刻 t の関数である位置：$x(t)$ を t で微分したものである．特に，時間に関する微分は，記号の頭部にドットを乗せることで示す場合がある．

$$v(t) := \dot{x} \quad \left(= \mathcal{D}_t x = \frac{\mathrm{d}x}{\mathrm{d}t}\right).$$

括弧内を含め様々な表記がある．読み替えが出来ることが好ましい．また，左辺の $v(t)$ のように変数を明示する場合も，右辺のようにしない場合もある．

同様にして，加速度は $v(t)$ を t で微分したものであり

$$\left[a(t) := \dot{v} \;\middle|\; a(t) = \ddot{x}\right]$$

などと表す．$x(t)$ から見れば微分を二回したことになる．この時，x の一階微分（1st order）が v であり，二階微分（2nd order）が a になるという (order の訳語として階を用いる)．

運動量 $p = m\dot{x}$ の時間微分が，力 F になる——“$\boxed{F}$ で加速” は正しい．即ち，$\dot{p} = F$ である．これは運動方程式の一つの表現である．更に

$$\dot{p} = m\ddot{x} = ma$$

などもある．何を議論の中心に据えるかで表記も変わるわけである．

ここで $F=0$ の時，$\dot{p}=0$ になり，これは「$p=$ 定数」となること，即ち「運動量の保存法則」を示している．半径 r の円運動の場合，円周上での距離 $\ell=r\theta$ を時間で微分したものが，円周方向の速度 v_θ になる．一方，角速度 ω は，角 θ の時間微分であるから，$\omega=\dot{\theta}$．従って，以下を得る．

$$v_\theta=\dot{\ell}=r\dot{\theta}=r\omega.$$

自由落下の運動方程式は，$\dot{p}=-mg$，又は質量を陽（あらわ）に出して

$$m\dot{v}=-mg$$

である．後者の表現を用いれば，両辺から m を消去することが出来て，$\dot{v}=-g$ となる．この段階で，**落体の問題に質量が関係しないことが明白になる**．一般に「運動方程式を解く」とは，式を積分するということである．即ち

$$\dot{v}=-g \xrightarrow{\text{積分}} v(t)=-gt+\text{定数}$$

である．$t=0$ での速度，即ち $v(0)$ を v_0 と表すと，「定数 $=v_0$」となり

$$\dot{x}=-gt+v_0 \xrightarrow{\text{積分}} x(t)=-\frac{1}{2}gt^2+v_0t+\text{定数}$$

となる—— $v=\dot{x}$ を用いた．$x(0)=x_0$ と置くと，「定数 $=x_0$」と定まり

$$x(t)=-\frac{1}{2}gt^2+v_0t+x_0$$

を得る．位置と速度の初期条件 x_0, v_0 を与えると，運動が一つに決まる．解を微分すると，定数である初期条件の縛りが消える．即ち，**運動方程式は，あらゆる初期条件に対して，普遍的に成り立つ関係を提示していることになる．**

2 不死身の関数

冪関数の微分は，次数が一つ下がり，全く性質の異なる関数：

n	0	1	2	3	4	5	$\cdots$
$f_n=x^n$	1	x	x^2	x^3	x^4	x^5	$\cdots$
$\mathcal{D}_x f_n$	0	1	$2x$	$3x^2$	$4x^3$	$5x^4$	$\cdots$

になった．そこで，微分しても「形が変わらない関数」に興味が湧く．

1 冪関数を素材として扱う．係数に注目し，自然数の階乗：

$$n! := 1\times2\times3\times4\times\cdots\times(n-1)\times n, \quad 特に，0! := 1$$

を用いて変形する．具体的には，$1! = 1$，$2! = 2$，$3! = 6$ である．

例えば，x^3 を $3!$ で割ったもの，即ち $x^3/3!$ を微分すると

$$\mathcal{D}_x\left(\frac{1}{1\times2\times3}x^3\right) = \frac{1}{1\times2\times3}\times3x^2 = \frac{1}{2!}x^2$$

となり，微分した結果が，一つ前の項に (係数を含め) 一致する．一般化して

$$\mathcal{D}_x\left(\frac{1}{n!}x^n\right) = \frac{1}{n!}\times nx^{n-1} = \frac{1}{(n-1)!}x^{n-1}$$

を得る．これは確かに上手く行く．結果を表にまとめると

n	0	1	2	3	4	5	$\cdots$
$g_n = x^n/n!$	$x^0/0!$	$x^1/1!$	$x^2/2!$	$x^3/3!$	$x^4/4!$	$x^5/5!$	$\cdots$
$\mathcal{D}_x g_n$	0	$x^0/1!$	$x^1/1!$	$x^2/2!$	$x^3/3!$	$x^4/4!$	$\cdots$

となる．上下の段を比べると明らかに，結果は一項目ズレている．そこで

$$\mathrm{e}^x := \frac{x^0}{0!} + \frac{x^1}{1!} + \frac{x^2}{2!} + \frac{x^3}{3!} + \frac{x^4}{4!} + \frac{x^5}{5!} + \cdots$$

を定義する．ここで無限項の加算が意味を持ち，全体の微分は「各項を項別に微分したものと一致する」と仮定すると，項のズレは無限の中に吸収されて

$$\mathcal{D}_x \mathrm{e}^x = \mathrm{e}^x$$

が成り立つ．これを (e を底とする) 指数関数と呼ぶ．この結果から，指数関数は何回微分しても，変わらないことが分かる——積分に関しても同様である．指数関数は，何度微分しても滅しない，“不死身の関数” なのである．

特に $x = 1$ の場合，$\mathrm{e}^1 = \mathrm{e}$ となる．その大きさは以下の通りである．

$$\mathrm{e} = 1 + 1 + \frac{1}{2!} + \frac{1}{3!} + \frac{1}{4!} + \frac{1}{5!} + \cdots \approx 2.71828\cdots$$

無限項の加算の結果，それは有限の値に収まる．e は**ネイピア数**と呼ばれる無理数である．無限個に有限個を足しても引いても，無限は無限のままである．自然数が無限に存在すると共に，その一部である奇数も偶数も同様に無限に存在する．奇妙なことも起こるが，有限の延長として理解出来る部分もある．

2 さて，定数 k を用いて，x を kx に代える と

$$\mathrm{e}^{kx} = \frac{(kx)^0}{0!} + \frac{(kx)^1}{1!} + \frac{(kx)^2}{2!} + \frac{(kx)^3}{3!} + \frac{(kx)^4}{4!} + \cdots$$

となるが，これを微分すると，k が一つ前に出る．例えば

$$\mathcal{D}_x \frac{(kx)^3}{3!} = k^3 \mathcal{D}_x \frac{x^3}{3!} = k^3 \frac{x^2}{2!} = k \frac{(kx)^2}{2!}$$

であるが，全ての項で同様の計算が成り立ち，全体では $\mathcal{D}_x \mathrm{e}^{kx} = k\mathrm{e}^{kx}$ となる．指数関数は，x の冪の和として構成されているので，x は単なる数であり，次元を持つことは出来ないが，k を導入したことにより，x に次元を与えることが出来る．例えば，$[x]_\$ = \mathrm{m}$ の場合には，$[k]_\$ = 1/\mathrm{m}$ とすればよい．

逆微分としての積分の立場からは，指数関数 e^{kx} の積分は，k の操作のみで

$$\mathcal{D}_x \left(\frac{1}{k} \mathrm{e}^{kx} \right) = \frac{1}{k} \mathcal{D}_x \mathrm{e}^{kx} = \frac{1}{k} k\mathrm{e}^{kx} = \mathrm{e}^{kx}$$

$\longleftarrow$ 積分 | 微分 $\longrightarrow$

と扱うことが出来，e^{kx} の積分は e^{kx}/k と求められる．要するに，指数関数の微分積分は，「単なる k の乗除に置き換えられる」わけである．

3 次に，$k = \mathrm{i}$ とする．i は虚数単位であり，その冪は四回で循環する．即ち，以下のようになる．

$$\mathrm{i}^0 = 1, \quad \mathrm{i}^1 = \mathrm{i}, \quad \mathrm{i}^2 = -1, \quad \mathrm{i}^3 = -\mathrm{i}, \quad \mathrm{i}^4 = 1.$$

i^1

i^2 i^0

i^3

これは複素平面での一回転に相当する―― i の掛け算は，$90°$ の回転を引き起こす (上図)．指数関数に代入して，i を含む項と含まない項に整理すると

$$\begin{aligned}
\mathrm{e}^{\mathrm{i}x} &= \frac{(\mathrm{i}x)^0}{0!} + \frac{(\mathrm{i}x)^1}{1!} + \frac{(\mathrm{i}x)^2}{2!} + \frac{(\mathrm{i}x)^3}{3!} + \frac{(\mathrm{i}x)^4}{4!} + \frac{(\mathrm{i}x)^5}{5!} + \cdots \\
&= 1 + \mathrm{i}x - \frac{x^2}{2!} - \mathrm{i}\frac{x^3}{3!} + \frac{x^4}{4!} + \mathrm{i}\frac{x^5}{5!} + \cdots \\
&= \left(1 - \frac{x^2}{2!} + \frac{x^4}{4!} - \cdots\right) + \mathrm{i}\left(x - \frac{x^3}{3!} + \frac{x^5}{5!} - \cdots\right) = C(x) + \mathrm{i}S(x)
\end{aligned}$$

となる．即ち，これは実数 x を入力すると，複素数を返す関数である．先に述べた奇数・偶数の話と同様に，共に実数を返す関数：$C(x)$ と $S(x)$ も，指数関数から分離されたものでありながら，共に無限の項を持っている．

ここで試みに，両関数の微分を求めると

$$\mathcal{D}_x S(x) = \mathcal{D}_x\left(x - \frac{x^3}{3!} + \frac{x^5}{5!} - \cdots\right) = 1 - \frac{x^2}{2!} + \frac{x^4}{4!} - \cdots,$$

$$\mathcal{D}_x C(x) = \mathcal{D}_x\left(1 - \frac{x^2}{2!} + \frac{x^4}{4!} - \cdots\right) = -x + \frac{x^3}{3!} - \frac{x^5}{5!} + \cdots$$

となる．これは，以下が成立していることを示唆している．

$$\mathcal{D}_x S(x) = C(x), \quad \mathcal{D}_x C(x) = -S(x)$$

数値を代入して，これらのグラフを描いてみると，そこには三角関数の振舞いが見えてくる．実際，これらは，正弦・余弦関数そのものである．即ち

$$S(x) = \sin x, \quad C(x) = \cos x$$

である．グラフは，正弦関数の最初の 1/4 を描けば，残りはその転写になる．

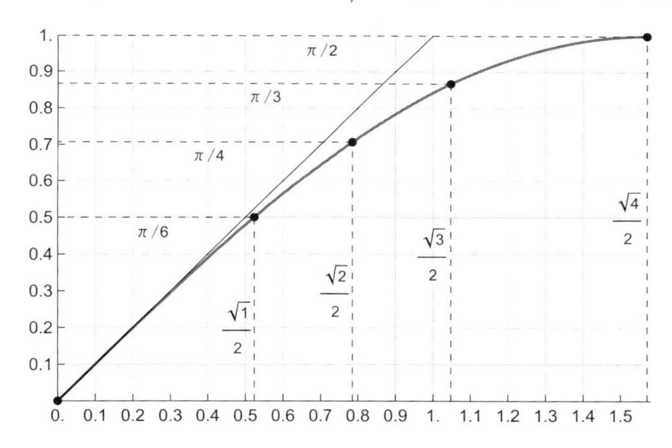

従って，i を背負（せお）った指数関数は，以下の形式で書くことが出来る．

$$e^{ix} = \cos x + i \sin x.$$

これをオイラーの公式という．特に，$x = \pi$ の時，$e^{i\pi} = -1$ である．なお

$$e^{ix} \cdot e^{-ix} = (\cos x + i \sin x)(\cos x - i \sin x) = \cos^2 x + \sin^2 x = 1$$

より，絶対値 $|e^{ix}|$ は 1 である．また，i の掛け算が 90 度の回転を引き起こすのと同じ意味で，e^{ix} の掛け算は，複素平面上の対象を角 x だけ回転させる．

4 我々は，既に $\sin x,\ \cos x$ の冪による展開：

$$\sin x = x - \frac{x^3}{3!} + \frac{x^5}{5!} \cdots, \quad \cos x = 1 - \frac{x^2}{2!} + \frac{x^4}{4!} \cdots$$

を知っている．正に一目瞭然，この表現から「二次以上は省略可能と判断出来る x の小さい範囲」では，$\sin x \approx x$，$\cos x \approx 1$ と近似出来ること，また

$$\frac{\sin x}{x} = 1 - \frac{x^2}{3!} + \frac{x^4}{5!} \cdots \approx 1$$

が成り立つことが，労せずして分かる——これは，グラフの原点附近の様子を表している．更に，関数の偶奇性に関しては，$\sin x$ が奇数冪：$x, x^3, x^5, \ldots$ のみ，$\cos x$ が偶数冪：$1, x^2, x^4, \ldots$ のみで構成されている為に

$$\sin(-x) = -\sin x, \quad \cos(-x) = \cos x$$

であることが直ちに分かる．三角関数の雑多な公式，その大半は加法定理から得られるが，その定理は指数法則を元に容易に導かれる．実際

$$\begin{aligned} &\mathrm{e}^{\mathrm{i}(\alpha+\beta)} = \cos(\alpha+\beta) + \mathrm{i}\sin(\alpha+\beta) \\ &\quad\| \\ &\mathrm{e}^{\mathrm{i}\alpha}\cdot \mathrm{e}^{\mathrm{i}\beta} = (\cos\alpha + \mathrm{i}\sin\alpha)(\cos\beta + \mathrm{i}\sin\beta) \\ &\qquad\quad = (\cos\alpha\cos\beta - \sin\alpha\sin\beta) + \mathrm{i}\,(\sin\alpha\cos\beta + \cos\alpha\sin\beta) \end{aligned}$$

より，各々の実部，虚部を等値して，所望の定理：

$$\begin{aligned} \cos(\alpha+\beta) &= \cos\alpha\cos\beta - \sin\alpha\sin\beta, \\ \sin(\alpha+\beta) &= \sin\alpha\cos\beta + \cos\alpha\sin\beta \end{aligned}$$

を得る．ここで，$\alpha = \beta$ とすれば，倍角の関係を得るが

$$\begin{aligned} &\mathrm{e}^{\mathrm{i}\,2\alpha} = \cos 2\alpha + \mathrm{i}\sin 2\alpha \\ &\quad\| \\ &(\mathrm{e}^{\mathrm{i}\alpha})^2 = (\cos\alpha + \mathrm{i}\sin\alpha)^2 = (\cos^2\alpha - \sin^2\alpha) + \mathrm{i}\,(2\sin\alpha\cos\alpha) \end{aligned}$$

としてもよい．何れも指数法則と「複素数の同等性」が計算の鍵を握っている．

$$\begin{array}{ccc} \mathrm{e}^{\mathrm{i}(\alpha+\beta)} & \mathrm{e}^{\mathrm{i}\,\alpha\beta} & z\ = a + \mathrm{i}\,b \\ \| & \| & \| \quad \updownarrow \quad\ \updownarrow \\ \mathrm{e}^{\mathrm{i}\alpha}\cdot \mathrm{e}^{\mathrm{i}\beta} & (\mathrm{e}^{\mathrm{i}\alpha})^{\beta} & z' = a' + \mathrm{i}\,b' \end{array}$$

複素数の深淵(しんえん)を覗(のぞ)く遥か前に，その有用性に驚嘆(きょうたん)せざるを得ない．そして，便利から「何故便利か？」に歩を進めることが，本質的理解への第一過程になる．

8.3 理想の振子

文字選定は重要である．僅か一文字にさえ陰に陽に様々な“印象”が附与される．過去の歴史を背負っている．従って，ある特定の文字を使った瞬間に，それが主戦場としている分野の影響下に置かれる．最も無難(ぶなん)な選択が，文字の並びの両端，定数としての a, b, c であり，変数としての x, y, z なのである．

1 三角関数の微分

変数 x を，θ に換えただけで角の印象が強くなる．周期性の匂(にお)いが漂(ただよ)う．$r\mathrm{e}^{\mathrm{i}\theta}$ には，冪関数であると共に，複素平面上で「基準線から角 θ，距離 r にある点」を表す幾何学的な“意味”が附与され，極座標 (r, θ) と関連附けられる．更に，角速度 ω を導入し，$\theta = \omega t$ とすると，角 θ が時刻 t で進展していく様子が描かれる．それは一定の割合で進む時計の針のように見える．実際，関数：

$$\text{短針}: 0.5 \exp\left[\frac{-\mathrm{i}\,2\pi t}{12\times 60^2}\right], \quad \text{長針}: \exp\left[\frac{-\mathrm{i}\,2\pi t}{60^2}\right], \quad \text{秒針}: 0.9 \exp\left[\frac{-\mathrm{i}\,2\pi t}{60}\right]$$

は時計の模型である――負号は“時計回り”にする為に必要である．なお．記号：exp は“指数部が重い場合”に用いる e の代用，即ち $\exp[x] := \mathrm{e}^x$ である．従って，時間的な変化を追跡する物理学において，以下の形式の指数関数：

$$\boxed{\mathrm{e}^{\mathrm{i}\omega t} = \cos\omega t + \mathrm{i}\sin\omega t}$$

が極めて重要な役目を果たすことは必然である．

これを $z(t)$ とおくと，$|z| = 1$ であり，以下の関係：

$$\dot{z} = \mathrm{i}\,\omega \mathrm{e}^{\mathrm{i}\omega t} = \mathrm{i}\,\omega z, \quad \ddot{z} = (\mathrm{i}\,\omega)^2 \mathrm{e}^{\mathrm{i}\omega t} = -\omega^2 z.$$

を得る．右式は，z が方程式「$\ddot{z} + \omega^2 z = 0$」の解であり，「半径 1 の円を反時計回りに，速度 $|\dot{z}| = \omega$ で描く」ことを再確認させる．また，z の微分は

$$\begin{array}{ccccc} \mathcal{D}_t z &=& \mathcal{D}_t \cos\omega t &+& \mathrm{i}\,\mathcal{D}_t \sin\omega t \\ \| && \updownarrow && \updownarrow \\ \mathrm{i}\,\omega z &=& -\omega\sin\omega t &+& \mathrm{i}\,\omega\cos\omega t \end{array}$$

となり，ここから三角関数の一階，二階微分が導かれる．

$$\begin{cases} \mathcal{D}_t \sin\omega t = \ \ \omega\cos\omega t, \\ \mathcal{D}_t \cos\omega t = -\omega\sin\omega t, \end{cases} \qquad \begin{cases} \mathcal{D}_t^2 \sin\omega t = -\omega^2 \sin\omega t, \\ \mathcal{D}_t^2 \cos\omega t = -\omega^2 \cos\omega t. \end{cases}$$

2 解が充たす方程式：調和振動子

我々は答を知っている．方程式を充たす基本的な関数を知っている．であればこそ，安心して技法の習得に励(はげ)むことが出来る．ここでは，複素数と指数関数の特徴を存分に活かして上の問題を再検討し，新しい技法の紹介をする．

1 先ず，$\ddot{z}+\omega^2 z=(\mathcal{D}_t^2+\omega^2)z=0$ と変形し，括弧内を“因数分解”すると

$$\mathcal{F}z=0.\ \text{ただし，}\ \mathcal{F}:=\omega^2+\mathcal{D}_t^2=(\omega+\mathrm{i}\mathcal{D}_t)(\omega-\mathrm{i}\mathcal{D}_t)$$

となる．この時，分割された各々の式から，複素定数 C, C^* を含む解：

$$(\omega+\mathrm{i}\mathcal{D}_t)q_+=0,\ q_+:=C\mathrm{e}^{\mathrm{i}\omega t}\ \ \Big|\ \ (\omega-\mathrm{i}\mathcal{D}_t)q_-=0,\ q_-:=q_+^*=C^*\mathrm{e}^{-\mathrm{i}\omega t}$$

を得る．共役な上記二関数の和：$q(t):=q_++q_-=C\mathrm{e}^{\mathrm{i}\omega t}+C^*\mathrm{e}^{-\mathrm{i}\omega t}$ は実数となり，線型結合であることから，確かに $\mathcal{F}q=0$ となる．

初期条件は「位置と速度」を選ぶ場合もあれば，「位置と運動量」の場合もある．前者は直観的であり，後者は理論的である．質量の大小が比較される時は，分離した表記 mv が便利である．逆に，それを隠したい時には，単に p とする．ここでは続く議論の為に，「q と $p\ (=m\dot{q})$」を組とする．更に，両者の次元を揃える為に，定数 $Z:=m\omega$ を導入する．その次元は $[Z]_\mathrm{D}=[p]_\mathrm{D}/[q]_\mathrm{D}=(\mathsf{ML/T})/\mathsf{L}=\mathsf{M/T}$ であり，Zq は p と同次元になる．

2 以上の設定の下，位置と運動量を書き換え，列挙すると

$$Zq=Z(C\mathrm{e}^{\mathrm{i}\omega t}+C^*\mathrm{e}^{-\mathrm{i}\omega t})\ \ \Big|\ \ -\mathrm{i}p=Z(C\mathrm{e}^{\mathrm{i}\omega t}-C^*\mathrm{e}^{-\mathrm{i}\omega t})$$

となる．更に，これらを組合せて以下を定義する．

$$A(t):=Zq(t)-\mathrm{i}p(t)=2ZC\mathrm{e}^{\mathrm{i}\omega t}\ \ \Big|\ \ A(t)^*:=Zq(t)+\mathrm{i}p(t)=2ZC^*\mathrm{e}^{-\mathrm{i}\omega t}.$$

初期条件，即ち時刻 0 での値を，q_0, p_0 で表すと

$$2ZC=A(0)=Zq_0-\mathrm{i}p_0\ \ \Big|\ \ 2ZC^*=A(0)^*=Zq_0+\mathrm{i}p_0$$

となるので，以上を代入して $A(t), A(t)^*$ は，以下のように定まる．

$$\begin{aligned}A(t)\ &:=Zq(t)-\mathrm{i}p(t)=(Zq_0-\mathrm{i}p_0)\mathrm{e}^{\mathrm{i}\omega t},\\A(t)^*&:=Zq(t)+\mathrm{i}p(t)=(Zq_0+\mathrm{i}p_0)\mathrm{e}^{-\mathrm{i}\omega t}.\end{aligned}$$

両関数は各々 $\dot{A} = \mathrm{i}\,\omega A,\ \dot{A}^* = -\mathrm{i}\,\omega A^*$ を充たし，積は初期値のみで書かれ

$$
\begin{aligned}
AA^* &= (Zq(t) - \mathrm{i}p(t))(Zq(t) + \mathrm{i}p(t)) = Z^2 q(t)^2 + p(t)^2 \\
&= (Zq_0 - \mathrm{i}p_0)(Zq_0 + \mathrm{i}p_0)\mathrm{e}^{\mathrm{i}\omega t}\mathrm{e}^{-\mathrm{i}\omega t} = Z^2 q_0^2 + p_0^2.
\end{aligned}
$$

となる．$2m$ で除し，定数を戻した $E = AA^*/2m$ は，次の性質を持つ．

$$
\boxed{
\begin{array}{ccccc}
(t\text{ を含む})\ E & \overset{\text{力学的全エネルギー}}{=\!=\!=\!=\!=\!=\!=\!=} & & E_0\ (\text{初期値}) & \\
& \| & & \| & \\
\dfrac{p^2}{2m} =: & V & \sim\text{運動エネルギー}\sim & V_0 := & \dfrac{p_0^2}{2m} \\
& + & & + & \\
\dfrac{Z^2 q^2}{2m} =: & U & \sim\text{位置エネルギー}\sim & U_0 := & \dfrac{Z^2 q_0^2}{2m}
\end{array}
}
$$

これは (力学的) **エネルギーの保存則**である．重要なことは，$V(t), U(t)$ は各々が独立に変化するが，和 : $E(t) = V(t) + U(t)$ は全時刻で一定値 $E_0 = V_0 + U_0$ を取ることである——上記最上段の “長い等号” により，これを表した．

3 結果から翻(ひるがえ)って，A, A^* は，E を因数分解したものであり，各々が複素平面上の半径 $\sqrt{2mE_0}$ の円周上を等速で，互いに逆方向に回転し，両者の組が実軸上の往復運動を表現していることが分かった．更に，エネルギーの式を

$$
\frac{q^2}{2mE_0/Z^2} + \frac{p^2}{2mE_0} = 1, \qquad \left(\text{参考} : \frac{x^2}{a^2} + \frac{y^2}{b^2} = 1\right)
$$

と書き直すと，これは「qp 平面 (相空間(そうくうかん))」上の楕円になる—— E_0 の値に応じて同心楕円が描かれる．また，この楕円の面積は，以下のように定まる．

$$
\pi \times \sqrt{2mE_0/Z^2} \times \sqrt{2mE_0} = \frac{2\pi m E_0}{Z} = \frac{E_0}{\omega/2\pi}, \quad (\text{参考} : \pi ab).
$$

これも注目すべき定数である．最後に，C, C^* を戻して，$Zq(t)$ と $p(t)$ は

$$
\begin{aligned}
Zq(t) &= \frac{(Zq_0 - \mathrm{i}p_0)\mathrm{e}^{\mathrm{i}\omega t}}{2} + \frac{(Zq_0 + \mathrm{i}p_0)\mathrm{e}^{-\mathrm{i}\omega t}}{2} \\
&= \frac{Zq_0(\mathrm{e}^{\mathrm{i}\omega t} + \mathrm{e}^{-\mathrm{i}\omega t})}{2} + \frac{\mathrm{i}p_0(-\mathrm{e}^{\mathrm{i}\omega t} + \mathrm{e}^{-\mathrm{i}\omega t})}{2} = Zq_0 \cos\omega t + p_0 \sin\omega t, \\
p(t) &= -Zq_0 \sin\omega t + p_0 \cos\omega t
\end{aligned}
$$

となる．ここで，定数 $Z\ (= m\omega)$ は**機械的インピーダンス**と呼ばれ，振幅と運動量の比を表す，初期値に依存しない系固有のものである．

4 以上の結果は調和振動子，即ち運動方程式：$F\ (=\dot{p}=m\ddot{q})=-\omega Zq$ から導かれた——**単振子**とも呼ぶが，これは“単純振子”の意である．何が調和で，何が単純か．あるいは何が理想なのか．全ては，方程式とその解の関係が簡潔で，しかも応用範囲が広いところにある．これは，物理学の様々な分野で活用される最頻出(さいひんしゅつ)のモデルである．化学反応も生命現象も，振動に繋がっている．音も光も熱も，その根元を辿(たど)れば，調和振動子に行き着くのである．

ここでは，関数：$\mathrm{e}^{\mathrm{i}\omega t}$ から始めて，これを解とする方程式を立て，初期値を代入して考察を進めた．これは，数学的な一般論として見れば“逆順”であるが，**物理学では普通に行われる「試行錯誤(しこうさくご)による解法」の一つ**である．加えて，出来る限り周辺の話題を多く拾えるように構成した．調和振動子を解くだけであれば，このような迂遠(うえん)な方法を採る必要はないだろう．しかし，問題を解くこと“だけ”に価値を見出している限り，真理には到達しない．

q $\rightarrow$ $F\uparrow$ 　 $\downarrow v$ $\leftarrow$ p	位　置：q 速　度：$v=\dot{q}$ 運動量：$p=mv$ 力　：$F=\dot{p}\sim q$

このように，力が巡(めぐ)って再び単純な位置の関数で書かれる．その結果，解は三角関数そのものとなる．従って，その学習に際しては，振動現象を意識せざるを得ない．等時性 $(T=2\pi/\omega)$ が全ての振幅で成立し，エネルギーにおいては，q と p が対称的に振る舞い，減衰項が存在する場合でも，扱いは解析的に行える等々．**調和振動子とは，数学と物理学の“幸福な接触点”なのである．**

8.4 インピーダンスと衝突問題

調和振動子は広範な応用を持つモデルであるが，ここでは最も基本的なバネと質量による機械振動系を扱う．その後，空間の記法，その標準的な用語と応用を紹介して，本文を終える．先ずは，既に得た結果をまとめておく．

$$\text{運動方程式：}\ m\ddot{q}=-\omega Zq,$$
$$\text{位置：}\ q(t)=\quad q_0\cos\omega t+\frac{p_0}{Z}\sin\omega t,$$
$$\text{運動量：}\ p(t)=-Zq_0\sin\omega t+p_0\cos\omega t.$$

1 情報の欠落を避ける

答は既に知っている．次は問を作ろう．定数 k を持つ「理想化されたバネ」によって駆動される質量 m の運動方程式を考える．既出の結果を眺めながら，これを「$m\ddot{x} = F(x) = -kx$」とする．これは**フックの法則**と呼ばれている．x はバネの自然長からのズレを表し，負号は，F が x とは「反対向き (伸ばせば縮み，縮めれば伸びる)」に生じることによる——当然，過剰な負荷が掛かれば，x と F の比例関係は崩れる．改めて，$\omega Z = m\omega^2 = k$ より，以下の関係：

$$\omega \text{と} Z \text{の組：} \quad \omega = \sqrt{k/m}, \quad Z = \sqrt{km},$$
$$m \text{と} k \text{の組：} \quad m = Z/\omega, \qquad k = Z\omega$$

を得る——自明な逆の関係も並記した．既述のように，「二つの定数を一つにまとめる」ことは，情報を失うことである．質量 m は，運動に抗う程度を示した定数である．k はバネの堅さを表しており，駆動力に直接関与している．従って，以後これらの情報を反映させる為に，ω, Z を一つの組として用いる．

インピーダンス Z は，次元を揃える定数として登場した．そして，それは振動の振幅と運動量の関係を表していた．今，情報欠落を避ける必須の要素として，その存在意義を再確認した．電気工学の分野，特に交流理論においてインピーダンスは最重要概念の一つである．ここで扱っている機械系の話題においても，その重要性は広く知られている．今後は，**身体運動におけるエネルギーの伝達効率に関わる問題に対して，更に活用される**ようになるだろう．

2 物理量を繋ぐ

さて，ここで“記憶の強度”の問題について考えてみる．初等教育の有り難さと怖(こわ)さの話である．記憶力に優る幼児期・少年期は，暗記の季節であろう．

1 しかし，個別の事実を越えた「方針」や「手法」まで丸ごと暗記して，それを金科玉条(きんかぎょくじょう)の如くしていては，新たな智恵の妨げになる．約分や有理化などを“教条化(きょうじょうか)”して，条件反射をしている学生を見ることは稀ではない．例えば

$$\frac{\sin\theta}{\cos\theta} \not\longrightarrow \frac{\sin}{\cos}, \qquad \frac{\log y}{\log x} \not\longrightarrow \frac{y}{x}$$

などという手酷(てひど)い誤りにも屡々遭遇した．強い記憶がハレーションを起こしているのだろう．「半径×高さ÷2」などという混乱も同様だろうか．

しかし，同じ誤りでも，「オームの法則」の分子分母から「電」を略した

$$\text{抵抗} = \frac{\text{電圧}}{\text{電流}} \text{ より，} \frac{\textsf{圧}}{\textsf{流}}$$

からは，あるヒントが得られる．広く知られているこの法則は直流に対するものであるが，これを交流に適用した際に，抵抗を拡張した概念として登場するのが，交流理論におけるインピーダンスである．

2 この“奇妙な約分”から発想して，調和振動子における Z を，以下の類推：

$$\frac{\text{圧 (電荷の蓄積)}}{\text{流 (電荷の流出)}} \begin{array}{c}\longrightarrow\\ \longrightarrow\end{array} \frac{\textsf{蓄積}}{\textsf{流出}}$$

から考察する．ここで，状態の様子を表す“流出”は対象の時間的な変動を，同じく“蓄積”はそれを回収して元の状態へ戻す機能を，荒く形容する本書だけの用語であり，二つの物理量 S, R に対して，$S \approx \dot{R}$ が成立する時，R を蓄積，S を流出と呼び，その比を Z とするのである．機械インピーダンスの場合，運動量 p，位置 x，力 F，速度 v が取る値の幅(width)は (各記号に w を添えて)

$$\text{機械インピーダンス } Z = \frac{p_w}{x_w} = \frac{\dot{p}_w}{\dot{x}_w} = \frac{F_w}{v_w} \sim [Z]_{\mathrm{D}} = \frac{\mathsf{M}}{\mathsf{T}}$$

$$\text{物理的解釈} \longrightarrow \underset{\Uparrow}{} \frac{\text{流出}}{\text{蓄積}} \quad \boxtimes \quad \frac{\text{流出}}{\text{蓄積}}$$

となる．全て同次元の量 (微分の関与は上下で相殺) であるが，解釈は入れ替わる——関係：$F = -kx, v = p/m$ を考えると，表現が p_w/x_w の逆になることも納得出来る．このように，如何なる物理量の組を対象にするかで，役割は変わり，解釈も一義的には定まらない．この場合，調和振動子の運動 V と位置 U の両エネルギーが，中央部で「V 最大，U 最小」，両端で「V 最小，U 最大」となること，その間 $V + U =$ 一定 を保ちながら，相互間で授受を繰り返していることを思い描ければ，より理解が進むだろう．

要するにインピーダンスとは，「系の往復運動を生じせしめる二種類の物理量の交換」に対して，その比によって一つの指標を与えるものであり，分野を跨(また)いで同一の次元，同一の単位で語られるものではない——既に見てきたように，その単位は「電気では Ω」であり，「機械では kg/s」である．

3 撃力と調和振動子

衝突問題に“現実の彩り”を添えよう．既述の「質量 m のボールが壁面で跳ね返る」問題，特に反撥係数が 1 の場合を，「壁面が調和振動子として機能する」ものとして再考する．x 軸は水平右向き，入射運動量を $-mv$，反射を mv とする．これより，ボールは「$mv-(-mv)=2mv$」を受け取る．壁全体は大質量であり動かないが，可動部は全て質量 0 であり，バネ係数は k，自然長は 0 である．ボールは，「衝突板と一体化し $x=0$ まで往復」の後，離脱する．

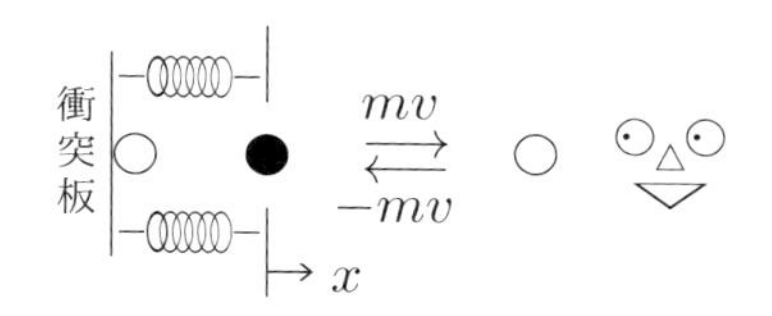

1 次に，撃力について考える．撃力とは「ある位置で，対象の運動量だけを変える瞬間的な力」を意味し，主に力積の形式で扱われる為，力の詳細に立ち入らずに議論が出来る．そこで，反撥係数 1 の衝突問題を，「撃力と調和振動子」の問題として見直したい．先ずは，基本的な関係を再度記しておく．

$$\text{運動方程式}：m\ddot{x}=-kx \quad \begin{cases} \text{位置}：x(x)= \quad x_0\cos\omega t+\dfrac{v_0}{\omega}\sin\omega t, \\ \text{速度}：v(t)\ =-\omega x_0\sin\omega t+v_0\cos\omega t. \end{cases}$$

ここで，$\omega=\sqrt{k/m}$，x_0, v_0 は初期値である．また，$x(0)=x_0, v(0)=v_0$ であり，$x(T/2)=x_0, v(T/2)=-v_0$ である．即ち，半周期後には，初期位置に逆向きの速度で戻ってくる．これは前提 (反撥係数 1) に適合している．

そこで，$x_0=0, v_0=-v$ と取れば，問題を記述出来る．この時，位置と力は

$$x(t)=-\frac{v}{\omega}\sin\omega t, \quad F(t)=-kx(t)=\frac{kv}{\omega}\sin\omega t$$

と定まる．力積は，(t,F) 平面では曲線下の面積になる．そこで，0 から $T/2$ に至る $F(t)$ の面積を A とすると，これは運動量の変化に等しく $A=2mv$ となる．これを頂点の値 kv/ω で割って規格化し

$$B:=\frac{2mv}{kv/\omega}=\frac{2}{\omega}$$

を得る．ここで $\omega=1$ と置くと，その値 $B=2$ が「$\sin t$ (の半周期) と軸が挟む部分の面積」になる (上図) ——積分を用いず，曲線下の面積が求められた！

2 この処方は，反撥の時間的な遅れを描写しており，より現実的なものになっている．この $T/2$ の間に，ボールは歪み，バットは撓(しな)る．優れた打者が実感として語る「ボールをバットに載せる」「一瞬，ボールを受け止める」という感覚を，我々にも想像させるものになっている．その一方で，選手の“怪力”を強調したいのか，「詰まって本塁打とは云々」という表現を実況などでよく聞くが，これは「詰まる」という言葉の解釈次第で意味が変わる．

確かに，撃心を大きく外れた点で打てば，手は痺(しび)れ打球は伸びない．ここで，一般的な解釈として「伸びない＝詰まる」と表現しているのかもしれない．しかし，上の“受け止める”という感覚まで指して，「詰まる」とするのは適切ではない．実際，力積には「力も時間も共に一次で効く」ので，ボールとバットの接触時間を長く取ることは，力を増すことと“同等”に重要である．その結果，接触時間の短い，球離れの早い打撃より手に衝撃は残るが，敢えて「詰まる」を使うのであれば，「詰まればこその長打」ということにもなる．

8.5 ボールが導く気体の圧力

さてさて，「力」と附けば何でも「力」か，という問題を今一度．ここでは，「**圧力**」について考える．既に日常語と化し，物としての関わりを越えて，心理的な面にまで及んで使われている．実際，圧力 P は力 F ではない．しかし，隣接(りんせつ)する概念であることには違いない．ここから議論を始めよう．

1 力積から圧力へ

定番の表現である「面に加わる圧力」，ここに圧力の本質がある．圧力 P と面 S は対になって意味を持つ．$P := F/S$ が圧力の定義である．ボールが壁に衝突する．ボールが壁を押し，壁はボールを押し返す．ボールを“粒子”と読み替えれば，あら不思議，多数の粒子が舞い踊る，気体の模型が見えてくる．

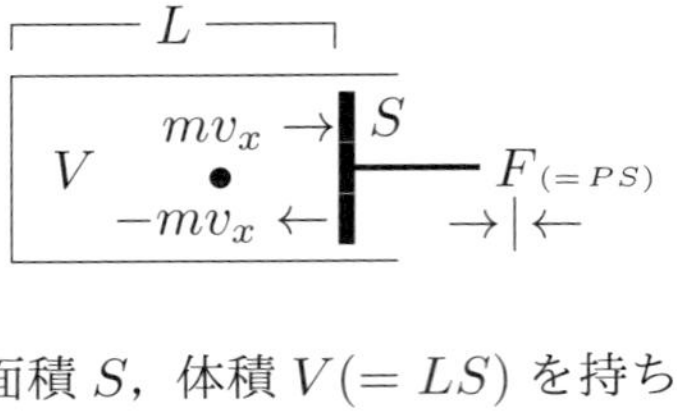

ピストンは，長さ L，断面積 S，体積 $V(=LS)$ を持ち，水平方向に x を取る．

1 固体は明確な形を持ち，液体は方円(ほうえん)の器(うつわ)に従う．刻々と拡散する気体に，形や大きさはない．よって，範囲を限定する容器が必要である．そこでピストンを用意した．実験から「PV は温度 T に比例する」ことが知られている．

余話

日常的な経験，例えば中空のボールの弾力は，P と V が反比例することを予想させる．人が密集する都会と，過疎(かそ)の村を比較すればどうか．大家族と核家族では，家の大きさが暮らしに与える影響は如何ばかりか．数式による記述と，直観的な印象を繋ぐのは，具体例に想いを馳(は)せる想像力である．

更に，気体(gas)を「構成要素の性質」に基づいて「理想(ideal)と現実(real)」に二分する．

実在気体：有 ⟵ 粒子間相互作用 ⟶ **無：理想気体**

この種の分類を見ると，「先ずは覚えて」と身構える人が多いが，問題を解く立場から，何が簡単か，何が便利かを考えて，「自力で設定に辿(たど)り着く」べきである．問題を解く為の条件であって，条件から入るのは，話が逆である．

この立場から，以後対象を「理想気体」，構成要素を「単一原子から成る質点」とする——希ガス「He，Ne，Ar，Kr，Xe」などの模型である．従って，回転運動は存在せず並進のみが可能である．各種操作は「平衡状態の連鎖(れんさ)」と見做せるほど穏やかに行われる (途中は「？」)．これを準静的操作という．これら一連の流れを**準静的過程**，また逆も可能なことから，**可逆過程**とも呼ぶ．

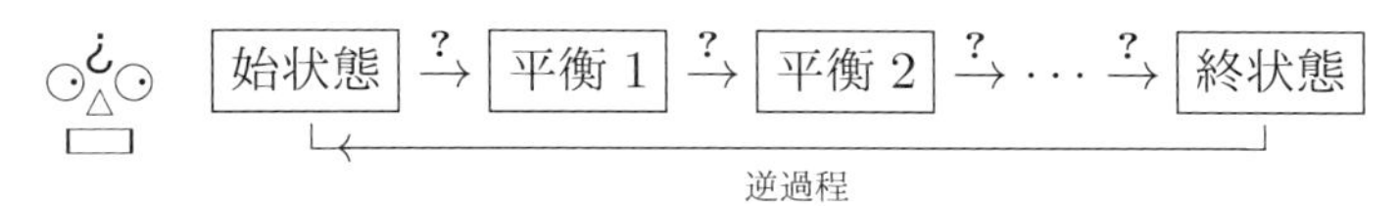

平衡とは，巨視的に見て均一で時間不変な，謂(い)わば "静止画" である．そして，この世界を時刻毎に成立する独立した静止画の連鎖と見る．その一枚一枚の中で「事は完結している」と考える．それは，巨視的な二状態の差として定まる**状態量**：P, V, T で記述され，遷移(せんい)の間に生じる微視的な変化は関知しない．

補足

「順・逆」何れの過程も，その途中経過を問わない為，力学的な概念を用いながらも「時刻 t」は登場しない．それ故に躊躇(ちゅうちょ)なく文字 T を温度に割り当てられる．一方で，圧力には小文字の p を当てたいが，以下にも示すように「理論が運動量との関係が深い」ことから，本書では大文字を用いている．

2 速度 v_x で往来する一個の「自由粒子 (質量 m)」を考える．壁との一回の衝突当たり力積：$2mv_x$ の授受があることは既知である．粒子は，衝突から次の衝突まで，一往復の距離 $2L$ を移動する．従って，t 時間では，その「距離 $v_x t$ を $2L$ で割った回数」だけ壁と衝突する．その間の力積 Ft は

$$Ft = \frac{v_x t}{2L} \times 2mv_x = \frac{mv_x^2 t}{L} \text{ より，} FL = mv_x^2$$

となる．更に，$FL = (PS)(V/S) = PV$ を用いて，以下を得る．

$$PV = 2\left(\frac{1}{2}mv_x^2\right) = 2U_1. \quad \Leftarrow$$

文字 P, V, T は慣例．
エネルギーは U で表す．

先の知見も含め，「温度 T は運動エネルギー U_1 に比例する」と予想出来る．以上は「一粒子問題」であることを，U の添字「1」により強調しておく．

2 理想気体の圧力を導く

次に，これを原子・分子を念頭に「N 粒子系」へと拡張する．この時，個々の粒子の速度が問題になる．全て同じでもよい．ある分布に従うとしてもよい．各々が異なる立場から見た気体の近似になる．ここでは，理想気体 (粒子同士の接触，協調はない) に対して平均化の手法を採る．

1 先ずは，三次元の「速度 $\mathbf{v}$ の二乗」の平均を求めると

$$\overline{\mathbf{v}^2} = \overline{(v_x\mathbf{e}_x + v_y\mathbf{e}_y + v_z\mathbf{e}_z)^2} = \overline{v_x^2 + v_y^2 + v_z^2} = \overline{v_x^2} + \overline{v_y^2} + \overline{v_z^2} \ \rightarrow \ 3\overline{v_x^2}$$

となる——上部の線は N 個の平均を表す．今考えたいのは，三次元空間を自由に粒子が飛び交っている状況である．従って，特別な方向というものは存在せず，三方向の平均値は等しい．それを v_x に代表させたわけである．

これを逆に解いて，先の式に代入すると

$$\overline{v_x^2} = \frac{1}{3}\overline{\mathbf{v}^2} \rightarrow \ PV = N\left(\frac{2}{3} \times \frac{1}{2}m\overline{\mathbf{v}^2}\right) = \frac{2}{3}NU_N$$

となる．この多粒子の無秩序な運動を，**熱運動**という——秩序ある運動は，巨視的な運動 (並進・回転) を惹起(じゃっき)する．極微の問題に相応しく，個数をアボガドロ数 N_A の n 倍の形式：$N = nN_A$(n をモル数と呼ぶ) で表した．

余話

俗に「東京ドーム何個分」などという．それは面積か容積か．大抵の人は「一個分」さえ知らないのに，何故か納得している．著者自身も「かなり大きい」という以上の感想はない．公式には「建築面積 46755 m^2，容積 124 万 m^3」である．今，粒子を一気に N_A 個まで増やした．しかし，我々はドームとは異なり，この数を知っている．既述のように「**27 円柱**」は N_A 個の Al 原子を含んでいる．これは具体的に触れることも，語ることも出来る数なのである．

一方で，各軸に「エネルギー $k_\mathrm{B}T/2$」が等分配されることが知られており

$$\frac{1}{2}m\overline{v_x^2} = \frac{1}{2}m\overline{v_y^2} = \frac{1}{2}m\overline{v_z^2} = \frac{1}{2}k_\mathrm{B}T \text{ より，} \frac{1}{2}m\overline{\mathbf{v}^2} = \frac{3}{2}k_\mathrm{B}T$$

となる，k_B は**ボルツマン定数**，T は**絶対温度** (単位はK) である．摂氏との関係は既述の通り，「$[\mathrm{K}]_\mathrm{N}$=$[{}^\circ\mathrm{C}]_\mathrm{N}$+273.15」であり，$\mathrm{K}=0$ を絶対零度という．これは“万物の動きが凍結 (全粒子の速度が 0) した静寂の世界”と想像されるが，実際は世界は“量子的”に揺れている．以上は「温度とは熱運動によるエネルギーの尺度である」という主張である．こうして熱運動の定義から，「熱」に対して，「無秩序」「エネルギー」という言葉が連想されるようになった．

2 薬缶の水の熱運動が増せば，湯に変わる．勝手なベクトル $\mathbf{v}$ の和は $\mathbf{0}$ になる (正数 $\mathbf{v}^2$ の和は増加する)．従って薬缶は動かない．もし，熱しただけで全分子が一方向に動けば薬缶も動くが，「こんな怪奇を目撃した人」は居ない．

斯くして，温度と速度が直結した．この速度は，静止から空の彼方に届く値までの平均値である．湯呑みから湧き上がる湯気は，高速粒子の渦である．それを吹き飛ばせば，中の平均速度は下がり，即ち温度も下がる．「熱いものを吹く」のは，高速粒子の排除が目的である――留めれば“保温”になる．迂闊にやると，粒子が唇を直撃し，表面の分子が剥ぎ取られる．これが火傷である．

容器中の自由粒子は，“オラオラオラオラ～”と倦まず弛まず壁を叩く．これが圧力の本質であり，基本要素として PV が各所に現れる所以である．巨視的な現象において，エネルギー保存則が破れている“ように見える”のは，一部が熱運動になるからである．打撃の瞬間，バットもボールも，エネルギーの一部を自身の構造の変形に費やす．それが熱運動として残留し，温度が上がる．これら全てを含めれば，保存則は成立する――これが熱力学の大前提である．

3 気体の状態方程式

ここまでの結果を，PV の式に戻して**状態方程式** (状態量を結ぶ式)：

$$PV = nRT \ \left(= \frac{2}{3} \times nN_{\mathrm{A}} \times \frac{3}{2} k_{\mathrm{B}} T \right)$$

を得る．$R\,(:= N_{\mathrm{A}} k_{\mathrm{B}})$ を**気体定数**と呼ぶ．気体の「標準状態」を定める為に

P : 一気圧　1013 hPa (1013×10^2 N/m^2)，　T : 摂氏零度　273K，
V : 毎モル　22.4 L　(22.4×10^{-3} m^3)

を利用する．これら概算用の値を $R = PV/T$ に代入して，次の近似値を得る．

$$[R]_{\mathrm{N}} = \frac{(1.013 \times 10^5) \times (2.24 \times 10^{-2})}{2.73 \times 10^2} \text{ より，} R \approx 8.31 \text{ J/(mol}\cdot\text{K)}.$$

カロリー (記号 cal) 単位では，「1cal = 4.184 J」なので，R は約 2cal/(mol·K) と簡潔になる．現在，N_{A}, k_{B} が共に定義値になった為，R もまた定義値になった．その数値部分のみ取り出すと「8.31446261815324」である．

1 一気圧 (1atm) は，密度 $\rho = 13.6$g/cm^3，高さ $h = 760$ mm の水銀柱より

$$\rho g h = (13.6 \times 10^3 \text{kg/m}^3) \times (9.8 \text{ m/s}^2) \times 0.76 \text{ m} = 1012.928 \times 10^2 \text{kg/m s}^2.$$

即ち，約 1013 N/m^2 である．これを「760 mmHg(ミリメートル水銀)」とも書く．血圧には，この表記が常用されており，「成人の正常な安静時血圧は 120/80mmHg」などと記される．上の計算原理に関しては，次の通りである．

$$P = \frac{F}{S} = \frac{mg}{S} = \frac{(\rho V)g}{S} = \rho g h \quad \begin{cases} P: \text{大気圧} & F: \text{力} \quad g: \text{重力加速度} \quad m: \text{質量} \\ S: \text{断面積} & V: \text{体積} \quad \rho: \text{体積密度} \quad h: \text{高さ} \end{cases}$$

即ち，大気圧とは「直上の空気の重さ」である．クアーズ・フィールド (MLB の球場・標高 1 マイル) など，高地でボールが飛ぶのも低い気圧の故である．

2 さて，文字 A, B で表される二つの系の各々に対して

$$\text{系 A}: P_{\mathrm{A}} V_{\mathrm{A}} = n_{\mathrm{A}} R T_{\mathrm{A}}, \qquad \text{系 B}: P_{\mathrm{B}} V_{\mathrm{B}} = n_{\mathrm{B}} R T_{\mathrm{B}}$$

が充たされているとする．両者が細いパイプで繋がれ，途中のバルブを閉じることで分離されている時，その関係は，次のように印象的に書ける．

$$\boxed{n_{\mathrm{A}} R T_{\mathrm{A}} / V_{\mathrm{A}} = P_{\mathrm{A}}} \ \ \boxed{P_{\mathrm{B}} = n_{\mathrm{B}} R T_{\mathrm{B}} / V_{\mathrm{B}}}$$

静かにバルブを開くと，圧力の均衡を謀(はか)るべく粒子が移動し，$P_{\mathrm{A}} = P_{\mathrm{B}}$ の実現後，$n_{\mathrm{A}}T_{\mathrm{A}}/V_{\mathrm{A}} = n_{\mathrm{B}}T_{\mathrm{B}}/V_{\mathrm{B}}$ が成立する．異なる T に対しても，気体密度を選べば平衡は実現するが，準静的条件が充たされない場合 (一方が真空状態で，開栓後に "爆発的な膨張" が生じた場合など) には，状態方程式は使えない．

8.6 状態変化と比熱

ここで改めて，諸量と単位の問題を見直しておこう．先ずは下左図から．

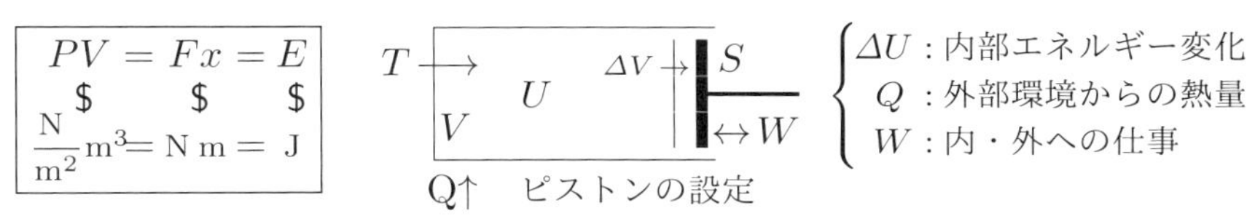

ピストンの設定

この PV から Fx への書換えから，ピストンを押す「仕事」が，「エネルギー」の入力であると分かる——逆過程では，外界への仕事，その結果としてのエネルギーの出力になる．熱運動まで含めれば，エネルギー保存則が成立することから，「三種の同じ単位 (J) を持つ量」が上右図のように定義される．

1 薬缶で湯を沸かす

この時,「外部環境の熱源」により,「内部の気体」のエネルギーが増し，その膨張がピストンを押すことで「外部に仕事をする」，即ち機械的なエネルギーを「出力」する，という図が描ける．式で書けば，$Q = \Delta U + W$ である．

1 譬えれば,「火 (原因)」により，薬缶の水が「高温 (結果 1)」になり蓋を「揺らす (結果 2)」，その量的な辻褄が合う (エネルギー保存) ことを式は表している．実際，Q, U, W を縦に並べただけの右図でも，充分に薬缶の内外で起こることを示せる．

$\Uparrow W$ / U / $\uparrow Q \uparrow$

ここで，ΔU は $U_2 - U_1$ であり，「状態 1 から 2 への変化量」を表している —— ΔV も同様．三項の関係 (各項の正負や，等式内の位置) は，扱う立場に応じて変わる．ΔU を "主語" と見れば，「その値は，Q の入力により増え，W の出力により減る」と読める．数式では以下の通りである．

$$\Delta U = Q - W.$$

	U	Q	W
無秩序	○	○	×
状態量	○	×	×

内部エネルギー U は状態量であり，熱運動の源である「粒子個々の力学的エネルギー (運動＋位置)」の総和である．**熱** Q は，系と環境間で伝達される熱運動によるエネルギーの「運搬の一形態」であり，より穏やかな状態へ非可逆的に推移する「直接的には認識出来ない量」である．**仕事** W は，秩序ある運動により生じるエネルギーの入出力である．従って，Q, W は所有可能な物ではなく，推移の拠点として現れる量であり，共に履歴 (経路) に依存する為，各々単独では状態量ではないが，その和は依存性を持たない (上表参照) ——複素数の和 $(a+c\mathrm{i})+(b-c\mathrm{i})$ から虚部が消え，実数 $a+b$ になるように．

2 状態変化を，Q, W の「差が 0」「一方が 0」「共に非 0」の四種に分けると

① **等温変化** $(0=\Delta T)$: $\Delta U = 0$ $(Q>0,\ W=Q)$
② **断熱変化** $(0<\Delta T)$: $\Delta U = 0 - W$ $(Q=0,\ W<0)$

---

③ **等積変化** $(0<\Delta T)$: $\Delta U = Q - 0$ $(Q>0,\ W=0)$
④ **等圧変化** $(0<\Delta T)$: $\Delta U = Q - W$ $(Q>0,\ W=P\Delta V)$

状態変化の四形態 (**温断積圧**)

である．以上は，ピストン内温度が非減少 $(0 \leqq \Delta T)$ の場合の，内部エネルギーに対する「加熱による入力」と「機械的操作による入出力 (仕事)」に関わる記述である．外部出力に注目して図案化すれば，以下のようになる．

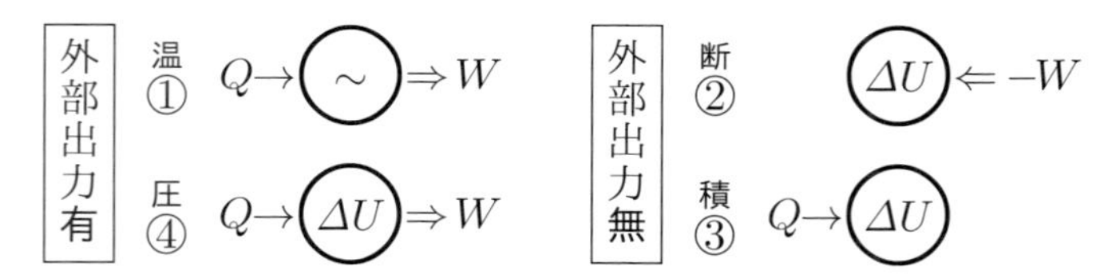

① は「加熱」による Q を，そのまま W に変換して「出力」しているので，ΔU は不変になり．温度は一定を保つ．
② は文字通り「熱 (Q) を断 (0)」しているので，ΔU には，ピストン押し込みによる $-W$ が「入力」される．
③ は等積，即ち「ピストンは不動」なので $W=0$．ΔU には，熱源からの Q がそのまま「入力」される．
④ は等圧，即ち P を一定に保つ為に，Q と ΔV の効果を相殺させ，ピストンが外部へ W を「出力」している．

3 同様の議論が「$\Delta T < 0$」でも成立する．「中空ボールの弾力」や「薬缶の水と蓋の反応」，自転車の「空気入れポンプ」で確認される「気体は圧縮すれば温まり膨張すれば冷える」など，日常的な経験 (定性的で茫洋(ぼうよう)なれど，否定出来ない確かな感覚) が念頭にあれば，話の筋や符号を間違うことはないだろう．

以上は，準静的な物理的条件下での最善の結果 (W は最大値を取る) である．例えば，ピストンを「構成粒子が追随出来ない速さ」で動かせば，W は減少する (最悪の場合 0)．問題は数学ではなく，物理である．物質が絡む問題では，数学的な瞬間移動も瞬間変化も有り得ない．全ては物質の反応を考えた上で，それに従う形で変化を誘導するのが，準静的の意味である．「少し押し少し凹めば，少し緩め元へ戻す」，その回復時間を与える程度に穏やかに変化を促せば，全てが可逆であり，これまでの議論が使えるわけである――著者は，ピッチクロックによる投球時間制限は，この条件を破っており危険だと考える．

2 二種類の比熱

先に示した「エネルギー等分配の式」の両辺に N_A を掛けると

$$N_\mathrm{A} \times \frac{1}{2} m \overline{\mathbf{v}^2} = N_\mathrm{A} \times \frac{3}{2} k_\mathrm{B} T \text{ より，} \frac{1}{2} M \overline{\mathbf{v}^2} = \frac{3}{2} RT.$$

ここで，$M := N_\mathrm{A} m$ は分子量 (1 モルの質量) を表し，通常「グラム単位」で扱われている．左辺は，内部エネルギー U であるから，$U(T) = 3RT/2$ と表せる．なお，定義より $U(0) = 0$ であるから，$\Delta U = 3R\Delta T/2$ となる．

1 熱量 Q と温度 T の直接的な関係を求めよう．一般に「単位質量の物体を単位温度上げるのに必要な熱量」を**比熱**と呼ぶ．比熱は，その値が大きいほど，その物体は「温め難く冷め難い」と表現される．これは“全くの形式的な対応”であるが，その値が大きい程「動かし難く止め難い」という質量の性質に似ていると言える．ただし，熱は物ではない．繰り返す，熱は物ではない．

ここでは，単位を「1 モル・1 K」に選んだ「モル比熱」を求める．更に，これには「等積モル比熱 C_V」と「等圧モル比熱 C_P」の二種がある (表記は「定積 (体積一定)〜」「定圧 (圧力一定)〜」が多数派)．これらは，先に得た関係：

$$\text{等積変化}: Q = \Delta U,$$
$$\text{等圧変化}: Q = \Delta U + W \quad (W = P\Delta V)$$

を適用して定義される——事前に Q について解いた形にした．加えて

$$PV = RT, \quad U(T) = \frac{3}{2}RT$$

を用いる．対象は，何れも 1 モルの単原子分子の理想気体である．なお，C_{V} における "等積" とは，内部エネルギーの変化のみ (W を含まず) を扱うことを強調したもので，他の状態変化の場合でも，ΔU に関しては C_{V} を用いて計算する——この意味では，出自を表す添字 V は誤解の元である．

温度差：ΔT に対して，$\Delta U = 3R\Delta T/2$ であったから，両者の比を取り

$$C_{\mathrm{V}} := \frac{Q}{\Delta T} = \frac{\Delta U}{\Delta T} = \frac{3}{2}R$$

が定義される．同様にして，「等圧モル比熱」は，等圧変形の式より

$$C_{\mathrm{P}} := \frac{\Delta U + P\Delta V}{\Delta T} = \frac{\Delta U}{\Delta T} + \frac{R\Delta T}{\Delta T} = C_{\mathrm{V}} + R = \frac{5}{2}R.$$

これは屡々「$C_{\mathrm{P}} - C_{\mathrm{V}} = R$」と書かれ，定数：$\gamma := C_{\mathrm{P}}/C_{\mathrm{V}}$ も用いられる．

2 最後に，断熱変化 ($Q = 0$) において，内部エネルギー $\Delta U(= C_{\mathrm{V}}\Delta T)$ の変化により，ピストンが $W(= P\Delta V)$ を出力した場合，即ち「$0 = C_{\mathrm{V}}\Delta T + P\Delta V$」を考える．$\Delta T$ を消す為に，先ず状態 (P, V, T) の一次の微小変化：

$$\begin{array}{lr} \text{状態 } 2 : (P + \Delta P)(V + \Delta V) = R(T + \Delta T) \\ -)\ \text{状態 } 1 : \qquad\qquad PV = RT \\ \hline P\Delta V + V\Delta P = R\Delta T \end{array}$$

を準備する——二次の項 $\Delta P\Delta V$ は除いた．R 倍した与式に，これを代入して

$$\begin{aligned} 0 &= R(C_{\mathrm{V}}\Delta T + P\Delta V) = C_{\mathrm{V}}(P\Delta V + V\Delta P) + RP\Delta V \\ &= C_{\mathrm{P}}P\Delta V + C_{\mathrm{V}}V\Delta P. \quad \text{全体を } C_{\mathrm{V}} \text{ で割って} \end{aligned}$$

$$Z = 0. \ (\text{ただし，} Z := \gamma P\Delta V + V\Delta P).$$

一方，視察により $G := PV^{\gamma}$ を定義し，ΔG を求めると

$$\Delta G = (\Delta P)V^{\gamma} + P(\gamma V^{\gamma-1}\Delta V) = ZV^{\gamma-1} = 0.$$

即ち，「$PV^{\gamma} =$ 定数」を得る．これが所望の関係である．また，$P = RT/V$ を用いて，これを「$TV^{\gamma-1} =$ 定数」と表すことも出来る．

3 ここまで，我々は何を定義し何を操ってきたのか．熱力学の表面的な体裁は，状態量「P, V, T」を用いて，対象の変化「Q, U, W」を記述する，即ちこれら二種の「三つ組」の相互関係を導くことである．状態量は，状態方程式：

$$f(P, V, T) = 0. \quad (\text{例：} PV - nRT = 0)$$

により相互に縛られている．各々の組の中で，T と Q は直観的には「力学的ではない」という意味で異質である．それを多数の分子の運動という立場から，力学的に記述した．そして，この両者を繋ぐのが比熱という概念である．

3 粒子の速度を求める

さて，先の内部エネルギーの式を速度について解くと

$$\frac{1}{2}M\overline{\mathbf{v}^2} = \frac{3}{2}RT \text{ より，} \quad v_{\mathrm{rms}} := \sqrt{\overline{\mathbf{v}^2}} = \sqrt{\frac{3RT}{M}}$$

となる——添字は「root mean square」の略である．この式によって，ある温度における粒子の平均速度が，容易に求められる．$T = 300\,\mathrm{K}$ に固定すると

$$v_{\mathrm{rms}} \approx 2736\sqrt{\frac{1}{M_{(\text{グラム})}}} \quad \$\,\mathrm{m/s}$$

と近似される．酸素分子 O_2 の場合であれば，$M = 32$ を代入して，およそ $484\,\mathrm{m/s}$ を得る．これは高さを $24\,\mathrm{cm}$ のペットボトル内を一秒間に千往復する，また垂直に放てば，$10000\,\mathrm{m}$ を超える地点にまで届く速度である．

一方，窒素分子 N_2 の分子量は 28 であり，大気は両者の「約 1 対 4 の混合物」(他に Ar，CO_2 などを含む) であるから，その平均の分子量と v_{rms} は

$$32\times\frac{1}{5} + 28\times\frac{4}{5} = 28.8, \quad v_{\mathrm{rms}} \approx 510\,\mathrm{m/s}.$$

因みに，分子量 4 のヘリウム He は，$v_{\mathrm{rms}} \approx 1368\,\mathrm{m/s}$ であり，大気の約 2.7 倍．これが両者の音速比になるとすると，ヘリウム中での音速は $900\,\mathrm{m/s}$ を越える——ヘリウムガスを吸い込んだ時に，声が高くなる所以である．

音は，周辺の気体圧力の変化が空間を伝わり，我々の鼓膜(こまく)を振動させることで認知される．気体は捻れを伝えない．出来るのは，「押すか・引くか」により生じる断熱的な圧力変化だけである．これを縦波，あるいは粗密波と呼ぶ．

空気中の音速は，人間の知覚出来るレベルで遅い．常温 (15°C) でおよそ 340 m/s．例えば，バックスクリーン横で打球音を聞くのは，約 1/3 秒後である．その時，打球 (45 m/s) は既にマウンド附近 (15 m) を飛んでいる．

波を伝える媒質(ばいしつ)が異なれば，音速も変わる．水中では速く，約 1500 m/s ある．金属中の縦波は，空気や水よりも遥かに速く伝わる．これらが，媒質により定まる $\overline{\mathbf{v}^2}$ から求められ，それが温度によって変わることも，およそのところは上で求めた関係から導くことが出来る．一方，光は横波である．光速は日常感覚の外にある．全ては一瞬の出来事に見える．雷光(らいこう)と雷鳴(らいめい)の時間差は，誰もが知るところである．なお，波一般については後述する．

8回裏：まとめ

◇冪関数の微分と様々な表記，そして計算規則：

$$\mathcal{D}_x x^n = nx^{n-1}, \quad \left(y = x^3 \colon \ \frac{\mathrm{d}y}{\mathrm{d}x} = \mathcal{D}_x x^3 = \frac{\mathrm{d}}{\mathrm{d}x} x^3 = \frac{\mathrm{d}x^3}{\mathrm{d}x} = 3x^2 \right).$$

$$\frac{\mathrm{d}}{\mathrm{d}x}(f \pm g) = \frac{\mathrm{d}f}{\mathrm{d}x} \pm \frac{\mathrm{d}g}{\mathrm{d}x}, \quad \frac{\mathrm{d}}{\mathrm{d}x}(fg) = \frac{\mathrm{d}f}{\mathrm{d}x} g + f \frac{\mathrm{d}g}{\mathrm{d}x}, \quad \frac{\mathrm{d}}{\mathrm{d}x} f(g(x)) = \frac{\mathrm{d}f}{\mathrm{d}g} \frac{\mathrm{d}g}{\mathrm{d}x}.$$

◇自由落下の運動方程式とその解 (初期条件 $x(0) = x_0, v(0) = v_0$).

$$\ddot{x} = -g, \quad x(t) = -\frac{1}{2} g t^2 + v_0 t + x_0, \ v(t) = -gt + v_0$$

◇指数関数の微積分とオイラー公式 (k は定数).

$$\mathcal{D}_t \left(\frac{1}{\mathrm{i}\omega} \mathrm{e}^{\mathrm{i}\omega t} \right) = \frac{1}{\mathrm{i}\omega} \mathcal{D}_t \mathrm{e}^{\mathrm{i}\omega t} = \frac{1}{\mathrm{i}\omega} \mathrm{i}\omega \mathrm{e}^{\mathrm{i}\omega t} = \mathrm{e}^{\mathrm{i}\omega t} = \cos\omega t + \mathrm{i}\sin\omega t$$

⟵ 積分 ｜ 微分 ⟶

◇調和振動子におけるインピーダンス Z と諸定数との関係.

$$\omega = \sqrt{k/m}, \quad Z = \sqrt{km}$$

◇状態方程式：$PV = nRT$．平均エネルギーと温度：$m\mathbf{v}^2/2 = 3k_{\mathrm{B}}T/2$

◇状態変化：$\varDelta U = Q - W$ に対して，Q, W を変化させることで，「等温変化」「断熱～」「等積～」「等圧～」を定義して，$\varDelta U$ を見積もる.

◇等積比熱は $C_{\mathrm{V}} = 3R/2$，等圧比熱は $C_{\mathrm{P}} = C_{\mathrm{V}} + R$ (単原子・理想気体).

9回表　終幕の風景

最終回である．下拵えも充分に済ませた．残る課題を解決した後は，用語の問題などを整理し，全体を見直して宴(うたげ)の終幕としよう．さて，熱力学の主題の一つである $PV = C$ を採り上げたばかりであるが，物理学における「三数の関係」を再考しよう．一般に，F, k, x が何を表しているかとは無関係に

$$F = kx \begin{cases} F \text{ と } x \text{ は正比例} & (\text{比例定数は } k) \\ k \text{ と } x \text{ は反比例} & (F\text{が一定の時}) \end{cases}$$

であるから，下段の場合，k が二倍になれば，x は $1/2$ 倍になる——以後，k の性質に議論を集中させる為に，kx の負号を省く．こうした関係を元に，更に踏み込んで「複数のバネを束ねた場合」の合成法則について考える．物理学が，極小から極大まで自由に階層を往来出来るのは，この種の法則の御陰である．

9.1　直列と並列：合成の仕組

一般に「オームの法則」の名は広く知られている．また，蓄電器の関係式も高校物理では馴染みである．そこに，フックの法則を加え，列挙してみよう．

$$\text{オーム}：V = \boxed{R}\, I \quad (\text{電圧} = \textbf{電気抵抗}\times\text{電流}),$$
$$\text{蓄電器}：Q = \boxed{C}\, V \quad (\text{電荷} = \textbf{電気容量}\times\text{電圧}),$$
$$\text{フック}：F = \boxed{k}\, x \quad (\ \text{力} = \textbf{バネ定数}\times\text{伸縮}).$$

枠で強調した量は，全て「比例式における係数」であると同時に「物理的な実在」であり，素子(そし)(装置)として「具体的に作成可能な物」である——用語「蓄(ちく)電器(でんき)」には，ドイツ語由来のコンデンサ(condenser)，近年は英語由来のキャパシタ(capacitor)が当てられる場合が多いが，その内容をより適切に表しているのは，この和訳である．

1 単線と複線

これらは何れも「定常状態」，即ち時間を含まない，換言すれば全ての時刻において成立する関係であり，等式両辺の“物理的な釣合”を前提にした「一個の抵抗」「一個の蓄電池」「一本のバネ」に対する式である．そこで，これらを“主語”として，その構成について考える．その為に，上式を逆に解いて

$$R = \frac{V}{I}, \quad C = \frac{Q}{V}, \quad k = \frac{F}{x}$$

とする．これは，各々単立の素子としての能力 (値) を定義した式と見做せる．

1 しかし，これを見掛けのこととして，その内部に立ち入れば何が現れるか．それらが複数の素子による構成物であった場合，それらは如何に合成されるか．即ち，分解を元にして，合成を知ろうというわけである．抵抗を例に，結果を先取りしたものを図案にする．その中身 (枠の中) が何であれ，外から測定出来るのは，何れも単一の抵抗が示す「■」二つ分の抵抗値である．

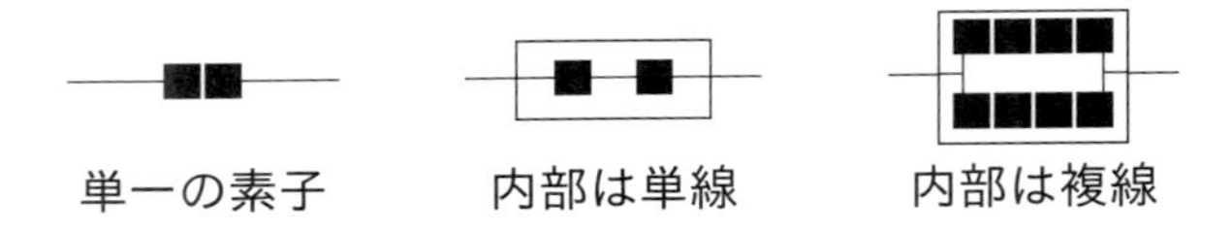

この結果を導くには，如何なる考え方が必要だろうか．先ずは，構造全体を貫く「共通の要素」と，「分割される要素」の違いに注目しよう．それは，上図のように内在する複数の素子が「一本道 (単線) で配置された場合」と，「複数の経路 (複線) に分岐する場合」とで，その立場を入れ替える．共通要素は増減しない，“不生不滅”である．なお，複線には「閉じた経路」が必ず存在することを注意しておく——そこでは「全てが自動的に均一化される」と仮定する．

2 単線の場合，電流 I，電荷 Q，力 F は，全ての場所で同じ値を取る．一方，複線の場合には，これらが各経路に従って「分割」され，後に合流する．その分割領域を挟む V, V, x は，全ての経路に対して「共通」の値を持つ．

何故，同じ値か．電流とは，力とは何か．電流とは電荷の流れであった．先ずは，定常状態について考える．これは“反応が収まった状態”と言い換えられる．構成要素の個々については，時間的な動きがあってもよい．その変化の様子が全体として変わらない時，即ち，どの時刻にどの場所を調べても同じ景

色が見える時，これを定常状態という．例えば，**定常電流**とは以下の図：

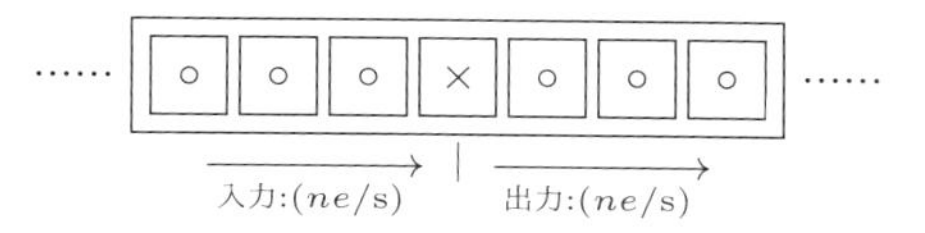

が示すように，導線上の任意の場所「×」に対して，単位時間当たりの素電荷 e の入・出力が「全く同じ個数 n の場合」である．その結果，「×」に溜まる電荷は無い．常に一つの経過点，正に通路としてのみ存在する．従って，電流は任意の場所で同じ値「ne/s」を取ることになる．

余話

以上が基本であるが，一方で，特定の電荷が遠路を往来しているわけではない．山間部の発電所を出た電荷が，そのまま都市部に来ているわけではないのである．変動の様子が相次いで伝播し，末端にまで達しているだけである．譬えれば，電荷の移動とは，単一選手の孤独なマラソンではなく，同じ能力，同じ姿をした無数の走者達がバトンを引き継いで行く賑やかなリレー競技である．

2 微視的相殺と巨視的結果

ここで，「正負 (+−)」「上下 (⇑⇓)」「左右 (←→)」という「対」が隣接する時に生じる「相殺効果」を図解しておく．これらの記号は，それぞれ電気，磁気，力の特性を表すことに秀でている．そして，何れも同数が内在する時，その特徴は隠蔽され，外部には現れない．例えば，導線には，原子が所有する正負の電荷が並んでいる．そして，厳密に正と負が均衡して，電気的な中性が完璧な形で実現している．正負の均衡の破れ，その連鎖が電流である．

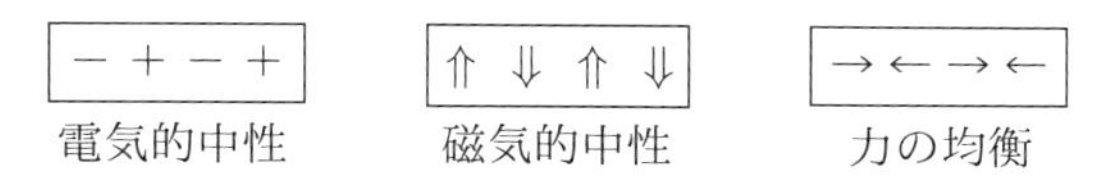

力の場合も同様である．釣合の状態にある対象は，そうした状態が内部の至る所で充たされており，その“葛藤”を外部から窺い知ることは出来ない．

1 電荷の正負は，異なる力 (引力・斥力) の原因であり，その離合集散は符号により決まる．同符号の集団は不安定であり，異符号は安定である．従って，前者は安定を求めて自動的に後者へ移行する．全体で「正負の電荷が同数である」というだけでは充分ではない．局所で隣接する相手が問題なのである．

この観点から，蓄電器の直列接続において，常に隣の電荷が「異符号・同数」であることが求められる．よって，初期電荷がゼロならば，下図の右端のような状態にはならず，各々の部分で蓄えられる電荷は同数 (他三例) になる．

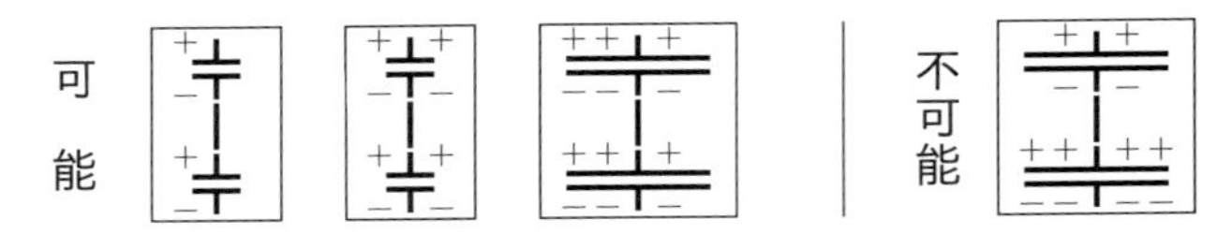

2 次に，釣合の状態を考える．壁に固定された棒に右向きの力 F を加える．その結果，棒の外的状態が不変ならば，力の収支は全体で均衡している．

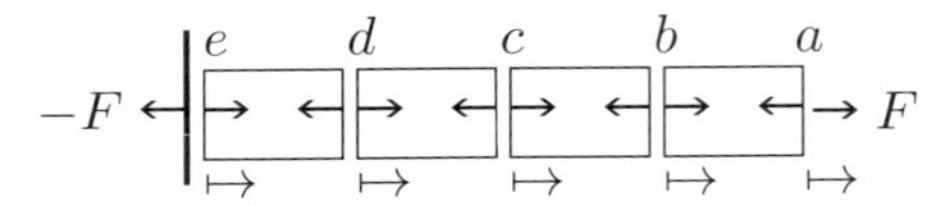

図が示すように，棒を区画に分け個別に考えた時，各区画の境界では，作用と反作用の関係により収支は 0 になる．従って，a で加えられた力 F は，そのまま b でも観測される．この連鎖は e まで続き，結局，棒全体を単体と見る時，そこに働く力は F と $-F$ となり、釣合が実現する．以上の議論から，棒をどの位置で分けても，力 F は共通であると考えられる．こうして，電流，電荷，力が直列に繋がれた時，それらが対象の中で一定の値を取ることが理解出来る．

3 このように，構成要素の幾何的配置が，物質の性質を決定する場合がある．矢印が渦を為している時，小区画の各々が“ウロボロス”になるので，その和は 0 (右式左辺) であるが，これらを上下・左右に重ねると，内側の矢印同士が相殺され，外側だけが残る (右式右辺)．

渦：

当然，これらの総和も 0 であるが，もし矢印で囲まれた空間を広く取り，直接的な相殺が生じないように出来れば，そこに一つの大きな渦が生まれる．同様に，下のように上下方向に正負が消し合う構造を作り，その間の空間を広く取ることが出来れば，総和が 0 のまま，電荷の明らかな偏(かたよ)りを作ることが出来る．

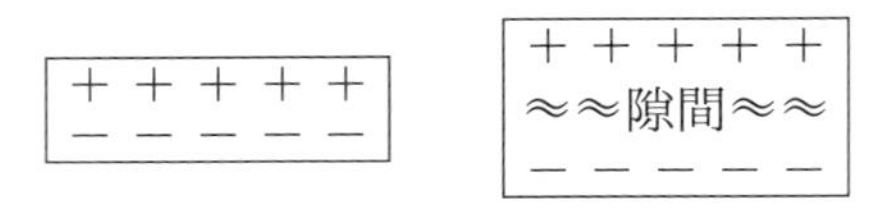

実際，これが蓄電器の具体的な構造になっている．幾何学の勝利である．

3 合成法則の実際

先ずは，抵抗における「単線の場合」を考えよう．この時，I は共通要素である．そこで，$V = V_1 + V_2$ と二つに分割すると，以下のようになる．

$$I\text{ が共通: }\ R = \frac{V_1 + V_2}{I} = \frac{V_1}{I} + \frac{V_2}{I} = R_1 + R_2.$$

ここで，$R_1 := V_1/I,\ R_2 := V_2/I$ である．全く同様に，C と k に関して

$$Q\text{ が共通: }\ C = \frac{Q}{V_1 + V_2} = \frac{1}{\dfrac{V_1}{Q} + \dfrac{V_2}{Q}} = \frac{1}{\dfrac{1}{C_1} + \dfrac{1}{C_2}},$$

$$F\text{ が共通: }\ k = \frac{F}{x_1 + x_2} = \frac{1}{\dfrac{x_1}{F} + \dfrac{x_2}{F}} = \frac{1}{\dfrac{1}{k_1} + \dfrac{1}{k_2}}$$

を得る．一般の場合も，以上の結果の自然な拡張として

$$R = \sum_{i=1}^{n} R_i, \quad \frac{1}{C} = \sum_{i=1}^{n} \frac{1}{C_i}, \quad \frac{1}{k} = \sum_{i=1}^{n} \frac{1}{k_i}$$

と求められる．これらは素子の「直列接続」として知られる関係である．直観的には，同じ輪ゴムを「二本繋いだ場合」と，「一本を二重巻きにした場合」の剛性の違いを体感すれば，上記した和の意味が理解されるだろう．

複線の場合は，分岐を含むので，量 I, Q, F は分割される．一方，既述のように，電荷はその符号により“行動規制”されており，全体の値だけではなく，隣接する配置まで異符号となるように自発的に動く．安定化後は，電荷の流れ(電流) は存在せず，複線の閉じた経路の中には電位の差 (電圧) も生じない．結果，外部から与えられた電圧 V は，各経路で共通の要素となり関係式：

$$V\text{ が共通: }\ R = \frac{V}{I_1 + I_2} = \frac{1}{\dfrac{I_1}{V} + \dfrac{I_2}{V}} = \frac{1}{\dfrac{1}{R_1} + \dfrac{1}{R_2}},$$

$$V\text{ が共通: }\ C = \frac{Q_1 + Q_2}{V} = \frac{Q_1}{V} + \frac{Q_2}{V} = C_1 + C_2,$$

$$x\text{ が共通: }\ k = \frac{F_1 + F_2}{x} = \frac{F_1}{x} + \frac{F_2}{x} = k_1 + k_2$$

を得る．n 個の場合に拡張して，以下の「並列接続」における合成則を得る．

$$\frac{1}{R} = \sum_{i=1}^{n} \frac{1}{R_i}, \quad C = \sum_{i=1}^{n} C_i, \quad k = \sum_{i=1}^{n} k_i$$

9.2 電気回路と素子

以上の合成法則について簡単にまとめると，R と C の合成法則は，互いに逆の関係にある—— k は C に準じる．また，もう一つの重要な回路要素であるコイル L に関しては，R と同様である．「L と R は左(L)・右(R)で同格」「C は Converse(逆) の C」とでも記憶しておけばよい．

余話

コイルとは単に「導線を円柱状に巻いたもの」であるが，そこには電気・磁気の “幾何学的集積効果” が働いて，所望の機能を果たすものである．蓄電器が金属板を「平行に並べたもの」であり，コイルが「巻いたもの」である，という奇跡を，我々は常に意識する必要がある．これは人類の叡智(えいち)の結晶である．「仮に我々が滅びたとしても，発電所の遺跡(いせき)は，如何に我々が発見と発明を繰り返し，高度な文明を築いていたかという証拠になるだろう」(ファインマン意訳).

1 交流回路と微積分

交流回路の基礎を為すのは，三種類の素子，蓄電器，抵抗，コイルである．これらの素子としての名称を，以後「ローマン書体」C,R,L で略記し，その特性を示す比例定数を「イタリック書体」C, R, L により表す．これら素子を含む回路における電流 I と電圧 V の特徴は，以下のようにまとめられる．

直列 (単線)	電流共通 $(I = I_{\mathrm{C}} = I_{\mathrm{R}} = I_{\mathrm{L}})$ 電圧分配 $(V = V_{\mathrm{C}} + V_{\mathrm{R}} + V_{\mathrm{L}})$
並列 (複線)	電圧共通 $(V = V_{\mathrm{C}} = V_{\mathrm{R}} = V_{\mathrm{L}})$ 電流分岐 $(I = I_{\mathrm{C}} + I_{\mathrm{R}} + I_{\mathrm{L}})$

回路構成の基礎

ここで，$I_{\mathrm{X}}, V_{\mathrm{X}}$ は，素子 X に関わる電流，電圧の意味で用いている．

蓄電器とは「**電荷 Q の容器**」であり，電荷の時間的な変化が電流である．抵抗とは「**電荷の流れ**」を妨(さまた)げる素子であり，コイルとは「**電流の変化**」を妨げる素子である．従って，これらは以下のように表される．

$$V_{\mathrm{R}} = RI \ (= \mathrm{R}\dot{Q})$$

$$V_{\mathrm{C}} = Q/C \qquad V_{\mathrm{L}} = L\dot{I} \, (= L\ddot{Q})$$

さて，$I=\dot{Q}$ を逆に見れば，「Q は I の t に関する積分」になる．従って，これらを I により書き換えると，微分の階数が一つ下がり，V_{C} は積分として表される．仮にこの積分を「−1 階の微分」と表現すれば，電圧は CRL の順に「電流の $-1, 0, 1$ 階の微分」となる．同様に，$I_{\mathrm{C}}, I_{\mathrm{R}}, I_{\mathrm{L}}$ は「電圧の $1, 0, -1$ 階の微分」から得られる．注目すべきは，何れの場合も，抵抗は微積分とは無関係に「電圧と電流を直接繋ぐ存在」であり，蓄電器とコイルは，その立場を電圧・電流の入れ替えに応じて，「相互に変える」ことである——これを**双対**という．抵抗は双対概念の“対称軸の役割”を果たしているわけである．

2 基本回路の考察

先の基礎表に，上記式を当て嵌めれば，典型例が容易に立式出来る．例えば，三種の素子の直列回路を表を元に考える．

1 直列の「電圧分配」の項より，$V=0$ として，Q に関する微分方程式：

$$V=V_{\mathrm{C}}+V_{\mathrm{R}}+V_{\mathrm{L}}=\frac{1}{C}Q+R\dot{Q}+L\ddot{Q} \text{ より，} \quad L\ddot{Q}+R\dot{Q}+\frac{1}{C}Q=0$$

を得る．更に，$R=0$ とすると，見慣れた調和振動子：$\ddot{Q}+\omega_0^2 Q=0$ の方程式になる——後の便の為に $\omega_0 := \sqrt{1/CL}$ を定義した．

2 R を戻し，解を $Q(t)=\mathrm{e}^{Kt}$ と仮定すると，$(LK^2+RK+1/C)Q=0$ となる．括弧内を K に関する二次方程式と見て，これを解き以下を得る．

$$K=\frac{-R\pm\sqrt{R^2-4L/C}}{2L}=-\frac{R}{2L}\pm\sqrt{\left(\frac{R}{2L}\right)^2-\omega_0^2}=-\gamma\pm\mathrm{i}\,\omega_1.$$

ここで，$\gamma := R/2L,\ \omega_1 := \sqrt{\omega_0^2-\gamma^2}$．従って，$A$ を任意の複素定数として，$Q(t)=\mathrm{e}^{-\gamma t}(A\mathrm{e}^{\mathrm{i}\omega_1 t}+A^*\mathrm{e}^{-\mathrm{i}\omega_1 t})$ を得る．$Q(0)=Q_0,\ I(0)=\dot{Q}(0)=0$ として

$$A=\frac{Q_0}{2}\left(1+\frac{\gamma}{\mathrm{i}\,\omega_1}\right), \quad A^*=\frac{Q_0}{2}\left(1-\frac{\gamma}{\mathrm{i}\,\omega_1}\right)$$

と定数が定まり，これを代入して以下が求められる．

$$Q(t)=Q_0\mathrm{e}^{-\gamma t}\left(\cos\omega_1 t+\frac{\gamma}{\omega_1}\sin\omega_1 t\right), \quad I(t)=-Q_0\mathrm{e}^{-\gamma t}\frac{\omega_0^2}{\omega_1}\sin\omega_1 t.$$

これは，調和振動が因子 $\mathrm{e}^{-\gamma t}$ に従って“指数関数的に減衰”していく様子を表している——方程式の虚根に相当する．当然，実根 (異なる二根，重根) の場合もある (下図)．それは R が充分大きい場合であり，その時，この回路は振動せず，時間の経過と共に平衡状態に近づいていく (この意味で安定である)．

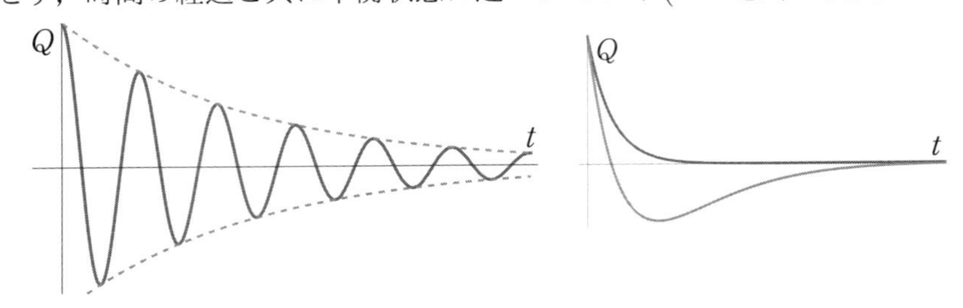

3 この回路に外部から，$V(t) := V_0\mathrm{e}^{\mathrm{i}\omega t}$ が加えられた時，上記解は充分な時間が経った後は平衡状態にあるので，この電圧に倣って電荷，及び電流が

$$Q(t) = \frac{I_0}{\mathrm{i}\,\omega}\mathrm{e}^{\mathrm{i}\omega t}, \quad (\therefore\ I(t) = \dot{Q} = I_0\mathrm{e}^{\mathrm{i}\omega t})$$

により変動しているものと仮定する．与式に代入して

$$(\mathrm{i}\,\omega L + R + 1/\mathrm{i}\,\omega C)I_0\mathrm{e}^{\mathrm{i}\omega t} = V_0\mathrm{e}^{\mathrm{i}\omega t}.$$

両辺を $I_0\mathrm{e}^{\mathrm{i}\omega t}$ で割ると，左辺がこの回路の交流に対する抵抗，即ち「(複素) インピーダンス」となる．従って，以下の関係が得られる．

$$Z = R + \mathrm{i}(\omega L - 1/\omega C), \quad |Z| = \sqrt{R^2 + (\omega L - 1/\omega C)^2}.$$

これより，ωL と $1/\omega C$ は，共に抵抗の次元 (単位) を持つことが分かる．

以上から，速度に比例する「粘性抵抗 $b\dot{x}$」を考慮した機械系との対応：

$$\begin{array}{ccccccc} L\ddot{Q} & + & R\dot{Q} & + & \dfrac{1}{C}Q & = & V \\ \updownarrow & & \updownarrow & & \updownarrow & & \updownarrow \\ m\ddot{x} & + & b\dot{x} & + & kx & = & F \end{array}$$

を見出す．これらから，次の「機械・電気」における対応関係が導かれる．

変位	$x \leftrightarrow Q$	電荷	バネ定数	$k \leftrightarrow 1/C$	蓄電器
質量	$m \leftrightarrow L$	コイル	振動数	$\sqrt{k/m} \leftrightarrow 1/\sqrt{LC}$	振動数
速度	$v \leftrightarrow I$	電流	共振幅	$b/m \leftrightarrow R/L$	共振幅
外力	$F \leftrightarrow V$	電圧	運動エネルギ	$mv^2/2 \leftrightarrow LI^2/2$	磁場エネルギ
粘性抵抗	$b \leftrightarrow R$	電気抵抗	位置エネルギ	$kx^2/2 \leftrightarrow Q^2/2C$	静電エネルギ

4 続いては，三素子の並列回路を考える．基礎表より並列の「電流分岐」の項を引く．本問の解も，先例と同様に減衰振動をするが，これは代入計算により容易に確かめられる．その結果を受け，充分な時間の経過後に，電流 $I(t)=I_0\mathrm{e}^{\mathrm{i}\omega t}$ に対して，回路の電圧 V が追随したとする．この時

$$I(t)=I_0\mathrm{e}^{\mathrm{i}\omega t}\Rightarrow(\underbrace{1/R}_{I_\mathrm{R}}+\underbrace{\mathrm{i}\,\omega C}_{+\,I_\mathrm{C}}+\underbrace{1/\mathrm{i}\,\omega L}_{+\,I_\mathrm{L}})V_0\mathrm{e}^{\mathrm{i}\omega t}$$

となるが，両辺を $I_0\mathrm{e}^{\mathrm{i}\omega t}$ で割って，$Z=V_0/I_0$ を作ると

$$Z=\frac{1}{1/R+\mathrm{i}(\omega C-1/\omega L)},\qquad |Z|=\frac{1}{\sqrt{(1/R)^2+(\omega C-1/\omega L)^2}}.$$

これが並列の場合の Z である．直列の場合：$R+\mathrm{i}(\omega L-1/\omega C)$ と比較すると

$$R\to\frac{1}{R},\qquad\begin{bmatrix}L\to C\\ C\to L\end{bmatrix},\qquad\begin{bmatrix}\text{電圧}\to\text{電流}\\ \text{電流}\to\text{電圧}\end{bmatrix}$$

と変換されている——これより，本問に対する解も，直列の解から導かれる．

3 電気回路のインピーダンス

何れの場合も，R は実部，C,L は虚部を成している．また，C,L は分子と分母に別れる．これは，冒頭で論じた「直列・並列回路の特徴と素子に関する微分の階数」の反映である——積分を含む項が分数の形を取る．このように，双対性が顕著に表れている為，様々な所で各種要素の逆数が登場する．論理的には冗長でも，実用面を重んじる電気工学の分野では，これらに名を与えた方が遥かに有益である．簡単にまとめておこう．並列の場合：

$$\begin{array}{ccccc}Y&=&G&+&\mathrm{i}B\\ \uparrow&&\uparrow&&\nwarrow\\ 1/Z&=&1/R&+&\mathrm{i}(\omega C-1/\omega L)\end{array}$$

を基に説明する．先ず，インピーダンスの逆数 Y をアドミタンス(admittance)，その実部である抵抗の逆数 G をコンダクタンス(conductance)，虚部 B をサセプタンス(susceptance)という．直列の場合，インピーダンスは $Z=R+\mathrm{i}X$ と表され，虚部 X(B の C,L を交換したもの) はリアクタンス(reactance)と呼ばれる．ここで，リアクタンスは ω に依存していることに注意する——即ち，交流特有の量である．なお，Z も Y も複数の回路を接続した際には，単純な抵抗と同種の合成法則を充たす．

名の起源，その大元まで遡(さかのぼ)れば，抵抗の「素子としての名」はレジスタ(resistor)，その特性を表す数値はレジスタンス(resistance)(単位はオーム [Ω]) である．同様に蓄電器は[コンデンサ | キャパシタ]，数値はキャパシタンス(capacitance)(単位はファラド [F])．コイルはインダクタ(inductor)，数値はインダクタンス(inductance)(単位はヘンリー [H]) と呼ばれる．

9.3 整合性の原点

インピーダンスを冠にする用語の中で，最頻出は**インピーダンス整合**である．これは二つの対象が，**最も高い効率でエネルギー伝達をする為の条件**として，互いのインピーダンスの値を揃えること，即ち「整合(せいごう)」が必要だという主張である．その出自は交流回路にあるが，直流回路においても，同じ趣旨の状況を設定出来る．ここでは，オームの法則を用いて，その例とする．

1 電圧降下の図解

電圧 (電位差) は，一様な重力場における高さに譬えられる．それを描いた図も，様々な参考書に掲載(けいさい)されている．しかし，電源を「実際に縦に積んだ図」は余り見ない．その結果，電圧“降下”と呼ばれる現象，電荷が“滑り落ちる様子”も上手く表現出来ていない．折角の図解であるから，記号ではなく実体を描きたい．可能ならば，そこに現象をも含めて表現したい．ただし，渋谷や新宿駅の地下迷路(ダンジョン)の説明図のようになっては，本末転倒(ほんまつてんとう)である．そこで，直流電源として乾電池を選び，それを縦に積んだ図を“象徴的”に描く．従って，乾電池の本数や，総電圧との関係が，実体に一致している必要はない．

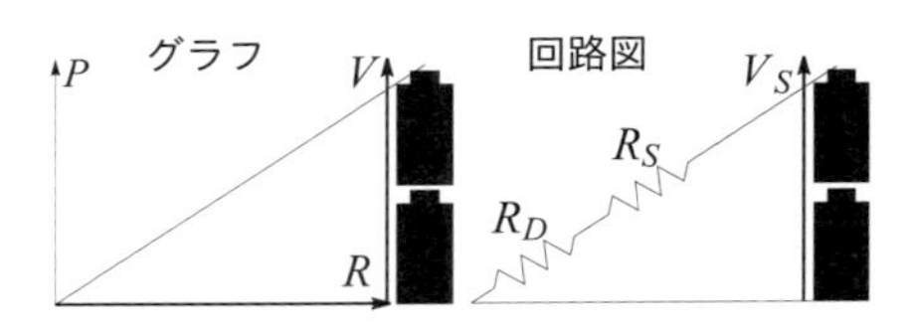

電源を表す記号には S (ソースの意) を，装置を表す記号には D (デバイスの意) を添字とする．抵抗 R_S, R_D が直列に，電圧 V_S の電源に繋がれているとする．電気回路におけるエネルギーとは，電圧と電流の積である**電力** $P := VI$ である．ここでは，装置側の電力 P_D を主な議論の対象とする．

上図において，左右の二枚は前後に重なっていると見る．左図は横軸に抵抗 R，縦軸に電圧 V を，また副軸として電力 P を取り，横軸との交点を原点とするグラフである．この時，直線は $V = IR$ となり，傾き I が電流を示す．

一方，右図は回路図である．合成抵抗の値を示す位置に，電源を据（す）える．直線の式は，そのまま合成抵抗の図であり，そこに電流が流れ，高さ 0 (0 ボルト) の所で，導線 (横軸) に沿って電源まで戻る．この図に限って言えば，新式の抵抗記号の方が好ましいかもしれない——直線を単純な箱で置き換えることにより，それを太い直線とも抵抗とも解釈することが出来るので．

2 内部抵抗との整合

さて，この回路は抵抗の直列接続なので，流れる電流 I は回路全体で同じ値を取り，装置側に生じる電圧 $V_D = IR_D$，消費する電力 $P_D = IV_D$ は

$$I = \frac{V_S}{R_S + R_D} \text{ より，} \quad V_D = \frac{V_S R_D}{R_S + R_D}, \quad P_D = \frac{V_S^2 R_D}{(R_S + R_D)^2}$$

となる．以上の一般論から，文字の置換えにより具体例に移行する．即ち

$$\text{電源側：}\begin{bmatrix} R_S \to r \\ V_S \to V \end{bmatrix}, \text{ 装置側：}\begin{bmatrix} R_D \to R \\ P_D \to P \end{bmatrix}. \text{ よって，} P = \frac{V^2 R}{(r+R)^2}$$

とする．ここで，r は「電源の内部抵抗」と呼ばれる．この時，消費電力 P を，最大にする R の条件に興味がある．そこで上式を R の二次方程式：

$$0 = P(r+R)^2 - V^2 R = PR^2 + (2rP - V^2)R + r^2 P$$

と見做すと，当然「抵抗値 R は実数」なので判別式は非負となり，その結果

$$0 \leqq (2rP - V^2)^2 - (2rP)^2 = (V^2 - 4rP)V^2 \text{ より，} P \leqq \frac{V^2}{4r}$$

を得る．そこで，P の最大値 $V^2/4r$ を，元の式に代入・整理して以下を得る．

$$\frac{V^2}{4r} = \frac{V^2 R}{(r+R)^2}. \text{ よって } \begin{cases} 0 = (r+R)^2 - 4rR = (r-R)^2 \\ \text{より，} R = r. \end{cases}$$

即ち，$R = r$ の時，装置の消費電力は最大 (エネルギーの伝達効率最大) になる．これをインピーダンス (この場合は純粋な抵抗であるが) 整合という．従って，R を小さくして P の増加を狙っても，r による制限があり，たとえ電源を短絡 ($R = 0$) させても，そこに無限の電力が生じるわけではない．

なお，r は直接計測出来る量ではなく，外部負荷を与えた結果 (電源の内部損失) として考察される量である．例えば，実際テスターで測れるのは，電池の端子電圧 (r による電圧降下を受けた値) であり，“公称値” ではない．

9.4 スカラーとベクトル

漸く多くの理系図書が冒頭に記している「**スカラーとベクトル**」を採り上げる時が来た．何故，これを後にしたのか．理由の第一は，この言葉が既に日常用語化し，濫用されている為である．「必要十分条件」などと同様に，中身の無い話の権威附けの為に，無用の所で「単なる方向の代用品」として使われている．理由の第二 (こちらが本質) は，ベクトルから始めると，その上位概念であるテンソルまで届かないことである．実際，理系の学生でも，両者の学習の間には壁があり，知らないまま課程を終える人も多いようである．

覚えることは学ぶことではない．確かにそれは学習の基礎を為すが，本質ではない．学問の体系を知ること，具象と抽象を常に往来することが，その根本である．「**抽象にまで及ばなければ，具象も理解出来ない**」といって過言ではない．従って，素朴な矢の概念から始めて，それを抽象化し，再び戻って具象化するという往復が必要なのである．既述のように，大半は「矢」という言葉だけで済む．そこから導かれるイメージだけで，充分に処理可能である．そこで，それを一気に抽象化して**テンソル**まで持っていった．それを今，スカラー・ベクトルの世界へ引き戻そう，具象化しようというわけである．

多くの著作では，具体的なベクトルから始めて，それを抽象化してテンソルを定義する．それそのものは間違いでもなければ，弊害があるわけでもないが，どうもこの手法では，テンソルまで辿り着いて貰えない．そこで逆順を試みたという次第である．多様な議論というものは，一つの作品の中に収まるものではない．様々な作品があって，その全体が多様であればよい．その一端を担うべく，これまでにない手法を採った．全体を何周かして頂ければ，その弱点も欠点も克服可能だと思うので御寛恕頂きたい．では本題を始めよう．

1 物理法則のベクトル化

身も蓋もない表現をすれば，「0 階のテンソル **0**-t」がスカラーであり，「1 階のテンソル **1**-t」がベクトルである．物理的な表現をすれば，「座標変換で不変なもの」，それがベクトルである．従って，物理法則はベクトルで書くことが望ましい．そうなっていれば，座標のことを気にする必要がなくなる．

特定の問題を解きたい場合にのみ，問題に相応しい座標系を選び，その座標に映る値を取り出せばよい．ベクトルを立体の太字，スカラーを細字で書くと，例えば運動方程式は「$m\mathbf{a} = \mathbf{F}$ $(\mathbf{a} := \ddot{\mathbf{r}})$」となる——$\mathbf{r}$ は位置ベクトルと呼ばれ，ベクトルの変換性の基礎を担っている．調和振動子の全エネルギーは

$$E = \frac{\mathbf{p}^2}{2m} + \frac{1}{2}m\omega^2\mathbf{r}^2, \qquad \mathbf{p} := m\dot{\mathbf{r}}$$

となるが，この表現では空間次元が隠されており，一次元の問題なのか，二次元以上が対象なのか分からない．しかし，この「分からない」ことが，その応用範囲の広さを示している．全ては位置ベクトル $\mathbf{r}$ の定義次第になる．

ここで，ベクトルの二乗 (**ドット積**) はスカラーである．実際

$$\mathbf{p}^2 := \mathbf{p}\cdot\mathbf{p} = p^2, \quad \mathbf{r}^2 := \mathbf{r}\cdot\mathbf{r} = r^2.$$

この時，スカラーは座標に無関係な量 (ベクトルの長さの二乗) を表している——長さ (大きさ) 1 の場合，単位ベクトルという．ドット積(記号由来の名)は，計算結果を元に「**スカラー積**」とも呼ばれるが，上記のように両者が同一の物理次元を持つ場合を，特に「**内積**(ないせき)」と呼び分ける．ただし，初等的な範囲では厳しく区別せず，これらを “内積” 一つで済ませている (著者も他書ではこの方針を採用)．また，**クロス積**は「**外積**(がいせき)」と呼ばれる．例えば，$\mathbf{r}\times\mathbf{p} = \mathbf{L}$ (角運動量) は外積の代表例である．ただし，$\mathbf{r}, \mathbf{p}$ と $\mathbf{L}$ では，ベクトルとしての振舞いが異なる．

2 三次元空間の場合

直交三軸 (x, y, z) で識別される三次元空間をベクトル的に扱ってみよう．軸に沿う “静止” 単位ベクトルを，$\mathbf{e}_x, \mathbf{e}_y, \mathbf{e}_z$ とする．これらベクトル相互には

$$\begin{bmatrix} \mathbf{e}_x\cdot\mathbf{e}_x = 1 \\ \mathbf{e}_y\cdot\mathbf{e}_y = 1 \\ \mathbf{e}_z\cdot\mathbf{e}_z = 1 \end{bmatrix}, \quad \begin{bmatrix} \mathbf{e}_x\cdot\mathbf{e}_y = 0 \\ \mathbf{e}_y\cdot\mathbf{e}_z = 0 \\ \mathbf{e}_z\cdot\mathbf{e}_x = 0 \end{bmatrix}, \quad \begin{bmatrix} \mathbf{e}_x\times\mathbf{e}_y = \mathbf{e}_z \\ \mathbf{e}_y\times\mathbf{e}_z = \mathbf{e}_x \\ \mathbf{e}_z\times\mathbf{e}_x = \mathbf{e}_y \end{bmatrix}$$

が成立する．以上の設定の下，x, y の二軸それぞれに沿う調和振動子を考察することで，冒頭の主張を確かめておく．先ず，各々の運動方程式とその解は

$$\begin{aligned} m\ddot{x} &= -\omega^2 x, \quad x(t) = x_0\cos\omega t + \dot{x}_0\sin\omega t/\omega, \\ m\ddot{y} &= -\omega^2 y, \quad y(t) = y_0\cos\omega t + \dot{y}_0\sin\omega t/\omega \end{aligned}$$

である．これらが二次元ベクトル $\mathbf{r}$ の成分とすると

$$\begin{aligned}\mathbf{r} &= x\mathbf{e}_x + y\mathbf{e}_y = (x_0\cos\omega t + \dot{x}_0\sin\omega t/\omega)\mathbf{e}_x + (y_0\cos\omega t + \dot{y}_0\sin\omega t/\omega)\mathbf{e}_y \\ &= (x_0\mathbf{e}_x + y_0\mathbf{e}_y)\cos\omega t + (\dot{x}_0\mathbf{e}_x + \dot{y}_0\mathbf{e}_y)\sin\omega t/\omega \\ &= \mathbf{r}_0\cos\omega t + \dot{\mathbf{r}}_0\sin\omega t/\omega\end{aligned}$$

となる．これはベクトル型の方程式を直接解いたものに一致している．即ち

$$\mathbf{a} = -\omega^2\mathbf{r},\quad \begin{cases}\mathbf{r}(t) = \mathbf{r}_0\cos\omega t + \mathbf{p}_0\sin\omega t/m\omega, \\ \mathbf{p}(t) = -m\omega\mathbf{r}_0\sin\omega t + \mathbf{p}_0\cos\omega t\end{cases}$$

である．各々の二乗和を加えて整理すると，エネルギーの式：

$$2mE = \mathbf{p}^2 + m^2\omega^2\mathbf{r}^2$$

が再現される．また，全体を $2mE$ で割ることで，この軌道が楕円になることが分かる．更に，角運動量を求めると，以下に示すように定数になる．

$$\begin{aligned}\mathbf{L} &= \mathbf{r}\times\mathbf{p} = (\mathbf{r}_0\cos\omega t + \mathbf{p}_0\sin\omega t/m\omega)\times(-m\omega\mathbf{r}_0\sin\omega t + \mathbf{p}_0\cos\omega t) \\ &= (\mathbf{r_0}\times\mathbf{p_0}\cos^2\omega t - \mathbf{p_0}\times\mathbf{r_0}\sin^2\omega t) = \mathbf{r_0}\times\mathbf{p_0}.\end{aligned}$$

3 極座標への視座

更に，特定の初期条件の場合を考える．条件 $\mathbf{r}(0) = r_0\mathbf{e}_x$，$\mathbf{p}(0) = mr_0\omega\mathbf{e}_y$ を選ぶと，半径 r_0 の円運動を表す以下の表現を得る．

$$\mathbf{r} = r_0\mathbf{e}_x\cos\omega t + r_0\mathbf{e}_y\sin\omega t = r_0(\mathbf{e}_x\cos\omega t + \mathbf{e}_y\sin\omega t).$$

逆に，半径が一定 $(\mathbf{r}^2 = r_0^2)$ の時，両辺を微分して $\mathcal{D}_t\mathbf{r}^2 = 0$ より，$\mathbf{r}\cdot\dot{\mathbf{r}} = 0$ を得るので，位置ベクトルと速度ベクトルは常に直交することが分かる．

1 この結果に示唆を受けて，以下のベクトル $\mathbf{e}_r, \mathbf{e}_\theta$ を

$$\begin{aligned}\mathbf{e}_r &:= \mathbf{e}_x\cos\theta + \mathbf{e}_y\sin\theta, \\ \mathbf{e}_\theta &:= \mathbf{e}_z\times\mathbf{e}_r \\ &= -\mathbf{e}_x\sin\theta + \mathbf{e}_y\cos\theta.\end{aligned}\qquad\left|\qquad\begin{aligned}&\mathbf{e}_r\cdot\mathbf{e}_r = 1,\quad \mathbf{e}_\theta\cdot\mathbf{e}_\theta = 1, \\ &\mathbf{e}_r\cdot\mathbf{e}_\theta = \mathbf{e}_\theta\cdot\mathbf{e}_r = 0, \\ &\mathbf{e}_r\times\mathbf{e}_\theta = \mathbf{e}_z.\end{aligned}\right.$$

と定義しよう．逆の関係は，以下のように定まる．

$$\mathbf{e}_x = \mathbf{e}_r\cos\theta - \mathbf{e}_\theta\sin\theta,\quad \mathbf{e}_y = \mathbf{e}_r\sin\theta + \mathbf{e}_\theta\cos\theta.$$

この二つのベクトルは，角 θ で回転する単位ベクトルであり，極座標 (r,θ) の基底となる．時間に関する微分は，関係：$\mathcal{D}_t(AB) = \dot{A}B + A\dot{B}$ を用いて

$$\text{(a)}: \dot{\mathbf{e}}_r = \dot{\theta}\mathbf{e}_\theta,\quad \text{(b)}: \dot{\mathbf{e}}_\theta = -\dot{\theta}\mathbf{e}_r,\quad \text{(c)}: \ddot{\mathbf{e}}_r = \ddot{\theta}\,\mathbf{e}_\theta + \dot{\theta}\dot{\mathbf{e}}_\theta = \ddot{\theta}\,\mathbf{e}_\theta - \dot{\theta}^2\mathbf{e}_r.$$

これらを用いて，$\mathbf{r} = r\mathbf{e}_r$ の一階微分は

$$\dot{\mathbf{r}} = \dot{r}\mathbf{e}_r + r\dot{\mathbf{e}}_r = \dot{r}\mathbf{e}_r + r\dot{\theta}\mathbf{e}_\theta$$

となるので，角運動量 $\mathbf{L} = m\mathbf{r}\times\dot{\mathbf{r}}$ は，$\mathbf{e}_r\times\mathbf{e}_r = 0$ より以下となる．

$$\mathbf{L} = mr\mathbf{e}_r\times(\dot{r}\mathbf{e}_r + r\dot{\theta}\mathbf{e}_\theta) = mr^2\dot{\theta}\mathbf{e}_z \ \to\ L = mr^2\dot{\theta}.$$

その大きさ $|\mathbf{L}|$ を，細字 L で表す．$\mathbf{r}$ の二階微分は関係 (a) (c) を用いて

$$\begin{aligned}\ddot{\mathbf{r}} &= \mathcal{D}_t(\dot{r}\mathbf{e}_r + r\dot{\mathbf{e}}_r) = \ddot{r}\mathbf{e}_r + \dot{r}\dot{\mathbf{e}}_r + \dot{r}\dot{\mathbf{e}}_r + r\ddot{\mathbf{e}}_r = \ddot{r}\mathbf{e}_r + 2\dot{r}\dot{\mathbf{e}}_r + r\ddot{\mathbf{e}}_r\\ &= \ddot{r}\mathbf{e}_r + 2\dot{r}(\mathrm{a}) + r(\mathrm{c}) = (\ddot{r} - r\dot{\theta}^2)\mathbf{e}_r + (2\dot{r}\dot{\theta} + r\ddot{\theta})\mathbf{e}_\theta\end{aligned}$$

となるが，$\mathbf{e}_\theta$ の項は，$\mathcal{D}_t(r^2\dot{\theta}) = 2r\dot{r}\dot{\theta} + r^2\ddot{\theta}$ より

$$\mathbf{F} = m(\ddot{r} - r\dot{\theta}^2)\mathbf{e}_r + \frac{1}{r}\dot{L}\mathbf{e}_\theta$$

と書き換えられる—— $\mathbf{F} = F\mathbf{e}_r$ の場合 (中心力という)，$\dot{L} = 0$ となる．

2 ここで，長さ ℓ，質量 m の振子の問題を，上記関係を利用して解いてみよう．$\mathbf{r} = \ell\mathbf{e}_r$ より，$\dot{r} = 0$，$\ddot{r} = 0$ なので

$$\dot{\mathbf{r}} = \ell\dot{\mathbf{e}}_r = \ell\dot{\theta}\mathbf{e}_\theta, \quad \ddot{\mathbf{r}} = \ell(\ddot{\theta}\mathbf{e}_\theta + \dot{\theta}\dot{\mathbf{e}}_\theta) = \ell(\ddot{\theta}\mathbf{e}_\theta - \dot{\theta}^2\mathbf{e}_r)$$

が得られる．鉛直下向きに $\mathbf{e}_x$ を取ると，重力は $mg\mathbf{e}_x$ であり，それに対抗する紐の張力を $T\mathbf{e}_r$ として，以下のように立式出来る．

$$\begin{aligned}\mathbf{F} &= m\ddot{\mathbf{r}} = m\ell(\ddot{\theta}\mathbf{e}_\theta - \dot{\theta}^2\mathbf{e}_r)\\ &\parallel\\ mg\mathbf{e}_x - T\mathbf{e}_r &= mg(\mathbf{e}_r\cos\theta - \mathbf{e}_\theta\sin\theta) - T\mathbf{e}_r\\ &= (-mg\sin\theta)\mathbf{e}_\theta + (mg\cos\theta - T)\mathbf{e}_r.\end{aligned}$$

ここから方向別に分け，各項を整理して，振子の運動方程式：

$$\mathbf{e}_\theta:\ \ell\ddot{\theta} = -g\sin\theta, \qquad \mathbf{e}_r:\ T = mg\cos\theta + m\ell\dot{\theta}^2$$

を得る．左の式を解き，その $\theta(t)$ を右に代入することで，張力 T が定まる．振幅の小さい部分では，$\sin\theta\approx\theta$ という近似が使えて，以下を得る．

$$\ddot{\theta} + \omega^2\theta = 0, \quad \omega := \sqrt{g/\ell}, \ \ T = 2\pi\sqrt{\ell/g}.$$

これは θ の調和振動子であり，振幅に依らず周期は一定 (等時性) になる．

本問もまた**次元解析**のみで主要部 (係数 2π を除く部分) が求められる．これは，$[g]_\mathrm{D} = \mathsf{L}/\mathsf{T}^2$, $[\ell]_\mathrm{D} = \mathsf{L}$ から，T を作る問題であるから，α, β を定数として

$$\mathsf{T} = g^\alpha \ell^\beta = (\mathsf{L}/\mathsf{T}^2)^\alpha (\mathsf{L})^\beta = \mathsf{L}^{\alpha+\beta}\mathsf{T}^{-2\alpha} \text{ より，} \alpha = -\frac{1}{2},\ \beta = \frac{1}{2}$$

を得る．これは確かに，周期の主要部 $\sqrt{\ell/g}$ を再現している．

9.5 振動の連鎖と波動

ここまでに，調和振動子と三角関数 (正弦・余弦関数) の密接な関係を見てきた——以後は両関数をまとめて正弦の名で略す．それは，単なる方程式と解の関係を越えて，物理と数学を結ぶ諸概念の源泉とも成っていた．

1 波動現象への応用

更にその応用範囲を拡げる．正弦関数のグラフに注目し，これを今までとは異なる方法で再現する．初期位置を $x_0 = 0$ とする調和振動子の解は，正弦関数そのものであったが，その一次元運動を縦に配する．即ち，通常の xy 平面における y 軸に沿った振動と見做す．加えて，横方向に拡がる正弦関数：

$$y = \sin\left(2\pi\frac{x}{\lambda}\right) = \sin kx \quad (\text{ただし，}[\lambda]_\mathrm{D} = \mathsf{L})$$

を定義する．定数 λ は，一周期の長さを表すと共に，括弧内を無次元化する．更に，$k\lambda = 2\pi$ となる定数 k を導入した．

1 この関数のグラフを，縦軸に沿って振動する多数の調和振動子により近似したい．多数の縦振動を並べて，一つの曲線を描こうというわけである．先ずは，$kx_n := n\pi/6$ により一周期を 12 分割して，半周期分を具体的に書くと

$$\begin{aligned}
&kx_0 = 0\pi/6 : y_0 = \sin kx_0 = 0, && kx_4 = 4\pi/6 : y_4 = \sin kx_4 = \sqrt{3}/2,\\
&kx_1 = 1\pi/6 : y_1 = \sin kx_1 = 1/2, && kx_5 = 5\pi/6 : y_5 = \sin kx_5 = 1/2,\\
&kx_2 = 2\pi/6 : y_2 = \sin kx_2 = \sqrt{3}/2, && kx_6 = 6\pi/6 : y_6 = \sin kx_6 = 0.\\
&kx_3 = 3\pi/6 : y_3 = \sin kx_3 = 1,
\end{aligned}$$

となる．これは，x_n 各点における関数の値であるが，これを縦方向に並列さ

せた振動子の時刻 0 における質点の位置と見做す．この時，質点の全体がグラフを近似する——分割数を増やすことで，グラフは望む精度で再現される．

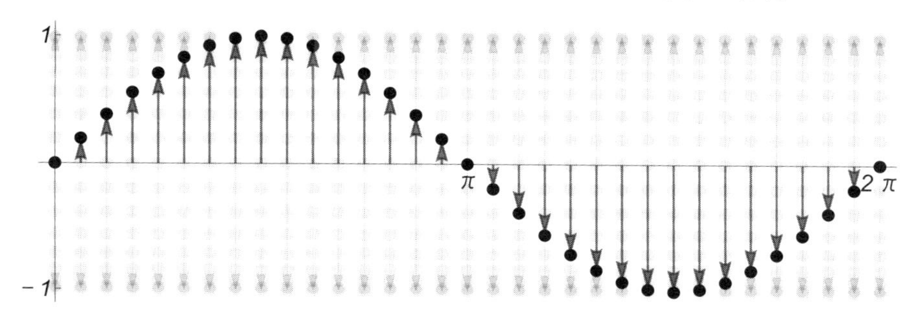

更に，各点の位置を示すベクトルを，以下で定義する．

$$\mathbf{r}_n := \mathbf{x}_n + \mathbf{y}_n = x_n\mathbf{e}_x + y_n\mathbf{e}_y.$$

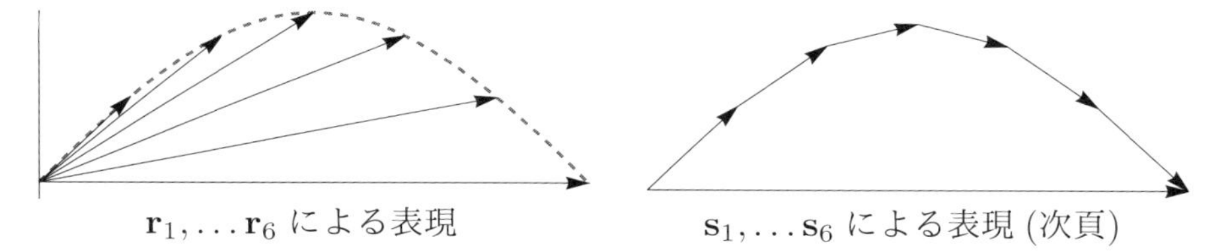

$\mathbf{r}_1, \ldots \mathbf{r}_6$ による表現　　$\mathbf{s}_1, \ldots \mathbf{s}_6$ による表現 (次頁)

ここで，y_n をヒントに「角振動数 ω の振動子」を含む

$$y(x, t; A) := A\sin(kx - \omega t)$$

⟵ 記号「；」は変数と係数を区分する

を定義すると，既述の結果は，$y_n := (x_n, 0; 1)$ により再現され，$\mathbf{r}_n$ の全体は，動くグラフの時刻 0 での静止画となる．「正の係数 A」は波の**振幅**を表す——全振れ幅の半分である．今，時間の刻み t_n を $n\pi/6\omega$ とすると

$$y_n\left(\frac{n\pi}{6k}, \frac{n\pi}{6\omega}; 1\right) = \sin\left(\frac{n\pi}{6} - \frac{n\pi}{6}\right) = 0$$

となり，時刻に依らず常に 0 になる．これは正弦波と x 軸の交点に注目した結果であるが，この時，交点は以下の速度で進む (詳細は後述)．

$$\frac{x_n}{t_n} = \frac{n\pi}{6k}\Big/\frac{n\pi}{6\omega} = \frac{\omega}{k}.$$

また，正弦波上の各点で同様の議論が出来るので，ここから「正弦波全体が，その形を保ったまま，x の正方向へと移動している」ことが分かる．

2 実際に，ここで考察しているのは，半周期分の折れ線である．その各部をベクトル表記にして，その総和を求めると，右のようになる．

$$\left.\begin{aligned}\mathbf{s}_1 &:= \mathbf{r}_1 - \mathbf{r}_0\\ \mathbf{s}_2 &:= \mathbf{r}_2 - \mathbf{r}_1\\ \mathbf{s}_3 &:= \mathbf{r}_3 - \mathbf{r}_2\\ \mathbf{s}_4 &:= \mathbf{r}_4 - \mathbf{r}_3\\ \mathbf{s}_5 &:= \mathbf{r}_5 - \mathbf{r}_4\\ \mathbf{s}_6 &:= \mathbf{r}_6 - \mathbf{r}_5 \ (+\end{aligned}\right\}\begin{aligned}&\mathbf{s}_1 + \mathbf{s}_2 + \mathbf{s}_3\\ &\quad + \mathbf{s}_4 + \mathbf{s}_5 + \mathbf{s}_6\\ &= \mathbf{r}_6 - \mathbf{r}_0\\ &= \mathbf{r}_6 = x_6\mathbf{e}_x\end{aligned}$$

これは分割の数に依らない結果であり，この曲線の並進運動に関わる性質は，折れ線全体の x 軸への射影に現れることが改めて示された．この左から右へと繋がる振動の連鎖を**波動**と呼ぶ．ここでは，各振動子間の連携を示す要素は導入せず，初期位置によりグラフの外形を誘導したが，例えば，各振動子をその点における水の上下動と見做せば，それらの境界には摩擦による連携が生じ，振動子は独立性を失って，一つの波形を形成することになる．この時，波形を表す正弦関数のグラフは，「正弦波」の名で呼ばれる．

2 諸定数の相互関係

正弦波を元に，関連する諸定数を紹介しよう．調和振動子の挙動は，等速円運動の直交軸への射影として理解出来た．この発想から，回転運動と並進運動に擬えた諸量として，回転を想起させる“角”を冠にしたもの (基準値は円周 2π) と，並進を想起させる無冠のもの (基準値は 1) が用いられる．一般に，あるいは工学的に，波を記述する際には，並進的な表現を採用する場合が多い．理学的には，記述が簡潔な回転的表現が好まれる傾向がある．

同一の状態が繰り返される現象に対して，その一回が完了するまでの所要時間を，**周期**と呼び T，その所要距離，あるいは長さを**波長**と呼び λ で表す．この T, λ を基にして，以下の量が定義され，相互関係も定まる．

$$\begin{aligned}\omega/k &= \nu\lambda\\ &= v \ \$\ \mathrm{m/s}\end{aligned}$$

回転的 (基準値 2π)		並進的 (基準値 1)		相互関係
角振動数 (角周波数)	$\omega T = 2\pi$	振動数 (周波数)	$\nu T = 1$	$\to \omega = 2\pi\nu$
角波数	$k\lambda = 2\pi$	波数	$\sigma\lambda = 1$	$\to k = 2\pi\sigma$

これらは全て明確な意味を持つ量であるが，そうした概念的な問題よりも，記述を簡明にする (逆数を避けるなど) ことを優先して，選んでいるようである．用語の立場からは，角振動数・周波数・波数が，より一般的に用いられている印象がある—— 2π も含めて波数と呼ぶ場合がある．1 秒当たりの波の数と，その長さの積 $\nu\lambda$ は波が 1 秒間に進んだ距離を表す為，これが波の速度 v

を与える——これはグラフの一点が移動する速度であり，その意味で「位相（いそう）速度」と呼ばれる．なお，$\nu\ \$\ 1/\mathrm{s}$ であるが，この単位を Hz(ヘルツ) と呼ぶ．

3 波動方程式

定数の選択により，関数の姿は様々に変わる．主要部を抜き出せば

$$\sin(kx-\omega t)=\sin\,2\pi\left(\frac{x}{\lambda}-\frac{t}{T}\right)=\sin k(x-vt)$$

などである——これら三種類の表現，それぞれに活躍の場がある．

1 これにヒントを得て，以下の関数を定義しよう．

$$u(x,t):=\mathrm{e}^{\mathrm{i}k(x-vt)}=\mathrm{e}^{\mathrm{i}kx}\cdot\mathrm{e}^{-\mathrm{i}kvt}=A(x)B(t).$$

明らかに，$A(x):=\mathrm{e}^{\mathrm{i}kx}$, $B(t):=\mathrm{e}^{-\mathrm{i}kvt}$ は各々が調和振動子型の方程式を充たす．実際，添字以外の文字は定数と見做す「微分記号 ∂_x, ∂_t」の導入により

$$\begin{aligned}\partial_x u&=(\partial_x A(x))B(t)=(\mathrm{i}kA(x))B(t)\quad=\mathrm{i}ku,\\ \partial_t u&=A(x)(\partial_t B(t))=A(x)(-\mathrm{i}kvB(t))=-\mathrm{i}kvu,\\ \partial_x^2 u&=\mathrm{i}k\partial_x u=-k^2u\qquad\longrightarrow\quad(\partial_x^2+k^2)u=0,\\ \partial_t^2 u&=-\mathrm{i}kv\partial_t u=-k^2v^2u\longrightarrow(\partial_t^2+k^2v^2)u=0\end{aligned}$$

と確かめられる．末尾の二式をまとめて，以下を得る．

$$(\partial_t^2-v^2\partial_x^2)u=0.\quad\left(\text{又は，}\frac{\partial^2 u}{\partial t^2}=v^2\frac{\partial^2 u}{\partial x^2}\right)$$

因みに記号 ∂ (ラウンド・ディと読む) を含む計算を，偏微分（へんびぶん）という．括弧内の表記が，通常の微分との対応を取った標準的なものである．

余話

通常，この偏微分方程式は，**波動方程式**の名で呼ばれるが，一方，量子力学においても，この名称は流用されており，現状ではそちらの勢いの方が勝っているようである．これでは本家の立場が無い．量子力学における「波動方程式」「波動関数」には，「シュレーディンガー方程式」「確率振幅」という内容に即した名称もあるので，百年の歴史を刻んだ今，誤解の多い “波動” の看板を降ろしてもよいのではないか——言葉の濫用が．真の神秘から人を遠ざけている．

この方程式は，調和振動子を時間と空間の両方に対応させたものであり，基本的な波の性質を上手く説明する．特定の解から導かれた方程式ではあるが，その解を超える豊かな性質を持っている．現象の本質を射貫(いぬ)いた方程式は，我々の想像を超える驚くべき解を含むこともある．

2 方程式から解への道は王道であるが，初学者には逆順がよい．過剰な数学的準備を要しない為である．微分は必ず出来るが，積分はそうではない．一般に，微分を含む方程式を解くとは，積分することである．従って，解ける方程式に出会えれば，それだけで幸運だということになる．

容易に確かめられるように，以下の関数：

$$\mathrm{e}^{\mathrm{i}k(x+vt)}$$

もまた，上記方程式の解となる．$-vt$ を含むものが x の正の方向へ進む波を記述するのに対して，$+vt$ を含むものは負の方向へ進む．一般に，ある瞬間の波形を定める微分可能な関数：f, g が与えられた時，その和：

$$f(x+vt) + g(x-vt)$$

⟵ 後退波　　進行波 ⟶

が解になることも，代入により確かめられる．この二種の解を含むことは，方程式が「$(\partial_t - v\partial_x)(\partial_t + v\partial_x)u = 0$」と因数分解出来ることからも予想される．

3 質点の「時間的」な変動を記述する核として調和振動子を選び，その複製を多数「空間的」に配置した．各点における調和振動子が協調的に動き，それらが全体として正弦波を描くように設定した．これは，空間を移動する光点の軌跡を，各点に静止した多数の光点により再現する試みと同様である——我々はこの仕組により，可動部の無いディスプレイで，動く映像を実現している．

実際，振動に垂直な方向に移動する質点の軌跡は，正弦波となる．そして，そこには具体的な「物」の移動が伴っている．一方，空間の各点に位置する振動子の協調運動により描かれる軌跡に，物の移動は無い．あるのは「状態の変化と連鎖」という「事」だけである．風呂でも池でも湖でも，単純な波により浮遊物を遠隔地まで運ぶことは出来ない．各点における水は，その場で振動を繰り返し，その状態の変化を周辺へと拡げているだけである．

一粒子から多粒子へ，離散から連続へ．個別から全体へ．振動から波動へ．「物」から「事」へ．これらは「場の考え方」へと我々を誘う．場は単なる事象の容器ではない．変幻自在の場こそ，物理学の花形であり主役なのである．

9回裏：まとめ

◇合成の仕組．抵抗 R・蓄電器 C・バネ k に関して

$$\text{直列接続：}\ R=\sum_{i=1}^{n}R_i,\quad \frac{1}{C}=\sum_{i=1}^{n}\frac{1}{C_i},\quad \frac{1}{k}=\sum_{i=1}^{n}\frac{1}{k_i},$$

$$\text{並列接続：}\ \frac{1}{R}=\sum_{i=1}^{n}\frac{1}{R_i},\quad C=\sum_{i=1}^{n}C_i,\quad k=\sum_{i=1}^{n}k_i.$$

◇電気回路と素子．CRL 回路の構成 (単線と複線)．

直列 (単線)	電流共通 $(I=I_{\mathrm{C}}=I_{\mathrm{R}}=I_{\mathrm{L}})$ 電圧分配 $(V=V_{\mathrm{C}}+V_{\mathrm{R}}+V_{\mathrm{L}})$
並列 (複線)	電圧共通 $(V=V_{\mathrm{C}}=V_{\mathrm{R}}=V_{\mathrm{L}})$ 電流分岐 $(I=I_{\mathrm{C}}+I_{\mathrm{R}}+I_{\mathrm{L}})$

◇電圧降下．インピーダンス整合．

◇物理法則をベクトルで書く．位置ベクトル $\mathbf{r}$ に対して

$$\text{運動方程式：}m\ddot{\mathbf{r}}=\mathbf{F},\quad \text{運動量：}\mathbf{p}:=m\dot{\mathbf{r}},\quad \text{角運動量：}\mathbf{L}=\mathbf{r}\times\mathbf{p},$$

$$\text{調和振動子：}\ddot{\mathbf{r}}=-\omega^2\mathbf{r},\quad E=\frac{\mathbf{p}^2}{2m}+\frac{1}{2}m\omega^2\mathbf{r}^2\qquad \text{解：}\begin{cases}\mathbf{r}(t)=\mathbf{r}_0\cos\omega t+\mathbf{p}_0\sin\omega t/m\omega,\\ \mathbf{p}(t)=-m\omega\mathbf{r}_0\sin\omega t+\mathbf{p}_0\cos\omega t.\end{cases}$$

◇振動の連鎖と波動現象 (諸定数の関係)．

回転的 (基準値 2π)		並進的 (基準値 1)		相互関係
角振動数 (角周波数)	$\omega T=2\pi$	振動数 (周波数)	$\nu T=1$	$\to\omega=2\pi\nu$
角波数	$k\lambda=2\pi$	波数	$\sigma\lambda=1$	$\to k=2\pi\sigma$

◇波動方程式 (偏微分方程式) とその一般解 $u=f+g$：

$$\frac{\partial^2 u}{\partial t^2}=v^2\frac{\partial^2 u}{\partial x^2}\qquad f(x+vt)+g(x-vt)$$

$\longleftarrow$ 後退波　　進行波 $\longrightarrow$

三角関数・双曲線関数

$$\sin 2\theta = 2\sin\theta\cos\theta = \frac{2\tan\theta}{1+\tan^2\theta}$$

$$\cos 2\theta = 2\cos^2\theta - 1 = 1 - 2\sin^2\theta = \cos^2\theta - \sin^2\theta = \frac{1-\tan^2\theta}{1+\tan^2\theta}$$

$$a\cos A + b\sin A = \sqrt{a^2+b^2}\sin(A + \tan^{-1}(a/b))$$

$\sinh x \equiv \dfrac{\mathrm{e}^x - \mathrm{e}^{-x}}{2}$, $\cosh x \equiv \dfrac{\mathrm{e}^x + \mathrm{e}^{-x}}{2}$, $\tanh x \equiv \dfrac{\mathrm{e}^x - \mathrm{e}^{-x}}{\mathrm{e}^x + \mathrm{e}^{-x}}$ に対して

$$\sinh(x \pm y) = \sinh x\cosh y \pm \cosh x \sinh y$$
$$\cosh(x \pm y) = \cosh x\cosh y \pm \sinh x \sinh y$$

級数展開

$$\frac{1}{1-x} = 1 + x + x^2 + x^3 + x^4 + \cdots \quad (|x| < 1)$$

$$(1+x)^\alpha = 1 + \alpha x + \frac{\alpha(\alpha-1)}{2!}x^2 + \frac{\alpha(\alpha-1)(\alpha-2)}{3!}x^3 + \cdots \quad (|x| < 1)$$

$$\tan x = x + \frac{1}{3}x^3 + \frac{2}{15}x^5 + \frac{17}{315}x^7 + \frac{62}{2835}x^9 + \frac{1382}{155925}x^{11} + \cdots$$

$$\sinh x = x + \frac{1}{3!}x^3 + \frac{1}{5!}x^5 + \frac{1}{7!}x^7 + \cdots$$

$$\cosh x = 1 + \frac{1}{2!}x^2 + \frac{1}{4!}x^4 + \frac{1}{6!}x^6 + \cdots$$

逆正接関数：最良近似式 $(-1 \leqq x \leqq 1)$

$$\tan^{-1} x \simeq 0.995354x - 0.288679x^3 + 0.079331x^5$$

逆関数の微分：$y' \equiv \mathrm{d}y/\mathrm{d}x$, $y'' \equiv \mathrm{d}^2y/\mathrm{d}x^2$, $y''' \equiv \mathrm{d}^3y/\mathrm{d}x^3$

$$\frac{\mathrm{d}x}{\mathrm{d}y} = 1/y', \quad \frac{\mathrm{d}^2x}{\mathrm{d}y^2} = -y''/(y')^3, \quad \frac{\mathrm{d}^3x}{\mathrm{d}y^3} = -[y'''y' - 3(y'')^2]/(y')^5$$

媒介変数による微分：$x = x(t)$, $y = y(t)$, $\dot{x} \equiv \mathrm{d}x/\mathrm{d}t$, $\ddot{x} \equiv \mathrm{d}^2x/\mathrm{d}t^2$ 等

$$y' = \frac{\dot{y}}{\dot{x}}, \quad y'' = \frac{\dot{x}\ddot{y} - \ddot{x}\dot{y}}{(\dot{x})^3}, \quad y''' = \frac{(\dot{x})^2\,\dddot{y} - 3\dot{x}\ddot{x}\ddot{y} + 3\dot{y}(\ddot{x})^2 - \dot{x}\dot{y}\,\dddot{x}}{(\dot{x})^5}$$

附録

本文中で，導出過程を示さなかった関係について，そこから派生(はせい)する結果も交(まじ)えて紹介する．ただし，こうした手法は「ある種の矛盾を含んでいる」ことを御理解頂きたい．「物理は数学ではないので，複雑な計算は後で」といった主張をよく見掛ける．前段は当然であるが，**数学抜きで物理は分かるか，計算無しで模索の闇(やみ)は照らせるか**．必要な数学は，必要な場で学ぶ方が効率が良い．“後で後で” は機会を逸(いっ)する．「附録で一挙に」は初学者には危険なのである．

しかし，本文中の数式を見ると「目が滑(すべ)る」という読者も多い．この辺りの匙加減(さじかげん)が難しい．見ることさえ拒(こば)む人も居れば，準備もせずに難解なものに手を出す人も居る．これでは成果は望めない．何かと極端な時代である．

本書では，積分を用いていない．少なくともＳ字は上下に伸ばしていない． 難しいからではない．初歩の物理においても，微分の活用は不可避(ふかひ)であるが，積分に “逆微分” 以上の役割を求めると，準備だけで疲弊(ひへい)する．特に，対象の物理的な特徴，例えば CM や MI を得ることだけを目的に積分を導入することも，それを嫌ってこの種の物理量を避けることも適切ではない．しかし，現状は後者の道を歩んでいる．そこで，区分求積(くぶんきゅうせき)の発想を軸に，冪乗和(べきじょうわ)を用いる手法に徹した．手数は要(い)るが予備知識は要らない．原初的(げんしょてき)な手法であるが，独自の工夫も加え “計算過程が物理を照らす仕組” にした．また，省略した図版もある．出来れば「**文章から自らの手で図を起こして頂きたい**」からである．

テンソルも同様である．物理法則を，微分も使わず，ベクトル表記も用いずに示すことは至難(しなん)であり，その結果，実体から大きく逸脱(いつだつ)した公式の羅列(られつ)に堕(お)ちている．数学の本質的な貢献を退(しりぞ)け，枝葉末節(しようまっせつ)に過ぎない「公式」という部分でのみ利用している．両者の混合である「慣性テンソル」を，高校課程で学ぶ必要はないが，それは理解出来ないからではない．非等方性の物体，例えばテニスラケットを空中に投げた時に見られる「複雑な三次元運動を記述するもの」とする紹介だけでも充分意義がある．自らの手を使って，これらを追認する時，「何かを掴んだという実感」を持って頂ければ，と願うものである．

最後に，語呂合わせの手慰(てなぐさ)みを披露した．真に記憶すべきは，基本的な物理定数であり，元素の存在を意識することである，との立場から一案を提示した．

1：物理における「三手の読み」

将棋そのものが，我が国文化の精華であることは当然のこととして，その普及の為に勘案された「格言」も同様の素晴らしさを持っている．短歌や俳句の短詩系文学の長所を最大限に採り入れ，印象的でありながら，普遍的な理想の文体を誇っている．その先駆者にして第一人者であった**原田泰夫九段**(1923-2004) が，「玉損の攻め」とも称された強烈な攻めの棋風を持つ棋士であり，同時に著名な俳人，書家であったことは決して偶然ではない．

余話

銀座の遺墨展にお邪魔したことを懐かしく思い出す——因みに著者は，九段の『将棋入門』と『プロ野球三国志 (大和球士著)』，そして雑誌『子供の科学』『ラジコン技術』などを小中学生時代愛読していた．動画も余り残っていないようであるが，未見の方には，「凜とした姿勢が場の空気を引き締める，明るく朗らかで饒舌な，眼鏡を掛けた笠智衆」という個人的な印象を添えておこう．

1 有効な格言は，並大抵の技量で書けるものではない．有効性と網羅性を誇る我が国の受験参考書においても，思わず口を吐くような「短文・警句」は稀である．数学や物理学の考え方や注意事項を，見事に表現した傑作には，終ぞ出会ったことがない．やはり多数の合議制では届かない，個人の感性だけが掴める「高み」というものが存在するのだろう．ここでは，原田格言の白眉たる**「三手の読み：こうやる／こうくる／そこでこう指す」**を採り上げる．

> こうやるの第一手は，その棋力に応じて浮かぶ．こうくるの第二手目に一人読みをしやすい．自分の都合のよいように考える．これがよくない．逆に，自分の一番困る手，不都合な手を相手の立場にたって考える．それでも自分はこう指す，つまり第三手目を選んでおく．

以上が『将棋入門』の中に書かれた定義である．これには，自分の思考・行為が，相手の反応を予測することで改善されるという「知的営為の核心部分」が活写されている．物理学の場合，対局相手は大自然であり，相手の応手は常に必然である．従って，読むべきはその応手を引き出す第一手であり，三手目に

「均衡を見出し，それを法則化する」為の筋道を含むものである．即ち

こうやる／こうくる／それをこう書く

である．例えば，振子を「僅かに押すと，僅かに動く」「手を離せば戻るが，振れの周期は振れ幅に依らない」「その中で成立する**瞬間の均衡**を見抜き等式で表す」の三手である．これが物理学，特に力学における「立式の基本的な構図」である．より簡素化すれば「**作用／反作用／運動方程式**」ということになる．

2 誰もが諳(そら)んじる格言を創ることは，教育者の夢であり，一つの目標でもある——九九の歌なども多数作られてきた．その意味で原田九段は，我々の憧れの存在である．次代に" 理工の原田" が出んことを願う．

将棋格言集	
三手の読み	居玉は避けよ
玉は囲いに入れよ	玉の早逃げ八手の得あり
浮き駒に手あり	龍は敵陣に使え
遠見の角に好手あり	馬は自陣に使え
金はナナメに誘え	銀は千鳥に使え
玉の腹から銀を打て	桂は控えて打て
桂の不成に好手あり	桂の高飛び歩の餌食
香は下段から打て	両取り逃げるべからず
遊び駒は活用せよ	仕掛けは歩の突き捨てから
手得より歩得	敵の打つ処に打て
寄せは俗手で	一歩千金

数多(あまた)ある中，今尚人口(いまなおじんこう)に膾炙(かいしゃ)しているものを挙げた．これは「PC を駆使した現代将棋においては如何に」といった話ではない．指し手の応酬(おうしゅう)が作り出す盤面の幾何学を，再び言語に落とし込む，その技量に感嘆(かんたん)し，次なる格言を目指すヒントにすべき，貴重な知的財産なのである．また，九段は「光速の寄せ・光速流 谷川浩司」「自在流 内藤國雄」などのように，棋風の命名にも長(た)けていた．この辺りには，講談や紙芝居など，話芸に必須の鮮やかさが感じ取れる．

命名と言えば，現在も野球選手を「二つ名(ふたつな)」で呼ぶことは多いが，その魁は大和球士(やまときゅうし)(安藤教雄) である．例えば，プロ野球の黎明期(れいめいき)においては，「弾丸ライナー・川上哲治」「七色の魔球・若林忠志」「塀際の魔術師・平山菊二」など

が代表的である．これらは，全く漫画の主人公のように響くが，原点はこれまた講談であろう．現在，声優を筆頭に，朗読，音読本など声に関する仕事が注目されている中，**文語の美しさ，素晴らしさを今一度見直し，その復権を果たすべき時期が来ている**．その意味で，「Unicorn」も「GOAT」も味気ない．

著者は幸運にも，杉浦忠，足立光宏，皆川睦雄，山口高志，村田兆治，江夏豊といった伝説的な投手を球場で見ることが出来た．彼等にもまた独特の異名があった．著者にとってのサブマリンとは「707」か「下手投げ」である．

2：「賢さ」とは何か

例えば，「1 から 4 までの自然数の総和は」と問われれば，結果を S_4 として

$$S_4 := \underbrace{1+2+3+4 = (((1+2)+3)+4)}_{1+2=3 \ \to \ 3+3=6 \ \to \ 6+4=10}$$

となる．前から順に足した結果である．しかし，100 までの総和であれば，どうなるか．有名な「少年ガウスの逸話」が採り上げられる場面である．

1 見える“景色”は何も変わらないので，ここでは上の計算を用いて，その意味を探る——ここで「与えられた数は 4 のみ」であるから，4 由来の数を太字で **4** と書いて強調する．求めるべき総和 S_4 を逆順にも書き，それを元のものと上下並べて縦に足す (命名・#(井桁) 計算)．すると全ての項が 5 になる．

$$\begin{array}{rcl} S_4 &=& 1 + 2 + 3 + \mathbf{4} \\ S_4 &=& \underline{\mathbf{4} + 3 + 2 + 1 \ (+} \\ \| & & \| \quad \| \quad \| \quad \| \\ 2S_4 &=& 5 + 5 + 5 + 5 = 5\times 4 \end{array}$$

よって，2 で割って所望の値：$S_4 = 10$ を得る．これが「ガウスはこう考えた」と伝聞される内容である．以上の計算における **4** の立場を強調すると

$$\frac{1}{2}\times(5\times 4) \ \text{は，} \ \frac{1}{2}\times((\mathbf{4}+1)\times\mathbf{4}) \ \text{と書ける．}$$

この計算は，一般性を失っていないので，**4** をそのまま n で置き換え整理して，以下に示す「一般の自然数 n で成り立つ総和の式：S_n」が導かれる．

$$S_n = \frac{1}{2}n(n+1).$$

2 さて，問題はここからである．読者は，このガウスの手法に何を感じられたか．「賢いやり方」だと感心する人も居れば，「こんな発想は出ない」と嘆く人も居るだろう．実際，100 程度ならまだしも，千や万ともなると，順に足す方法ではどうにもならない．しかし，これを理由に「賢い」云々は論じられない．例えば，人命に関わる作業の場合には，具体的に一つずつ数えていくことが「賢明なやり方」である．その為の「指差し確認」である．落語に，質屋の主(あるじ)が後継者に対して，「幾ら暗算が出来ても，客にはしっかりと算盤(そろばん)を弾(はじ)いて見せて，その結果を伝えるように」と指導する場面がある．それが「信用」だというのである．“賢い人間” への戒めである．

何故か数学の話題が出る度に，「閃(ひらめ)き」だとか「センス」だとかいう “ナン・センス” な言葉が，辺りから漂ってくる．そして，大学の数学が，受験数学の延長にあると思い込み，相も変わらず「裏技」を探すことに熱中した新入生は，大きな失望感を味わう．「要領よく」実験を熟(こな)そうとするゼミ生は，その態度を見咎(みとが)められて，常に愚直であれと “愚直に” 指導される．何れも正攻法から逃げている．問題は様々な方向から見直すのが「賢いやり方」である．時には愚直(ぐちょく)，愚鈍(ぐどん)に見える方法もまた，それはそれで「賢い」のである．

楽なやり方には，それなりの危険があるのに，これを知らない人は，直ぐに時流に流され，無駄を嫌い，時短ばかりを考えるようになる．「賢さ」の基準を，臨機応変(りんきおうへん)に切り替えることこそ，本当の「賢さ」であろう．Think different.

3 同じ#(いげた)を考えるにしても，図を使えば発想が拡がり，対象が実体化する．

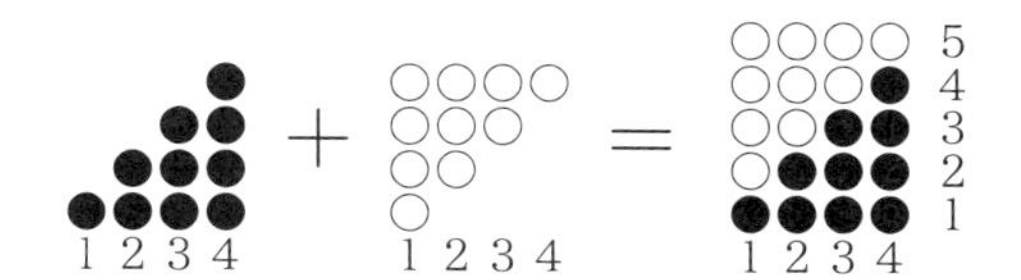

例えば，●の個数を数えよう．そこに同数の○を持ち込み加算する．ガウスと同じ方法であるが，結果は正に一目瞭然である．この「**見掛けだけ異なるものを加えて，全体を整える技法**」は常用されるので，この段階で学ぶことの意義は大きい．例えば，単に $2a^2$ を求める場合でも，$b := a$ を導入し，$a^2 + b^2$ と書き換えることで，「三平方の定理」が使える可能性が生じる．問題の対称性が上がって，幾何的な考察にも堪(た)えるものになる．

折角（せっかく）「三角形」状に並べたのだから，その知識も活用したい．そこで

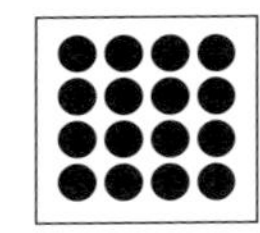 を「二分割？」して 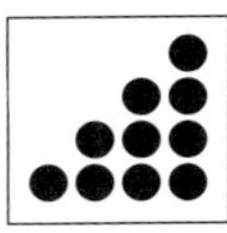

とする．また，**4** にももう少し拘りたい．上図が示す通り，所望（しょもう）の結果は直角二等辺三角形の面積に “似ている”．そこで，「底辺×高さ÷2」として見る．しかし，これでは $\mathbf{4}^2/2 = 8$ となり不足である．その理由は，対角線上の●が二分され，「半円が四個」除去されたからである．そこで，除かれた **4**/2 を補填すると，同じ結果が形を変えて現れる．即ち，以下のようになる．

$$\frac{\mathbf{4}^2}{2} + \frac{\mathbf{4}}{2}, \quad (\text{主要部}+\text{補填部}).$$

従って，大きな n に対しては，$n^2/2$ だけで良い近似になる．これは，先に掲げた S_n の式を漫然と眺めているだけでは得られない知見である．

4 計算機向けの方法もある．例えば，「4 までの和」を (sum 4) で表すと，これは 4 に「3 までの和」を加えたものなので，4+(sum 3) と書ける．同様にして，(sum 3) は 3+(sum 2)．更に，(sum 2) は 2+(sum 1) であるが，1 までの和：(sum 1) とは 1 となって処理は終り総和を得る．まとめると，左下：

$$\begin{aligned}
&(\text{sum } 4)\\
&= 4 + (\text{sum } 3)\\
&= 4 + [3 + (\text{sum } 2)]\\
&= 7 + (\text{sum } 2)\\
&= 7 + [2 + (\text{sum } 1)]\\
&= 9 + (\text{sum } 1)\\
&= 9 + 1 = 10
\end{aligned}$$

計算の進行の概略

```
(define (sum n)
  (if (= n 1)
      1
      (+ n (sum (- n 1)))))
```

```
(sum 4)
10
```

Scheme によるコード

となる．右側には「プログラミング言語：Scheme」によるコードを書いた．Scheme では $n = 1$ を「(= n 1)」，$n - 1$ を「(– n 1)」と書く——これを知れば，コードの解読はそう難しくはないだろう．下線以下の二行は (sum 4)↵ によるコードの実行と，その結果「10」を示している [素数]．

最後に「物理学者は “エレガンス” を求めない，使える解を求める」ということを強調したい．如何に泥臭い方法であっても，解けることが最優先である．その為に必須となる資質は，表面的な賢さではなく根気である．

3：微分・積分と諸概念の整理

一般に物理現象は，**現象論**と**本質論** (あるいは，巨視的・微視的) という二つの面から概観することが出来る．両者の特徴は，次のようにまとめられる．

1 現象論とは，**巨視的な量**の間の表面的な関係を求め，そこに具体的な数値を代入することで，その全貌(ぜんぼう)を把握しようとするものである．これは，細かな夾雑物(きょうざつぶつ)を廃して全体を平均化した**結果**であり，数学的には**積分**と馴染みがよい．そして，それらをまとめて**法則**の名で呼ぶことが多い．例えば，「オームの法則」などは，その代表格である．本質論とは，**微視的な構造**にまで分け入って，現象の**原因**に迫ろうとするものである．主に**微分**を含む**方程式**の形で与えられる為，そこに直接数値を代入することは出来ない．具体的な何かを得たければ，その状況に応じて方程式を解くことが必要になる．例えば，電磁気学の基礎方程式を知っているだけでは，回路設計は出来ないのである．

通常，現象論が本質論に先立ってその基礎を与える．理解が深化すれば，元の本質論が現象論に見えもする．即ち，両者は車の両輪であって，本来その優劣(ゆうれつ)を論じ得るものではないが，研究は現象論から本質論へ向かうことによって，より本格化することから，過分に本質論を重視する傾向がある——これは，現象論とは似て非なる辻褄(つじつま)合わせの空論に対して，「本質的な議論を」という文言で諌(いさ)める場合が多いが，それに基づく錯覚(さっかく)が原因である．

2 数学・物理学において，説明もなく登場する概念がある．数学の場合なら

公理 (axiom)：無証明の前提．少数の公理が全数学を司(つかさど)る．
定義 (definition)：対象に対する名附け．公理の元での約束事．
命題 (proposition)：公理，定義に基づいて真・偽の定まる主張．
定理 (theorem)：重要性が高い命題．論理的に導かれた結果．

などである．一方，物理学においては，以下が常用される．

原理 (principle)：論理では導けない大自然の主張．
法則 (law)：事象間に成立する表面的な関係．
公式 (formula)：数的な処理が容易に出来る法則．

なお，本来「原理」は数学の公理に比肩（ひけん）されるものであるが，一般的には「仕組・方針」程度の意味で使われている．「梃子（てこ）の原理」などはその代表格であろう．同じ“原理”と附されていても，その意味・内容には大きな違いがある．

高校物理の参考書から項目を抜き出すと，「～の原理」と称するものには

アルキメデス (浮力)，　ホイヘンス (波)，　重ね合せ，　仕事

がある．発見者を讃（たた）える為の人名であるが，多産な学者の場合，内容に紛れが生じる．ピタゴラスの定理より「三平方の定理」を推す所以である．残念ながら「梃子」にアルキメデスの名は無い——逸話で充分ということだろうか．

「～の法則」に関しては，「ニュートン」「ケプラー」が三法則に，「熱力学」が二法則にまとめられている．また，「エネルギーの保存」は分野を問わず登場する．力学からは「フック」「運動量の保存」が，熱からは「ボイル・シャルル」が，光学からは「屈折」が挙げられている．なお，最大派閥は電磁気学で

オーム，　ガウス，　キルヒホッフ，　クーロン，　ジュール，
レンツ，　ファラデー (電磁誘導)，　フレミング (左手)

と，人名を冠したものでもこれだけあり，更に「電気量保存」「右ネジ」が加わる．高校物理が暗記科目と陰口（かげぐち）されるのも，この辺りに理由があるのかもしれない．多産で名高いガウスやファラデーに対して，その名を持つ法則が“一意性をもって響く”のが受験生の悲劇である．世界史との連携が望まれる．

3 しかし，ファラデーと並ぶ電磁気学の始祖であり，三大物理学者 (他はニュートンとアインシュタイン) と賞されるマクスウェルが何故か登場しない．我が国の高校教育では，物理でも世界史でも名すら立項（りっこう）されていない．索引に登場する方程式も，ニュートンの運動方程式だけである．如何に高校物理が本質論ではなく，現象論に偏（かたよ）っているかが分かる．全ての問題は，数学と物理の自然な連携を退け，微視 (微分) と巨視 (積分) の往来を妨げている教育方針にある．

用語の違いは，他言語を参照すると明瞭になる．先ずは英語、次にギリシア語、ラテン語と根を辿（たど）り，アラビア語まで拡げると，その意味，歴史が見えてくる．邦訳には名訳も多いが，語呂や字数を揃えることに熱心な余り，同質の言葉を選びすぎた嫌いもある．確かに「定数 (Constant)」も「数 (Number)」に違いないが受ける印象は全く異なる．時には差を強調する訳語も必要である．

4：力学的な初等幾何

ここでは，初等幾何学に関連する雑多な問題を，前後の関連性に余り拘らず扱う．主役は「和の技法」であり，全体として，次項への布石(ふせき)になっている．

1 球の芯は何処にある

円の面積の“主要部は何処”にあるのか．外ほど広いことは，誰もが知っている．マウンド周辺なら数歩であるが，塁間一周の大変さは場内本塁打(ランニングホームラン)の少なさからも分かる．まして球場外周で「この切符の入場口は反対側だ」と分かった時の落胆(らくたん)たるや．食事会で「ピザを半分に分けよう」と言われて，半径を基準にされたら，外側の“半分”は全体の 75% にもなる．外の三割も貰えば充分，土地取引ならこれで交渉成立である．そこで，単位円から“高次元球”まで，外からの半径一割を基準に，その部分の占有比を調べる．先ず円の場合：

$$1 - \frac{\pi\times(0.9)^2}{\pi\times(1)^2} = 1 - (0.9)^2 = 0.19.$$

0.9
1

即ち，全面積の 19% を占めている．同じことを球に対しても行うと

$$1 - \frac{4\pi\times(0.9)^3/3}{4\pi\times(1)^3/3} = 1 - (0.9)^3 \approx 0.271$$

となる．これより，π を含む定数部分は相殺され，その本質は $1-(0.9)^n$ と書けることが推察出来る．円は二次元の球であり，$n=4$ は四次元の球だと考えられるので，以降も n を定めることで高次元球の体積が扱える．具体的には

$$\boldsymbol{n=4}: 0.344, \quad \boldsymbol{n=5}: 0.410, \ldots, \ \boldsymbol{n=10}: 0.651.$$

高次になるほど，集中度は激しさを増す．これを「球面集中現象」という．

余話

高次元球は絵空事(えそらごと)ではなく，我々の日常，特に多くのデータを操る際に，“至る所に現れる実在”である．受験にしろ就職にしろ，提出する個人データが 10 項目を下回ることなどないだろう．そこで，大量の受験生がどの辺りのデータに集中しているかを探ろうとする時，この問題が顕在化(けんざいか)する．無限次元球においては，その値は 1 になり，全ては表面にのみ存在する．相手を良く知ろうと，調査項目を増やすほど，こうした別方向の難題が生じるわけである．

2 曲線と掃引

正方形の面積を求め，長方形に応用し，三角形に至る．円の面積を求め，それを「掃引（そういん）」して円柱の体積を得る．三次元のグラフィックソフトでは，この言葉がよく使われ，「平面図形を引っ張って立体に持ち上げる」作業一般を指している．行為としてはマウスのドラッグ（drag）に近いが，実際はスキャン（scan）／スイープ（sweep）の訳語とされる．画面上で「直線を引っ張った軌跡が残り，新たな幾何的対象」が生まれる．長さ a の直線を，直交する方向に距離 b だけ引っ張れば，そこに面積 ab の長方形が描かれる．直線の掃引が長方形を作ったわけである．

1 同様に，直線をグルリと回せば円が描かれるが，周長 $2\pi a$ を既知として，その面積は，長さ a の直線を距離 $2\pi a$ だけ引っ張れば求められるだろうか．

となって，残念ながらこの試みは上手くいかない．

円柱の場合はどうか．底面積を既知として，縦方向に高さ h だけ “直線的” に掃引する．そして，もう一方は長方形 ah をグルリと “円周上” を掃引する．

$$V = \pi a^2 h \quad \text{直線掃引 (正)} \qquad ah \times 2\pi a = 2\pi a^2 h = 2V \quad \text{回転掃引 (誤)}$$

直線的に掃引した結果は正しいが，長方形を軸に沿って回転させた場合 (円の場合と同様に) は，値が倍になっている．では，より単純に質点を回せばどうなるか．棒の場合はどうか．先ず，回転軸より a だけ離れた質点を一回転させると，周長 $2\pi a$ を持った円輪が出来る．長さ h を持つ棒を回転軸と平行にして回せば，そこには半径 a，高さ h を持つ円筒が現れる．当然の話，常識である．しかし，物理学は常識を再確認し，それを再検討する学問である．

2 円板を多層に重ねた場合は成功するが，平板を回した場合は失敗する．質点，棒は回しても上手くいく．これは，既述の円や球の面積の偏りに関係している．内と外では「稼ぐ面積・体積」が異なるのである．ただし，何れの場合も，直線・長方形の中央点が描く周長 $(a/2)$ を利用すれば上手くいく．単純な質点や棒は，それ自身が中央点の働きをした．この結果を活用した一般的な方法はないものか．以降紹介するのは，“数学的 3D-プリンタ” の作り方である．

余話

電子レンジは「一家に一台」の時代である．同様に，工具セット，卓上旋盤，ボール盤，テスタ，オシロ，安定化電源にミシンなども自宅研究室には欠かせない．更に 3D–プリンタを配備して……理論書なら書棚に溢れている．さあ，これだけ揃えば何でも作れる，「一日が 24 時間」なんて短すぎる．

---

3 等式の意味に遡る

質量中心 (CM) に，全く新しい見方を提供する．先ずは，式の姿である．

$$Mx_{\mathrm{G}} = \sum_{i=1}^{n} m_i x_i, \quad \left(M = \sum_{i=1}^{n} m_i\right).$$

後の便宜の為に，文字を $R \to x_{\mathrm{G}}$, $r_i \to x_i$ に変更した．更に一捻り(ひとひね)りを加え，CM である x_{G} に全質量 M (右式で定義) を掛けた形にした．

1 極端な場合，一質点の場合について考えると，この意味は明瞭である．

$$Mx_{\mathrm{G}} = m_1 x_1, \quad (M = m_1,\ x_{\mathrm{G}} = x_1).$$

左辺は「全質量と，対象の代表点 (CM)」，右辺は「個別の位置と質量」についての記述である．両辺で数値は一致するが，奥に秘められた意味は異なる．物理学における等式には，こうした不気味(ぶきみ)さが伴う．等号「=」は時に橋にも見える．確かに等式は，異種の世界に橋を架けている．往来は自由である．

2 最小の複数は 2 である．しかし，2 では一般性を見抜けない．探るなら，先ずは 3 からである．三質点の場合について，具体的に書いてみよう．

$$(m_1 + m_2 + m_3)x_{\mathrm{G}} = m_1 x_1 + m_2 x_2 + m_3 x_3.$$

そこで，次の問題を考える．設定は極めて単純である．

	3	2	1	←質量
├	◎	○	●	
0	$\frac{1}{3}$	$\frac{2}{3}$	1	←位置

記号「◎」が質量 3 単位，「○」が 2 単位，「●」が 1 単位を持つ．左端 0 から，質点は等間隔に並び，右端が 1 の位置にある．これらを上の式に代入して

$$(3+2+1)x_{\mathrm{G}} = 3\times\frac{1}{3} + 2\times\frac{2}{3} + 1\times\frac{3}{3} \text{ より，} x_{\mathrm{G}} = \frac{5}{9}.$$

よって，三質点は「x_{G} に位置する 6 単位の質点」として扱えることが分かった．

3 ところで，3 単位の質点「◎」は，“1 単位の質点「●」3 個が同じ位置を占めている” と考えてもよい．CM の左右方向の位置だけを考えるなら，この場合の「同じ位置」とは，上下の方向には無関係であるから，質点を重ねてもよいことになる．その状況が以下の図 (1) に描かれている．

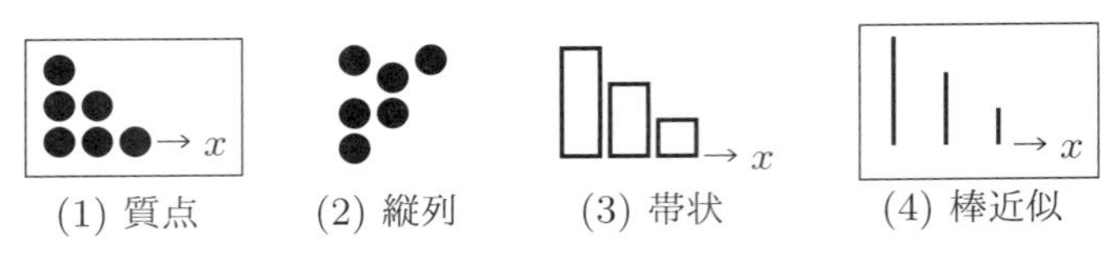

(1) 質点　(2) 縦列　(3) 帯状　(4) 棒近似

上下に無関係なら，図 (2) のように，縦並びの個数が同一である限り，CM の位置 x_{G} は不変である．これは，同じ x_{G} を持つ対象なら，「続く議論は図形の形に依らない」ことを予想させる．なお，純粋に幾何的な問題を扱う場合には，質量中心ではなく「図心(ずしん) (centroid)」と呼ぶが，本書では CM で兼用していく．

更に，対象は図 (3) に示すような「細い帯」にも見做せる．また，その幅をも無視した図 (4) のような「棒」を考えると，計算の見通しが一段とよくなる．

4 こうした一連の簡素化から，質量の大きさは帯の面積に，棒の長さに，託(たく)されていく．次元のことを暫(しば)し忘れ，その比例関係に注目して以下を得る．

$$m \sim s\rho_{\mathrm{s}} \sim \ell\rho_{\ell}, \quad (\rho_{\mathrm{s}} : \mathsf{M/L}^2,\ \rho_{\ell} : \mathsf{M/L} \text{ は質量密度}).$$

以後，質量 m_i を長さ ℓ_i と見做し，上図 (4) の示唆に従って，左端から長さ 3/3, 2/3, 1/3 の棒を順に並べる．その合算は，$L := \ell_1 + \ell_2 + \ell_3 = 2$ となる．

$$Lx_{\mathrm{G}} = \ell_1 x_1 + \ell_2 x_2 + \ell_3 x_3.$$

両辺に 2π を掛けると，右辺は “三重の壁”(同心円筒) の表面積と見做せる．

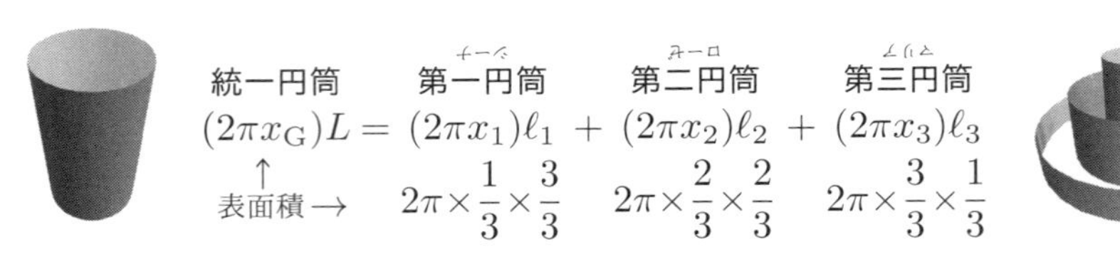

ここで，表面積とは円筒を開いた長方形の面積 s_i であり，具体的には

第一円筒：幅 $2\pi/3$, 高さ 3/3, $s_1 = 6\pi/9$
第二円筒：幅 $4\pi/3$, 高さ 2/3, $s_2 = 8\pi/9$
第三円筒：幅 $6\pi/3$, 高さ 1/3, $s_3 = 6\pi/9$
} 面積の合算値 $S = 20\pi/9$

である．即ち，左辺 (高さ $L=2$ を持つ円筒) と右辺 (三種の円筒の和) が，同じ表面積 $S=20\pi/9$ を持つ為には，$(2\pi\times x_{\mathrm{G}})\times L=S$ より，$x_{\mathrm{G}}=5/9$ となる必要がある——これは三質点の CM に一致する．以上より，CM には「代表長さ L と表面積 S を繋ぐ幾何的な意味 (回転半径)」もあることが分かった．

4 果てしなく刻む

三質点の場合から転じて，幅の無い棒を扱い，同じ結果を得た．棒を集めて幅を持った帯にし，帯を集めて厚みを加えれば，そこに質量を託せる．逆の流れを作るには，棒を大量に集める必要がある．その為に四本の棒 (四質点) が，等間隔で置かれた場合を組織的に計算する．先の右辺主要部に相当するのは

$$U_4 := \frac{4}{4}\times\frac{1}{4}+\frac{3}{4}\times\frac{2}{4}+\frac{2}{4}\times\frac{3}{4}+\frac{1}{4}\times\frac{4}{4}=\frac{1}{4^2}\times(\underbrace{4\times1}_{i=1}+\underbrace{3\times2}_{i=2}+\underbrace{2\times3}_{i=3}+\underbrace{1\times4}_{i=4})\ \text{であり，}$$

$$\left.\begin{array}{l} i=1:\ 4\times1=(5-1)\times1 \\ i=2:\ 3\times2=(5-2)\times2 \\ i=3:\ 2\times3=(5-3)\times3 \\ i=4:\ 1\times4=(5-4)\times4 \end{array}\right\}\Rightarrow \overbrace{(5-i)i=5i-i^2=(4+1)i-i^2}$$

と，各項が指標 $i\,(=1\sim4)$ を用いて書けたので，上式は次のように表せる．

$$U_4=\frac{1}{4^2}\left[(4+1)\sum_{i=1}^{4} i-\sum_{i=1}^{4} i^2\right].$$

これは n の場合に容易に一般化 $(4\to n)$ 出来て，一乗・二乗の和の式より

$$\begin{aligned} U_n &:= \frac{1}{n^2}\left[(n+1)\sum_{i=1}^{n} i-\sum_{i=1}^{n} i^2\right] \\ &= \frac{1}{n^2}\left[(n+1)\frac{1}{2}n(n+1)-\frac{1}{6}n(n+1)(2n+1)\right]=\frac{1}{6n}(n+1)(n+2) \end{aligned}$$

と表せる．一方，左辺に相当する式は，同じく $(4\to n)$ として

$$\frac{4}{4}+\frac{3}{4}+\frac{2}{4}+\frac{1}{4}=\frac{1}{4}\sum_{i=1}^{4} i\ \text{より，}\ L=\frac{1}{2}(n+1)$$

である．前者をこの L で割って，以下の式を得る．

$$x_{\mathrm{G}}=\frac{(n+1)(n+2)/6n}{(n+1)/2}=\frac{1}{3}\left(1+\frac{2}{n}\right).$$

上式において，$n=3$ とすると，$x_{\mathrm{G}}=5/9$ が確かに再現される．

本数 n を大きくした極限で，括弧内第二項は消える．それは三角「板」のCM が，「端から 1/3 の位置にある」という初等幾何学において良く知られた結果を示しており，ここまでの計算の妥当性を確認させるものである．

補足

三角「板」と書いた理由は，三本の棒よりなる三角「枠」の場合には結果が異なる，それ故の注意喚起である．各々の棒の CM はその中央にあるから，全体の CM はそれら中点を連結して作られる小三角「板」の CM に一致する [は物].

上では，x_{G} の計算に集中する為に，全計算から因子 2π を除いた．そこで，先例同様にこれを戻すと，一本の棒が左辺主要部では三角形の近似に寄与し，右辺では円筒に姿を変えて円錐の一部と化していく．即ち「$\times 2\pi$」は回転掃引のスイッチである．n を増やすほど三角形の近似精度は上がり，それに呼応して右辺では，円柱の集団が密集して，円錐の形をより一層明媚(めいび)にしていく．

5 質量中心の幾何学

ここで考え方の核になるのは，棒各々が生成する
「円柱の表面積」の積算としての円錐の体積と
「三角形の面積」の積算としての円錐の体積

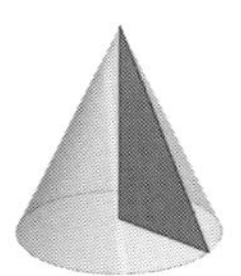

は，読み替えが可能なことである——計算上は，2π を「個別に掛けるか／全体にか」の違い．これは CM の式，特に一質点の場合に紹介した論点である．単なる名前の附け替えのように見えて，実は発想そのものが異なっている．

1 先ず，線分 L を「回転掃引」することで，表面積 S が導かれた．その刻みを細分化することで，線は面になり，面は体積 V と結び附いた．この手法の鍵を握るのは，CM が描く軌道：$2\pi x_{\mathrm{G}}$ であった．これらをまとめて

$$2\pi x_{\mathrm{G}} L = S, \qquad 2\pi x_{\mathrm{G}} S = V$$

と表す．これを**パップス・ギュルダンの定理** (以後「PG 定理」) と呼ぶ．

余話

高校・大学の入試では「この定理は検算用に」と指導されている．入試には「入試世界の事情」があり，それは「数学世界の精神」と異なることは確かであるが，パップスは四世紀前半の人である．同定理を再発見したギュルダンは欧州の“文化的大停滞時代”明けの人である．さて，今は何世紀だろうか．

入試問題には，出題者の専門が多少なりとも関係する．自身の専門分野でよく知られた簡潔な定理を，高校の範囲にまで落とし込み，誘導附きで出題することもある．従って，余裕のある受験生は，大学初年級の本を手に取ることも無駄ではない．こうした知識を得た学生が，「本問は○○の定理により明らか」とやるのは，関係者から疑問の声も出るだろうが，何しろ四世紀の人の……

以上は，勿論“証明”ではなく，全体的な関係を示した，実用に際しての“直観的な説明”である．何より重要なことは，ここでは CM に関する式以外，何も用いていないことである．即ち，PG 定理は質量中心の概念がもたらす「質量バランスの感覚」を，幾何的な次元を越える為に流用したものとも言える．線が面に，面が立体に掃引されていく，その時に必要なことは，両者の間で常にバランスが保たれていること，唯それだけである．冒頭に例示した「直線掃引と回転掃引の違い」，その差を埋めるのが，この CM の軌道半径なのである．

2 三角形の CM の位置が分かったので，定理に従って，円錐の体積を求めよう．底面の半径を a，高さを h とすると，以下が成立する．

$$\begin{array}{ccccc} 2\pi\times & S & \times\ x_{\mathrm{G}} & = & V \\ 2\pi\times & ah/2 & \times\ a/3 & = & \pi a^2h/3 \end{array}$$

係数の 1/3 は，三角形の CM に由来していたことが分かる．

続いて，表面積を求める．この場合，線分が対象になる．底辺 a と頂点を結ぶ線分 (母線という) の長さを ℓ とすると，二本の線分の和は $a+\ell$ であり，その CM は回転軸から半分の位置，即ち $a/2$ にある．よって

$$\begin{array}{ccccc} 2\pi\times & L & \times\ x_{\mathrm{G}} & = & S \\ 2\pi\times & (a+\ell) & \times\ a/2 & = & \pi a(a+\ell). \end{array}$$

これで初めに議論した円の面積に関しても，説明することが出来る．即ち

$$2\pi\times a\times a/2=\pi a^2.$$

上式は，長さ a の棒を端点を軸に回転させた結果である．円弧の場合も同様であるが，例えば円の半周 πa が回転して出来る球の表面積は $4\pi a^2$ と分かっているので，そこから逆に円弧 (円輪の半分) の CM が求められる．

$$2\pi\times\pi a\times x_{\mathrm{G}}=4\pi a^2 \text{ より，} x_{\mathrm{G}}=\frac{2a}{\pi}.$$

半球の CM も全く同様に，球の体積を既知として

$$2\pi\times\frac{1}{2}\pi a^2\times x_{\mathrm{G}}=\frac{4}{3}\pi a^3 \text{ より，} x_{\mathrm{G}}=\frac{4a}{3\pi}$$

と求められる．これらは共に実験的に計測しやすい形をしている．従って，これを求めた後に，球の表面積や体積を算出するということも可能であろう．こうした実験的手法は，断面が不定形の回転体の S,V を求める際にも役立つ．

最後に，非常に便利な冪乗和の式をまとめておこう．

$$\sum_{i=1}^{n} i^1=\frac{1}{2}n(n+1),\qquad \sum_{i=1}^{n} i^2=\frac{1}{6}n(n+1)(2n+1),$$

$$\sum_{i=1}^{n} i^3=\left[\frac{1}{2}n(n+1)\right]^2,\quad \sum_{i=1}^{n} i^4=\frac{1}{30}n(n+1)(2n+1)(3n^2+3n-1).$$

これらの式の初等的な導出法は，拙書 (逞 p.49) に詳しい．

5：慣性モーメント

本文で採り上げた，代表的な幾何形状に対する慣性モーメント (MI) の導出について簡単に触れる．主に用いる道具は，PG 定理の時と同様，「冪乗の和」である．先ず，本文では “基本形” と名附けた「針金 (長さ a，質量 0) の一端に固定された質量 M」の MI：$I=Ma^2$ である—— “求める” というよりも実質的な定義である．これを元に，同じ値になる半径 a の**円輪**へと話が転じた．次元の問題なども，常にこの形式に戻れば混乱しない．

1 針金の場合 (長さ a，質量 0)

針金の両端に，質量 m,M が繋がれているとする．m の位置を x とすると，M の位置は $x-a$ となるので，所望のものは

$$I=mx^2+M(x-a)^2.$$

ここで x に関し「平方完成」させて，以下を得る．

$$I=(m+M)\left(x-\frac{M}{m+M}a\right)^2+\frac{mM}{m+M}a^2$$

$$=\frac{mM}{\mu}\left(x-\frac{\mu}{m}a\right)^2+\mu a^2.\quad \text{ただし，}\mu:=\frac{mM}{m+M}\ \text{(換算質量)}.$$

この μ は二体問題の鍵を握る量であり，$x = \mu a/m$ で括弧内は 0，よって I は最小値 μa^2 を取る．この時 $a - x = \mu a/M$ となり，$m\cdot(\mu a/m) = M\cdot(\mu a/M)$ が成り立つので，この位置は二質量の CM である．即ち，CM を回転軸に取れば，最も“楽に回せる”わけである——これは CM の動的な発見法でもある．

補足

換算質量は，「調和平均の半分」という形式を持ち，m, M に極端な大小関係がある時，以下に示すように「小さな方を代表する」特徴を有する．

$$\mu = \frac{mM}{m+M} = \frac{m}{\dfrac{m}{M}+1} \approx m, \quad (m \ll M).$$

例えば，地球と月も上記した“歪な鉄アレイ”を思わせる関係になる．

$$a \approx 30\,万\,\mathrm{km}, \quad m_{月} \approx 10^{22}\,\mathrm{kg}, \quad M_{地} \approx 10^{24}\,\mathrm{kg}$$

より，分母は 1.01 である．更に 10^{30} kg もある太陽が相手なら，より納得出来るのではないか．対象が巨大な質量を含むにも関わらず，それが無視出来る，I に寄与しないというのは，何か直観に反するような感覚を覚える．

しかし，我々は日常生活において，地球が動いているとも，動かしているとも思わない．それは唯そこに静止していると感じている．況(いわ)んや太陽においておやである．そう考えると，直観とは何だろうかと思わされる．

2 棒の場合 (長さ a，質量 M)

一様な棒を「多数の質点が直線上に並んだもの」として近似する．

1 この場合も基本形から始め，順に質点の数を増やしていく．一質点の場合の MI を I_1 と表記する．二質点の場合は

I_2: ●—●
I_3: ●●●
⋮
I_n: ▬

$$I_2 := \frac{M}{2}\left(\frac{1}{2}a\right)^2 + \frac{M}{2}\left(\frac{2}{2}a\right)^2 = \frac{1}{2^3}(1^2+2^2)Ma^2$$

となる——質点を棒の中央にも配し，二質点の和を M にすべく，それぞれを 2 で除した．また，質量は先端と中央にあるので，軸からの距離には順に $1/2, 2/2$ という係数が掛かる．まだ全体像が見えないので，次に進む．

$$I_3 := \frac{M}{3}\left(\frac{a}{3}\right)^2 + \frac{M}{3}\left(\frac{2a}{3}\right)^2 + \frac{M}{3}\left(\frac{3a}{3}\right)^2 = \frac{1}{3^3}(1^2+2^2+3^2)Ma^2 = \frac{1}{3^3}\sum_{i=1}^{3} i^2\,Ma^2.$$

2 冪以外の 3 を n に変えれば，一般的な n に対する式になる．この式に「二乗和の式」を適用し，更に一工夫すると次のように整理出来る．

$$I_n = \frac{1}{n^3}\frac{1}{6}n(n+1)(2n+1)Ma^2 = \frac{1}{6}\left(1+\frac{1}{n}\right)\left(2+\frac{1}{n}\right)Ma^2.$$

細分化 $(1 \ll n)$ すれば，$1/n$ の項は次第に 0 に近づいて，以下の値になる．

$$I := I_n(n \to \infty) = \frac{1}{6}\times 1\times 2\times Ma^2 = \frac{1}{3}Ma^2.$$

この棒を二本繋ぎ，全体の質量と長さを維持する条件で和を求めると

$$\frac{1}{3}\,\frac{M}{2}\left(\frac{a}{2}\right)^2 + \frac{1}{3}\,\frac{M}{2}\left(\frac{a}{2}\right)^2 = \frac{1}{12}Ma^2$$

となる．これは，I_{G} (CM における I) を求めたことになる．

両者は「相互距離 $d\,(= a/2)$ の二乗と全質量 M の積」と，以下の関係：

平行移動の関係 $\quad \frac{1}{12}Ma^2 + M\left(\frac{a}{2}\right)^2 = \frac{1}{3}Ma^2$

CM ←両者の距離→ 端点

を持つ．この式は「CM が I の最小値になる」ことを示唆し，補正項 Md^2 は，「二つの回転軸が平行である」ことを条件として一般性を持っている．

3 円板の場合 (長さ a，質量 M, 中身有り)

円板の MI を，下図のような円輪 (円板半径の $1/3, 2/3, 3/3$ を半径とする) の MI の和として考察する．半径と円周は比例するので，質量比は内から順に「1 対 2 対 3」になり，全体が M になる必要から，$1+2+3$ で除した．

$$\frac{1}{1+2+3}M, \quad \frac{2}{1+2+3}M, \quad \frac{3}{1+2+3}M$$

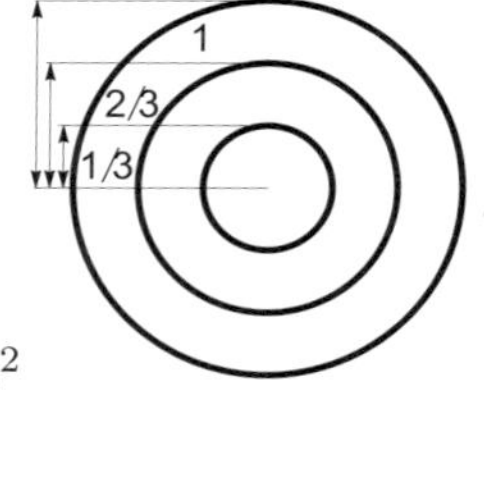

が各円輪に割り当てられる質量である．従って

$$I_3 = \frac{1}{1+2+3}\left[1\times\left(\frac{1}{3}\right)^2 + 2\times\left(\frac{2}{3}\right)^2 + 3\times\left(\frac{3}{3}\right)^2\right]Ma^2$$

$$= \frac{1}{3^2}\,\frac{1^3+2^3+3^3}{1+2+3}Ma^2 = \frac{1}{3^2}\left[\sum_{i=1}^{3} i^3 \Big/ \sum_{j=1}^{3} j\right]Ma^2$$

を得る．冪以外の3をnに変え，分母に「一乗の和」，分子に「三乗の和」の式を適用・整理する．更に，前例同様の細分化により$1/n$の項は消えて，結果：

$$I_n = \frac{1}{n^2}\frac{[n(n+1)/2]^2}{n(n+1)/2}Ma^2 = \frac{1}{2}\left(1+\frac{1}{n}\right)Ma^2 \quad \xrightarrow{n\to\infty} \frac{1}{2}Ma^2$$

を得る．円輪と円板，同径，同質量ながら，Iに二倍の差が出る．従って，独楽は周辺部が重いほど止まり難く，好ましい．一方，タイヤではブレーキの負担になるので，性能重視の車では，ホイールの部材に軽いアルミが使われる．

4 平面の特殊性 薄板 (幾何的二次元)

薄板に対して成り立つ MI の相互関係を紹介する．その定義：mr^2に，三平方の定理を適用する．先ずは，以下の関係に注目しよう．

$$\begin{array}{ccccc|c} mr^2 = & m(x^2+y^2) = & mx^2 & + & my^2 & 5^2m \\ \| & \leftarrow\text{統合}\mid\text{分割}\rightarrow & \| & & \| & \| \\ I_z & = & I_x & + & I_y & 4^2m + 3^2m \end{array}$$

上式は，この場合の MI が，二つに分割 (又は統合) 出来ることを示している．

1 互いに直交する三軸x, y, zがあり，xy平面の点$(x=3, y=4)$に質量mがあるとする．回転軸の選択によって軸と質点の距離が変わり，それに応じて MI も変わる．回転軸をzとすれば距離は5，x軸であれば4，y軸であれば3となるので，各々の MI は$I_z = 5^2m$，$I_x = 4^2m$，$I_y = 3^2m$となる．更に，これらは三平方の定理により$I_z = I_x + I_y$と相互規定される (上式右側)．反例は，全方向に対称性を持つ球 (三次元) である．球の MI は全て等しく，$I_x = I_y = I_z$となる．薄板を条件とする所以である．円の場合，対称性からxy平面での値は等しい$(I_x = I_y)$ので，その値は

$$I_z := \frac{1}{2}Ma^2, \quad I_x = \frac{1}{4}Ma^2, \quad I_y = \frac{1}{4}Ma^2$$

回転軸は円の中心　　　回転軸は円の直径

I_z　I_y　I_x

と求められる——真横から見れば，円も「棒」であるが，質量分布が異なるので，両者の値も異なる．以上を「直交軸の定理」という．なお，先に紹介した平行移動の関係は「平行軸の定理」と呼ばれるので，「平行と直交」という組にして内容，成立条件などを整理しておくとよい．特に，本定理において「薄板 (厚み0)」の仮定は，必須の条件であることを忘れてはならない．

2 さて，棒も集めれば平板になる——真横から見れば板も棒に見える．例えば，辺の長さが $a < b$，質量が M である長方形板の場合，長さ a の辺に垂直に x 軸，b に垂直に y 軸，面に垂直に z 軸を通り，CM は三軸の交点にあるとすると，棒に関する結果と上の関係式から，直ちに

$$I_x = \frac{1}{12}Ma^2,\ I_y = \frac{1}{12}Mb^2,\ I_z = \frac{1}{12}M(a^2 + b^2).$$

この時，明らかに $I_x < I_y < I_z$ である．三方向の値が異なる対象，例えば下敷きやトランプなどが上手く投げられないのは，この不揃い(ふぞろい)が原因である．

余話

空気の抵抗などとは無関係に，中間値 I_y を軸にした回転をする対象は安定しない．忍者は手裏剣を如何にして投げるか．銭形平次はどうか．クォーターバックが投じた楕円球は，どの軸回りに回転しているか．飛翔姿形の美しさの問題ではない，乱雑に軸を交換する飛球は捕り難い．打球を一切恐れない投手が，折れたバットに飛び退(の)くのは，軌道の変化が予測困難だからである．

---

5 円柱の場合 (高さ h，質量 M)

円柱の「中心軸に直交する方向の MI」を求める．回転軸を端点に取り，先に得た「円板の直径方向の値：$I_x = Ma^2/4$」を活用する．円柱を輪切りに n 等分すると，一個当たりの質量 m は M/n となる．ここで，軸との距離を考慮した各円板一枚当たりの MI を求め，全体の和を取ると

$$\begin{aligned} I_n &= \overbrace{m\left[\frac{a^2}{4} + \left(\frac{1h}{n}\right)^2\right] + \cdots + m\left[\frac{a^2}{4} + \left(\frac{nh}{n}\right)^2\right]}^{n\text{ 個}} \\ &= \frac{M}{n}\frac{a^2}{4}n + \frac{M}{n}\frac{h^2}{n^2}(1^2 + 2^2 + \cdots + n^2) \\ &= \frac{1}{4}Ma^2 + \frac{1}{6}\left(1 + \frac{1}{n}\right)\left(2 + \frac{1}{n}\right)Mh^2. \end{aligned}$$

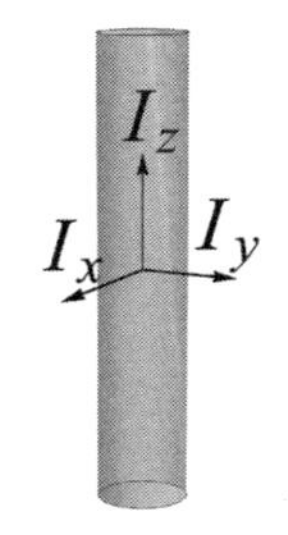

先例と同様に細分化し，軸を CM に移動させて，以下を得る．

$$I_x := I_n(n \to \infty) - M\left(\frac{h}{2}\right)^2 = \frac{1}{4}Ma^2 + \frac{1}{12}Mh^2$$

対称性から $I_y = I_x$ であるが，立体なので和が中心軸を通るわけではない．

6 円環の場合 (外半径 a，質量 m_a，内半径 b，質量 m_b)

円環を二枚の円板の引き算と見る．従って，円環の MI は

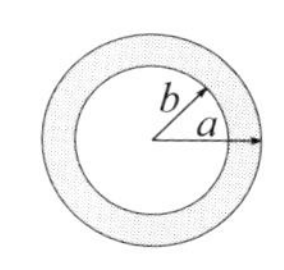

$$I = \frac{1}{2}m_a a^2 - \frac{1}{2}m_b b^2$$

と定まる．これを全質量 M で書き直す為に，密度 ρ (質量/面積) を導入して

$$m_a = \pi a^2 \rho, \quad m_b = \pi b^2 \rho, \quad M = (a^2 - b^2)\pi\rho$$

を準備する．これらを用いて I を書き直せば，以下のようになる．

$$I = \frac{1}{2}(m_a a^2 - m_b b^2) = \frac{1}{2}(a^4 - b^4)\pi\rho = \frac{1}{2}\frac{M(a^4 - b^4)}{a^2 - b^2} = \frac{1}{2}M(a^2 + b^2).$$

通常はこの形で書かれる―― $b = a$ とすると，円輪の結果が再現される．減算で得た値が，同様の和の形で書かれることには一瞬戸惑(とまど)うかもしれないが，単に「減算を減算で除したら加算になった」というだけの話である．

余話

質量は面積ではなく，体積に宿(やど)る．上記 ρ の次元：M/L^2 は，分母に L が一つ足りない．厚さを与えて体積化すべきであるが，この辺りは黙認されている．この種の省略は，次元解析を行う際の“間違いの元”になるので要注意．

---

7 球・球殻の場合 (半径 a，質量 M)

最後に，円板の結果を用いて半球の MI を求める――真球も同じ値 (結果を 2 倍し質量を 2 で割るから) になる．その高さ a を三等分することから始める．

1 等分された各位置の円板の質量 m_i を求める．本問のように「代表長さ」が a 一つの時には，MI は「係数×質量×a^2」の形式になるので，$a = 1$ として計算し，最後に戻しても紛れが無い．よって，高さ h_i $(= 1/3,\ 2/3,\ 3/3)$ に対して，その位置の円板の半径 x_i の二乗は，三平方の定理：$x_i^2 = 1^2 - h_i^2$ より

$$x_1^2 = 1^2 - \frac{1^2}{3^2}, \quad x_2^2 = 1^2 - \frac{2^2}{3^2}, \quad x_3^2 = 1^2 - \frac{3^2}{3^2}$$

と決まる．全体の質量 M に対して，各円板の面積を $s_i = 2\pi x_i^2$，全面積を S とすると，面積比がそのまま質量比になるので，m_i は以下のように定まる．

$$\frac{m_i}{M} = \frac{s_i}{S} \text{ より，} m_i = \frac{s_i M}{S} = \frac{2\pi x_i^2 M}{2\pi(x_1^2 + x_2^2 + x_3^2)}.$$

円板の MI における係数 1/2 に注意して，まとめると

$$I_3 = \frac{1}{2}m_1x_1^2 + \frac{1}{2}m_2x_2^2 + \frac{1}{2}m_3x_3^2 = \frac{1}{2}\,\frac{x_1^4+x_2^4+x_3^4}{x_1^2+x_2^2+x_3^2}M$$

となる．従って，上式より n の場合には，以下が成り立つ．

$$I_n = \frac{1}{2}\left[\sum_{i=1}^{n} x_i^4 \Big/ \sum_{j=1}^{n} x_j^2\right]M.$$

2 次に $n=3$ までの x_i^2, x_i^4 の和の素性を調べよう．

$$x_1^2 + x_2^2 + x_3^2 = 3 - \frac{1}{3^2}(1^2+2^2+3^2).$$

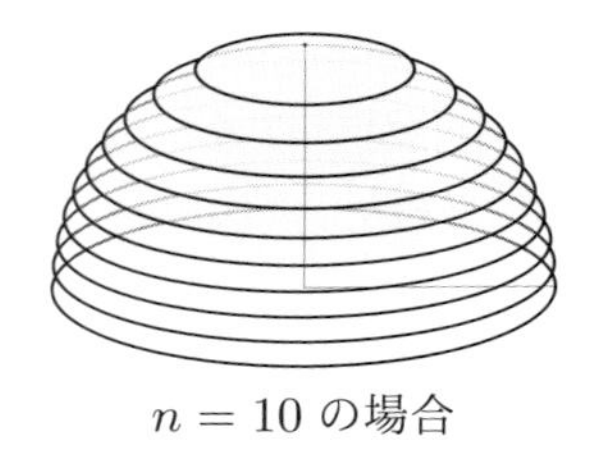

$n = 10$ の場合

従って，一般の n では「二乗和の式」より

$$\sum_{i=1}^{n} x_i^2 = n[1-(1+1/n)(2+1/n)/6]$$

となる．x_i^4 に関しては，二乗の展開後に整理して

$$x_1^4 + x_2^4 + x_3^4 = 3 - \frac{2}{3^2}(1^2+2^2+3^2) + \frac{1}{3^4}(1^4+2^4+3^4).$$

一般の場合については，更に「四乗和の式」も用いて

$$\begin{aligned}\sum_{i=1}^{n} x_i^4 &= n - n(n+1)(2n+1)/3n^2 \\ &\quad + n(n+1)(2n+1)(3n^2+3n-1)/30n^4 \\ &= n[1-(1+1/n)(2+1/n)(7-3/n+1/n^2)].\end{aligned}$$

以上をまとめ，a を戻して，細分化した極限で半球の MI：

$$I_n = \frac{1}{2}\frac{1-(1+1/n)(2+1/n)/6}{1-(1+1/n)(2+1/n)(7-3/n+1/n^2)}Ma^2 \xrightarrow{n\to\infty} I = \frac{2}{5}Ma^2$$

が導かれる．冒頭に述べた通り，真球も同じ値を取る．

3 **半球の中貫き** (外径 a，内径 b)

ここでも MI の加法性を利用して，中貫き（なかぬ）きの場合を求めると

$$I = \frac{2}{5}m_a a^2 - \frac{2}{5}m_b b^2$$

となる．体積当たりの質量を表す密度 ρ を導入して，m_a, m_b を表すと

$$m_a = \frac{4\pi}{3}a^3\rho,\ \ m_b = \frac{4\pi}{3}b^3\rho,\ \ M = \frac{4\pi}{3}(a^3 - b^3)\rho$$

である．これらを用いて，m_a, m_b, ρ を消去すれば

$$I = \frac{2}{5}\cdot\frac{4\pi}{3}(a^5 - b^5)\pi\rho = \frac{2}{5}M\frac{a^5 - b^5}{a^3 - b^3} = \frac{2}{5}M\frac{a^4 + a^3b + a^2b^2 + ab^3 + b^4}{a^2 + ab + b^2}$$

となる．上式に $b = a$ を代入して，球殻に対する値：

$$I_{\text{殻}} = \frac{2}{3}Ma^2, \quad \left(I_{\text{球}} = \frac{2}{5}Ma^2. \quad \therefore \frac{I_{\text{球}}}{I_{\text{殻}}} = 0.6\right)$$

を得る—— $I_{\text{殻}}$ と $I_{\text{球}}$ の差から，非破壊で中身が分かる (3回表実験参照).

以上の導出方法は，高校数学の計算練習としても適当な難易度であり，また中高生が回転運動を学ぶ際の敷居を，大きく引き下げるものと期待される．

8 影響の計量：相対的に小さい

ここまでに，無限に小さい質点や棒を集めて，有限の対象を再構成してきた．ここでは「相対的に小さいので無視する」というより簡潔な手法を示す．

先ずは，長方形の面積 $S = ab$ について考える．ここで a を長さ ε（イプシロン）延長すると，面積は $(a + \varepsilon)b - S = \varepsilon b$ だけ増える．増分は，ε に比例 (一次の影響) しており，この状況は ε の大小による影響を受けない．次に，二辺が連動する場合，一辺の長さ a の正方形の面積 $S' = a^2$ を考えると，同様にして

$$(a + \varepsilon)^2 - S' = a^2 + 2a\varepsilon + \varepsilon^2 - a^2 = 2a\varepsilon + \varepsilon^2$$

が得られる．今度は余分な項 ε^2 があるが，これを無視すれば，直ちに比例関係が浮かび上がる．幾何的には，正方形の外側に，「面積 $a\varepsilon$ を持つ細い帯」を縦・横に一本ずつ添え，角（かど）の小正方形の面積 ε^2 を無視したものと見做せる．

円 (半径 a とする) も同様である．例えば，円環の面積も

$$\pi(a + \varepsilon)^2 - \pi a^2 \approx 2\pi a \times \varepsilon$$

となる．即ち，小さな ε の世界では，「円周×ε」という長方形 (縦×横) と同様の単純な形式になる．具体的な数値で考えれば明快である．

$$\begin{aligned}(10 + 1)^2 - 10^2 &= \underline{21} &&= 2\times10\times1 + 1^2 &&= \underline{20} + 1,\\ (10 + 0.1)^2 - 10^2 &= \underline{2.01} &&= 2\times10\times0.1 + 0.1^2 &&= \underline{2} + 0.01.\end{aligned}$$

両式の各々の下線部の比を取れば，以下のようになる．

$$\frac{20}{21} \approx 0.952, \qquad \frac{2}{2.01} \approx 0.995.$$

主要部を為す 10 に対して，相対的に小さな数値を選べば，近似の精度は上がり，ε^2 に相当する項の "価値の低さ" が分かる．勿論，『神は細部に宿(やど)る』という言葉もあるように，安易に実行出来るものではないが，誤差の中に埋もれている数値を，何桁計算したところで実際的な影響は無い．

幾何の言葉でまとめれば，多くの曲線は「直線で近似」され，それは比例関係を象徴する．「曲線を充分拡大すれば，直線に見える」とも言える．後は，数学的な処理の問題である．無限に小さな数値の扱いを近似の名の下に見出して，それを巧(たく)みに操れば，有限の (近似でない) 正しい結果が導かれる．無限を束ねて有限が作れる．この種の処理を可能にする一連の技法が微積分である．

9 別手法：円と球の場合

再び，MI の問題に戻る．今，円輪の結果 $I_{輪} = Ma^2$ が既知で，円板の結果が未知だと仮定しよう．そこで，その答を $I_{皿} = KMa^2$ と置く．

1 この時，円板の面積 πa^2 と質量密度 ρ により，質量 M を書き直して

$$I_{皿} = KMa^2 = K(\pi a^2 \rho)a^2 = K\pi a^4 \rho.$$

半径を ε 増やし，元の円板を引いた円環は，ε が小さければ円輪に見える．

$$\begin{aligned} I_{環} &:= K\pi(a+\varepsilon)^4\rho - K\pi a^4\rho = K\pi\rho(4a^3\varepsilon + 6a^2\varepsilon^2 + 4a\varepsilon^3 + \varepsilon^4) \\ &\approx K\pi\rho\, 4a^3\varepsilon = 2K(2\pi a\varepsilon\rho)a^2 \quad (= I_{輪}) \end{aligned}$$

である．ここで，ε の二乗以上の項を無視した．この近似では，円環の面積は $2\pi a\varepsilon$ となり，この上に全質量を託せば，$2\pi a\varepsilon\rho = M$ となる．従って，上式は $2KMa^2$ となり，これを円輪の値に等しいと置いて，以下を得る．

$$2KMa^2 = Ma^2 \text{ より，} K = \frac{1}{2}.$$

なお，本文にもあるように，増分の表記として万能ではあるが，それ故に直接の対象が見え難い ε の代わりに，Δ を冠に用いた表記，例えば，長さ a に対する Δa，面積に対する ΔS，体積に対する ΔV などがよく用いられる．

2 先に示した手法と今回では，円輪，円板，円環の関係が

$$\text{先の手法：円輪}\ \bigcirc \xrightarrow{\text{を大量に集積した極限が}} \text{円板}\ \bullet$$
$$\text{今の手法：円環}\ \circledcirc \xrightarrow{\text{の幅を小さくした極限が}} \text{円輪}\ \bigcirc$$

となっている．円環とは二円板の差であるから，両者は円輪と円板の流れが互いに逆になっていることが分かる．同様の手法で，球の結果 $I_{\text{球}}$ から球殻の MI が導かれる．球の体積 $4\pi a^3/3$，表面積 $4\pi a^2$ を周知として

$$I_{\text{球}} = \frac{2}{5}Ma^2 = \frac{2}{5}\left(\frac{4\pi}{3}a^3\rho\right)a^2 = \frac{8\pi}{15}a^5\rho$$

であるが，中貫の MI を $I_{\text{空}}$ と表して，ε の一次のみを残す近似をすると球殻になる．最後に，M を書き直して，以下の関係を得る．

$$\begin{aligned} I_{\text{空}} &:= \frac{8\pi}{15}[(a+\varepsilon)^5 - a^5]\rho = \frac{8\pi}{15}(5a^4\varepsilon + \varepsilon^2\ \text{以上})\rho \\ &\approx \frac{8\pi}{3}a^4\varepsilon\rho = \frac{2}{3}(4\pi a^2\varepsilon\rho)a^2 = \frac{2}{3}Ma^2 \quad (= I_{\text{殻}}). \end{aligned}$$

これで既知の結果を再現することが出来た．最初に導く対象としては，円の場合は，円輪 (空) よりも円板 (密) が面倒であり，球の場合は，真球 (密) よりも球殻 (空) の方が面倒なので，より明瞭な方から始めた．

なお，「慣性モーメント」は，複数方向の回転により起こされる物体の挙動を一挙に記述する「慣性テンソル (二階のテンソル)」の主要部を為している．

例えば，右は自作の二軸回転機構である [呼鈴]．タイヤは自身が回転しながら，更にその台車ごと直交する方向に回る．これにより，独楽で御馴染みの「味噌(みそ)すり」運動が模倣される．全体を紐で吊して起動すると，これに天秤と振子の要素も加味されて，非常に面白い運動をする．見ていて飽きないものである．

6：座標系の拡張

直交座標 $\mathbb{E}$ を扱ってきた．“直交” の価値は，取り扱いの簡便さにある．例えば，$\mathbf{r}$ の座標軸への射影，即ち成分が欲しければ，ドット積を取ればよい．

$$\mathbf{r}\cdot\mathbf{e}_x = x, \quad \mathbf{r}\cdot\mathbf{e}_y = y.$$

また，$\mathbf{r}$ の二乗が欲しければ，正直に計算して

$$\begin{aligned}\mathbf{r}^2 &= (x\mathbf{e}_x + y\mathbf{e}_y)\cdot(x\mathbf{e}_x + y\mathbf{e}_y)\\ &= xx\,\mathbf{e}_x\cdot\mathbf{e}_x + xy\,\mathbf{e}_x\cdot\mathbf{e}_y + yx\,\mathbf{e}_y\cdot\mathbf{e}_x + yy\,\mathbf{e}_y\cdot\mathbf{e}_y = xx + yy.\end{aligned}$$

即ち，$\mathbf{r}^2 = x^2 + y^2$ である．「▲*345*」が導く平行四辺形の対角線の長さ：

$$\mathbf{w}^2 = (8\mathbf{e}_x + 3\mathbf{e}_y)^2 = 8^2 + 3^2 = 73 \text{ より，} |\mathbf{w}| = \sqrt{73}$$

も容易に求められた．これは互いに直交する基底の関係：

$$\mathbf{e}_x\cdot\mathbf{e}_x = \mathbf{e}_y\cdot\mathbf{e}_y = 1, \ \ \mathbf{e}_x\cdot\mathbf{e}_y = \mathbf{e}_y\cdot\mathbf{e}_x = 0$$

があればこそである．無いと話は一気に厄介になる．

1 斜交座標

どれほど厄介か，その一方で何が得られるのか．試みに “斜交” 座標を導入しよう．**直交座標は平面を方形に区切るが，斜交座標は平行四辺形に区切る．** 結晶構造の分析など，対象に沿った表現が要望される場合に使われている．

1 先ず，「▲*345*」の底辺と斜辺に沿った直線を軸とする基底，$\{\mathbf{u}_x, \mathbf{u}_y\}$ を

$$\mathbf{u}_x\cdot\mathbf{u}_x = \mathbf{u}_y\cdot\mathbf{u}_y = 1, \quad \mathbf{u}_x\cdot\mathbf{u}_y = \cos\xi = \frac{4}{5}$$

により定義すると，平行四辺形の対角線 $\mathbf{w}$ は，次のように簡潔に書ける．

$$\mathbf{w} = 4\mathbf{u}_x + 5\mathbf{u}_y.$$

辺に沿って測るので，各成分は「辺の長さ自身」になる．しかし，成分の二乗和は $4^2 + 5^2 = 41$ となり，73 にはならない．勿論，式の展開を丁寧に

$$\mathbf{w}^2 = (4\mathbf{u}_x + 5\mathbf{u}_y)^2 = 4^2 + 5^2 + 2\times4\times5\times\frac{4}{5} = 73$$

とすればよいが，$\cos\xi$ を使わない，「各成分の二乗和」に似た形で求めたい．

2 そこで，もう一つの基底：$\{\mathbf{u}_x^*, \mathbf{u}_y^*\}$ を導入する——ここで，記号「$*$」はアスタリスク (asterisk) と読む．一般の $\mathbf{r}$ に対して，二通りの表現：

$$\mathbf{r} = x\mathbf{u}_x + y\mathbf{u}_y = x^*\mathbf{u}_x^* + y^*\mathbf{u}_y^*$$

を与えて，その二乗が以下の形式になる $\mathbf{u}_x^*, \mathbf{u}_y^*$ を導きたい．

$$\begin{aligned}\mathbf{r}^2 &= (x\mathbf{u}_x + y\mathbf{u}_y)\cdot(x^*\mathbf{u}_x^* + y^*\mathbf{u}_y^*)\\ &= xx^*\underset{\substack{\parallel\\ 1}}{\mathbf{u}_x\cdot\mathbf{u}_x^*} + xy^*\underset{\substack{\parallel\\ 0}}{\mathbf{u}_x\cdot\mathbf{u}_y^*} + yx^*\underset{\substack{\parallel\\ 0}}{\mathbf{u}_y\cdot\mathbf{u}_x^*} + yy^*\underset{\substack{\parallel\\ 1}}{\mathbf{u}_y\cdot\mathbf{u}_y^*} = \underset{\substack{\uparrow\text{類似}\uparrow\\ xx+yy}}{xx^* + yy^*}\end{aligned}$$

これは斜交している座標軸の各々に対して，直交する相棒を作り，それを元に計算の見通しを改善せんとする試みである．謂わば「斜交系への直交関係の導入」であり，逆に見れば，原点を共有する二種類の直交系をズラして重ね，その隙間を斜交系と見做しているとも言えよう (下二図参照).

3 上記関係を充たす二種の基底を具体的に求めよう．設定より

$$\mathbf{u}_x\cdot\mathbf{u}_x^* = \mathbf{u}_y\cdot\mathbf{u}_y^* = 1, \quad \mathbf{u}_x\cdot\mathbf{u}_y^* = \mathbf{u}_y\cdot\mathbf{u}_x^* = 0$$

であるから，その大きさは「余角の関係」を用いて

$$\mathbf{u}_x\cdot\mathbf{u}_x^* = |\mathbf{u}_x||\mathbf{u}_x^*|\cos\left(\frac{\pi}{2}-\xi\right) = |\mathbf{u}_x^*|\sin\xi = 1 \text{ より，} \quad |\mathbf{u}_x^*| = \frac{1}{\sin\xi}$$

となる．同様に $\mathbf{u}_y\cdot\mathbf{u}_y^* = 1$ から，$|\mathbf{u}_y^*| = 1/\sin\xi$ も求められる．具体的に「▲*345*」の条件から $\sin\xi$ が定まり，代入して以下：

$$|\mathbf{u}_x^*| = |\mathbf{u}_y^*| = \frac{5}{3}$$

を得る．また，「補角の関係」から，以下が求められる．

$$\mathbf{u}_x^*\cdot\mathbf{u}_y^* = |\mathbf{u}_x^*||\mathbf{u}_y^*|\cos(\pi-\xi) = -\left(\frac{5}{3}\right)^2\cos\xi = -\frac{4\times5}{3^2}.$$

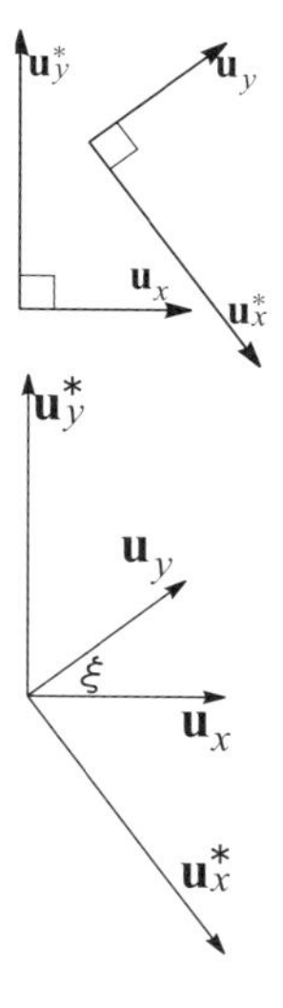

以上，基底の相互関係をまとめて表にしておく．

$\mathbf{u}_x^2 = \mathbf{u}_y^2 = 1$	$\mathbf{u}_x\cdot\mathbf{u}_y = \dfrac{4}{5}$
$\mathbf{u}_x^{*2} = \mathbf{u}_y^{*2} = \left(\dfrac{5}{3}\right)^2$	$\mathbf{u}_x^*\cdot\mathbf{u}_y^* = -\dfrac{4\times5}{3^2}$
$\mathbf{u}_x\cdot\mathbf{u}_x^* = \mathbf{u}_y\cdot\mathbf{u}_y^* = 1$	$\mathbf{u}_x\cdot\mathbf{u}_y^* = \mathbf{u}_x^*\cdot\mathbf{u}_y = 0$
添字重複型	添字交差型

当然，三角形を指定することで，これらの数値は決定する．今は「▲345」を扱っているので，各数値は $3,4,5$ のみで表せる．上の表はこの点を強調した．基底 $\{\mathbf{u}_x, \mathbf{u}_y\}$ に対して，$\{\mathbf{u}_x^*, \mathbf{u}_y^*\}$ を双対基底と呼ぶ．一般に**双対**とは，「図地反転」のような役割交換が可能な一組の関係を意味するが，ここでは空間 S に対する，双対空間 S^* の基底という意味になる．従って，どちらが双対であるかという問は無意味であり，双対の双対は元に戻る．即ち，$(S^*)^* = S$ が成立する——この性質の幾何的な現れが直交関係である．

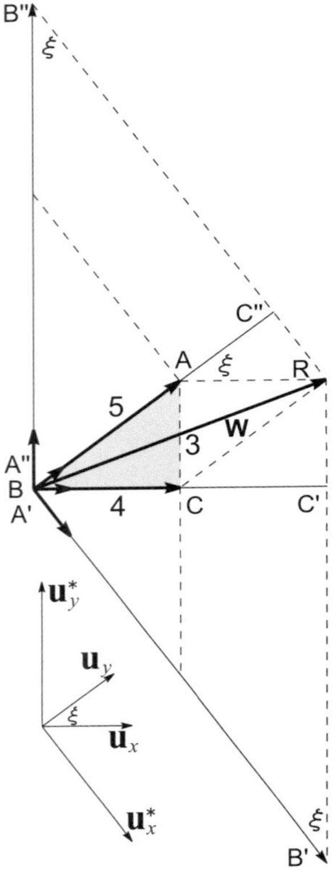

2 双対基底の適用

次に，元の基底を双対基底で表すと

$$\mathbf{u}_x = (\mathbf{u}_x \cdot \mathbf{u}_x)\mathbf{u}_x^* + (\mathbf{u}_x \cdot \mathbf{u}_y)\mathbf{u}_y^* = \mathbf{u}_x^* + \frac{4}{5}\mathbf{u}_y^*,$$

$$\mathbf{u}_y = (\mathbf{u}_y \cdot \mathbf{u}_x)\mathbf{u}_x^* + (\mathbf{u}_y \cdot \mathbf{u}_y)\mathbf{u}_y^* = \frac{4}{5}\mathbf{u}_x^* + \mathbf{u}_y^*$$

となり，その逆の関係も以下のように求められる．

$$\mathbf{u}_x^* = \left(\frac{5}{3}\right)^2\mathbf{u}_x - \frac{4\times5}{3^2}\mathbf{u}_y, \quad \mathbf{u}_y^* = -\frac{4\times5}{3^2}\mathbf{u}_x + \left(\frac{5}{3}\right)^2\mathbf{u}_y.$$

なお，$\xi = 90°$ の時，二つの基底は完全に重なり，区別が無くなる．逆に，一つに見える基底にも，その背後には双対基底が存在している．中学以来馴染みの三平方の定理の奥にも，このような幾何学が隠れていたわけである．

ここで，対角線 $\mathbf{w} = 4\mathbf{u}_x + 5\mathbf{u}_y$ を双対基底で書き直すと

$$\mathbf{w} = 4\left(\mathbf{u}_x^* + \frac{4}{5}\mathbf{u}_y^*\right) + 5\left(\frac{4}{5}\mathbf{u}_x^* + \mathbf{u}_y^*\right) = 8\mathbf{u}_x^* + \frac{41}{5}\mathbf{u}_y^*$$

となる．よって，$\mathbf{w}$ の二乗は，$xx^* + yy^*$ の形式を用いて

$$\mathbf{w} = \mathbf{4}\mathbf{u}_x + \mathit{5}\,\mathbf{u}_y = \mathbf{8}\mathbf{u}_x^* + \frac{\mathit{41}}{\mathit{5}}\mathbf{u}_y^* \text{ より，} \quad \mathbf{w}^2 = \mathbf{4}\times\mathbf{8} + \mathit{5}\times\frac{\mathit{41}}{\mathit{5}} = 73$$

と求められる (太字同士，斜体同士の積)．これが所望の結果であった．

補足

辺の長さだけであれば，相似の知識で充分である．基礎となる「▲345」と相似な三角形が，先の図中に複数隠れている．これらの相似比を求めよう．

天地を逆にした「▲345」を追加し，対辺を重ねて平行四辺形を作る．その対角線の先端 R から二辺 $\overline{\mathrm{BC}}$, $\overline{\mathrm{BA}}$ の延長に降ろした垂線の足を C', C'' とする．この時，x 軸下の $\triangle\mathrm{BB'C'}$ は，対辺を 8 とする相似三角形となるので，その相似比 8/3 である．次に $\overline{\mathrm{BA}}$ の延長を対辺とする $\triangle\mathrm{BB''C''}$ を扱う．$\overline{\mathrm{AC''}}$ は $\triangle\mathrm{RAC''}$ の底辺であり，斜辺は 4 なので長さは 16/5．従って，$\overline{\mathrm{BC''}}$ の長さは $5+16/5=41/5$，相似比は 41/15．以上より，四種の三角形の相似比は

$$\begin{array}{ccccccc}\triangle\mathrm{RAC''} & : & \triangle\mathrm{ABC} & : & \triangle\mathrm{BB'C'} & : & \triangle\mathrm{BB''C''} \\ 4/5 & : & 1 & : & 8/3 & : & 41/15\end{array}$$

より，$\overline{\mathrm{BB'}}$, $\overline{\mathrm{BB''}}$ を，基底長 5/3 を単位として測ることで，問題の答を得る．

最後に，基底の変換と逆変換を，一般的な見地からまとめる．$\mathbf{r}$ に対して二通りの表現：$\mathbf{r}=x\mathbf{u}_x+y\mathbf{u}_y=x^*\mathbf{u}_x^*+y^*\mathbf{u}_y^*$ が成立している時，ドット積：

$$\mathbf{u}_x\cdot\mathbf{r}=\mathbf{u}_x\cdot(x^*\mathbf{u}_x^*+y^*\mathbf{u}_y^*)=x^*\mathbf{u}_x\cdot\mathbf{u}_x^*+y^*\mathbf{u}_x\cdot\mathbf{u}_y^*=x^*,$$
$$\mathbf{u}_y\cdot\mathbf{r}=\mathbf{u}_y\cdot(x^*\mathbf{u}_x^*+y^*\mathbf{u}_y^*)=x^*\mathbf{u}_y\cdot\mathbf{u}_x^*+y^*\mathbf{u}_y\cdot\mathbf{u}_y^*=y^*.$$

より，$x^*=\mathbf{u}_x\cdot\mathbf{r}$, $y^*=\mathbf{u}_y\cdot\mathbf{r}$ を得る．これを $\mathbf{r}$ に戻す．同様の計算を $\mathbf{u}_x^*,\mathbf{u}_y^*$ に対しても行ってまとめれば，$\mathbf{r}$ の展開は以下のように定まる．

$$\mathbf{r}=(\mathbf{u}_x\cdot\mathbf{r})\mathbf{u}_x^*+(\mathbf{u}_y\cdot\mathbf{r})\mathbf{u}_y^*=(\mathbf{u}_x^*\cdot\mathbf{r})\mathbf{u}_x+(\mathbf{u}_y^*\cdot\mathbf{r})\mathbf{u}_y.$$

実際，最右辺に $\mathbf{r}=8\mathbf{u}_x^*+(41/5)\mathbf{u}_y^*$ を代入して，$\mathbf{u}_x^*\cdot\mathbf{r}=4$, $\mathbf{u}_y^*\cdot\mathbf{r}=5$ を得た結果，$\mathbf{r}=4\mathbf{u}_x+5\mathbf{u}_y$ という $\{\mathbf{u}_x,\mathbf{u}_y\}$ での表記を再現することが出来る．

本項の「双対基底」も次項の「積の表現」も，具体例の無い中で理解することは難しい．実際，これらは「相対性理論 (特殊・一般) の表記」として，よく利用されているものであるが，これを学ぶまで時を待つか，その前に基本事項に目を通しておくか，それは学習者の置かれた環境，状況により変わる．

唯これを“現代表記”と呼び，「敬(けい)して遠(とお)ざく」状況になっていることは残念である．何時から見ての現代か，何が理由の古典か．“名”に時代を反映させれば，陳腐化(ちんぷか)は避けられない．何にでも“科学”と附けたり，“文化”を掲げたりする風潮 (文化住宅・文化包丁・文化鍋など) と同じ，無用の価値附与である．普及すれば適正化する．さて，百年後には何と呼ばれているだろう．

7：矢と直線

ドット積の別の見方を紹介する．例えば，その結果を

$$\mathbf{A}\cdot\mathbf{X}=a_1x_1+a_2x_2=k$$

とする時，$\mathbf{A},\mathbf{X}$ の成分を並べる形で，以下のように書く．

$$(a_1\ \ a_2)\begin{pmatrix}x_1\\x_2\end{pmatrix}=k,\quad \text{又は}\ \mathcal{AX}=k.$$

容易に推察されるように，$\mathcal{A},\mathcal{X}$ は上式の「丸括弧」のそれぞれに対応する．そして，その加・減については，次のように定義される．

$$\text{横}:\mathcal{A}\pm\mathcal{B}:=(a_1\ \ a_2)\pm(b_1\ \ b_2)=(a_1\pm b_1\ \ a_2\pm b_2),$$

$$\text{縦}:\mathcal{X}\pm\mathcal{Y}:=\begin{pmatrix}x_1\\x_2\end{pmatrix}\pm\begin{pmatrix}y_1\\y_2\end{pmatrix}=\begin{pmatrix}x_1\pm y_1\\x_2\pm y_2\end{pmatrix}.$$

これを行列表記という．なお，横と縦の加・減は出来ない．即ち，この場合であれば，$\mathcal{A}\pm\mathcal{X}$ などは定義されない．**両者は“棲む世界”が違う**のである．

また，同内容をより抽象化した「ディラック (Dirac) 発案の括弧(braket)」を用いて $\langle A|X\rangle=k$ と表すことも出来る．縦棒の前・後は，行列と同様の関係：

ブラ(bra): $\langle A|\pm\langle B|=\langle A\pm B|$ ｜ **ケット**(ket): $|X\rangle\pm|Y\rangle=|X\pm Y\rangle$

を充たす．積が“ブラ・ケット”になるという洒落(しゃれ)である．なお，本来であれば，積は $\langle A||B\rangle$ となるが，縦棒が重なる時は一本を省略すると約束する――これには，「両者が一体化して別物になった」と感じさせる視覚的効果もある．

1 何れも，結果は「単一の数 k」であるが，順序を交換出来る $\mathbf{A}\cdot\mathbf{X}=\mathbf{X}\cdot\mathbf{A}$ とは異なり，後の二例は，「$\mathcal{AX}\neq\mathcal{XA}$, $\langle A|X\rangle\neq|X\rangle\langle A|$」という形で，「交換不可なる計算」の存在を強調する表現になっている．この表記は，計算を左から右へ「作用するもの／されるもの」に分ける，即ち「演算子と演算対象に二分する発想」の具現化である．この考え方を採用すれば，通常のドット積：

$$\mathbf{A}\cdot\mathbf{X}=k\ \text{も「演算子}\ f:=\mathbf{A}\cdot\sqcup\text{」により，}\ f\,\mathbf{X}=k$$

とも表せる――当然「$f\,\mathbf{X}\neq\mathbf{X}f$」．更に，$w(\mathbf{u},\mathbf{v}):=\mathbf{u}\cdot\mathbf{v}$ を定義すると

$$w(\mathbf{A}, \mathbf{X}) := \mathbf{A} \boldsymbol{\cdot} \mathbf{X} = k$$

であり，関数 w とは，二本の矢を喰って数を出す．即ちドット積は，二つの一階テンソル **1**-t から **0**-t を作る演算であり，象徴的に書けば「$w(\uparrow\uparrow) =$ 数」である．従って，これは **2**-t となる．ここで演算子の議論に戻れば

$$w(\mathbf{A}, \sqcup) = k$$

は，一本の矢 $\mathbf{X}$ を喰って数 k を出す，即ち **1**-t である．以下の四つの演算子：

$$w(\mathbf{A}, \sqcup), \quad \mathbf{A} \boldsymbol{\cdot} \sqcup, \quad (a_1 \ \ a_2), \quad \langle A|$$

は全て同じ機能を持つ別表現であるが，「$w(\mathbf{A}, \sqcup)$, $\mathbf{X}$」は全く異なる風貌(ふうぼう)をしていることに注意する．両者は双対であり，k の分解とも見做せる．同様の考察から，$\mathbf{A}, \mathbf{X}$ の立場を交換した組：「$\mathbf{A}$, $w(\sqcup, \mathbf{X})$」も成立し，共に **1**-t となる．

2 ここで，再び三度(みたび)「▲*345*」を例に引き，ドット積：

$$\mathbf{c} \boldsymbol{\cdot} \mathbf{a} = (4\mathbf{e}_x + 3\mathbf{e}_y) \boldsymbol{\cdot} (4\mathbf{e}_x + 0\mathbf{e}_y) = 16\mathbf{e}_x^2 = 16$$

を分割して考える．$\mathbf{a}$ を一般化して，「xy 平面」上の直線を表す式：

$$(4\mathbf{e}_x + 3\mathbf{e}_y) \boldsymbol{\cdot} (x\mathbf{e}_x + y\mathbf{e}_y) = 4x + 3y = 16 \text{ より，} \quad y = -\frac{4}{3}x + \frac{16}{3}$$

を導く．この直線は，$\mathbf{a}$ が示す点 $(x\!=\!4, y\!=\!0)$ を通り，傾き $3/4$ である $\mathbf{c}$ と直交 (傾きの積が -1) している．行列表示を採用すれば，より印象的に表せる．

$$(4 \ \ 3) \begin{pmatrix} x \\ y \end{pmatrix} = 4x + 3y = 16.$$

別の立場からこの直線を見れば，これは $\mathbf{c}$ に対して，そのドット積が 16 という値になる点の並びを与えている．例えば，y 切片を示す $\mathbf{a}'$ との積は

$$\mathbf{c} \boldsymbol{\cdot} \mathbf{a}' = (4\mathbf{e}_x + 3\mathbf{e}_y) \boldsymbol{\cdot} \left(0\mathbf{e}_x + \frac{16}{3}\mathbf{e}_y\right) = 16\mathbf{e}_y^2$$

より，確かに 16 になる．ここまで，様々な対象を「無次元の数の計算」として処理してきた．三角形の場合でも，対象は辺の比に基づく単なる数であり，長さとしての物理的次元を与えていないことも多かった――数学は主に無次元の対象を扱い，それ故に「$x + x^2$」などという計算が可能なのである．

3 しかし，物理学には次元を持つ量の計算が必須である．長さの積は面積の次元を持つが，クロス積とは異なり，ドット積は幾何的な対応が取れず，平面に上手く表す手立てが無い．そこで，上で示した直線の集団を利用する．これは地図における等高線に類似した考えた方である．．

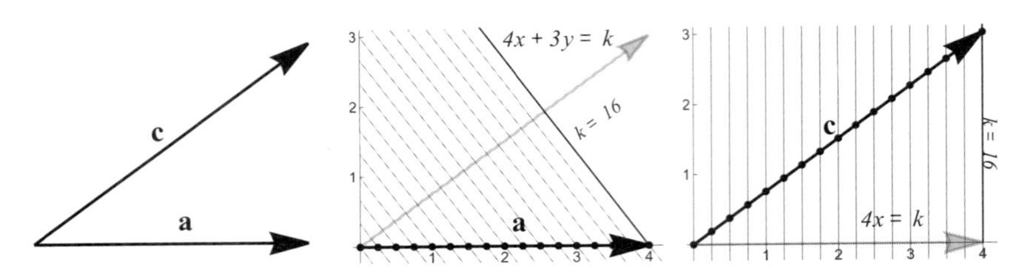

積の結果である k を整数値とし，対応する直線群を描けば，これは平面を「**c** に直交する平行線」で分割(スライス)する (上図中央)．この時，k は，直線の本数という直観的な意味を持ち，この場合であれば，**a** という矢は丁度「16 本の直線を射貫く」ことになる．また，**2c** を基準にすると，線の間隔は半分になる．即ち，線の密度が演算子の大きさを表すわけである——直線と平行になる場合，「本数はゼロ」になり，これは直交関係と上手く対応する．ここで，$\mathbf{a}, \mathbf{c}$ の立場を交換しても，同様の「矢と直線」の関係は成立する (上図右)．

このようにして，矢の積であった計算が，作用する側を直線群と見做すことで，別の姿を見せる．これは物理学における「場の考え方」とよく馴染む．

4 既に学んだ「仕事」について，「力と変位が平行でない場合」を考えよう．ここでも，「▲*345*」を活用する．これまでの表記を流用して，力 **F** は **c** に沿い，$|\mathbf{F}| = 5\,\mathrm{N}$．変位 **s** は **a** に沿い，$|\mathbf{s}| = 4\,\mathrm{m}$ であるとする．

この時，仕事は両者のドット積より，$W = \mathbf{F} \cdot \mathbf{s}$ となり，以下を得る．

$$W = |\mathbf{F}||\mathbf{s}|\cos\xi = 5\,\mathrm{N} \times 4\,\mathrm{m} \times \frac{4}{5} = 16\,\mathrm{N\,m} = 16\,\mathrm{J}$$

仕事の大きさは分かった．しかし，「一枚の絵」として状況を描こうとすれば，直ちに破綻する．空間の尺度は m であり，力は N である．仕事はエネルギーであり，J で測られる．従って，問題を表す二本の矢を「一つの座標系で共存させる」には，単位の問題が大きな障害になる——これまでの初等的な講義では，具体的な計算を優先させて，この問題を深刻に捉えないことになっている．

5 一般に，物理学は空間における量の変化を記述する．変貌する対象を追尾し，未来を予測する．より大袈裟(おおげさ)に言えば「世界の変化を予言すること」を目指している．従って，位置や速度など，単位として「m を分子に持つもの」が，演算対象として考えられる．そして，その変化を記述する為に，演算子として「分母に m を持つもの」が考察される．この場合であれば，「力 $\mathbf{F}$ が位置 $\mathbf{s}$ に作用する」という観点から，仕事 W を見直したい．実際，その単位には $\mathrm{N\,m} = \mathrm{J}$ より，$\mathrm{N} = \mathrm{J/m}$ なる関係があり，確かに分母に m が入るように変形することが出来る．そこで，次元を持つ二組の直交基底を，以下で定義する．

$$\{\mathbf{n}_x, \mathbf{n}_y\}\,\$\,1/\mathrm{m}, \quad \{\mathbf{t}_x, \mathbf{t}_y\}\,\$\,\mathrm{m}.$$

従って，基底相互の積は唯の数になり，二つの空間は双対になる．これより

$$\mathbf{F} := f_x\mathbf{n}_x + f_y\mathbf{n}_y, \quad \mathbf{s} := x\mathbf{t}_x + y\mathbf{t}_y$$

と展開される．ここで，$f_x, f_y\,\$\,\mathrm{J}$，$x, y\,\$\,1$ である．

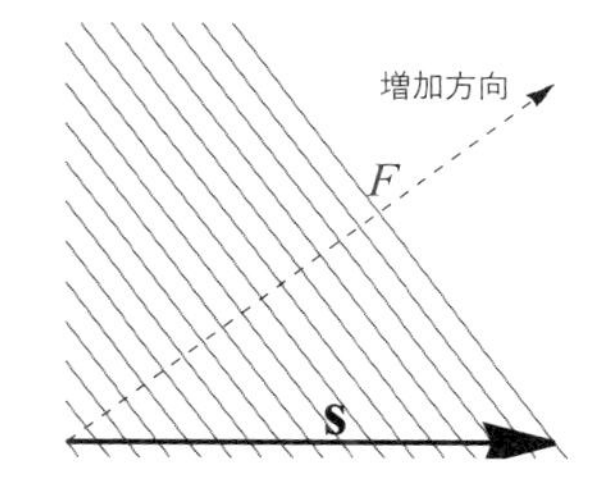

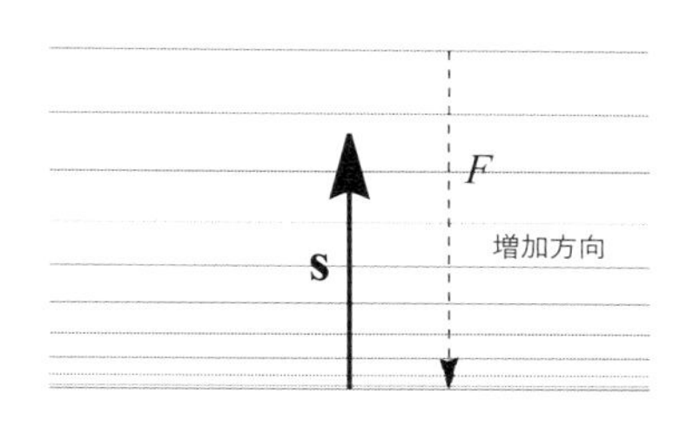

6 この設定により，$\mathbf{F}$ は先例と同様の直線群となり，それらは J を単位とする「等エネルギー線」を形成する．そして，仕事の値は，対象の移動を示す $\mathbf{s}$ が射貫いた直線の本数として記される．以上の議論は，基底の相互関係を再定義することで，容易に斜交系に適応させることが出来る．更に，先のドット積の議論より．仕事は $W = w(\mathbf{F}, \mathbf{s})$ とも書ける．従って，力 $\mathbf{F}$ と位置 $\mathbf{s}$ は

$$w(\mathbf{F}, \sqcup), \quad \mathbf{s}$$

より双対であり，共に **1**-t である．上右図は，「下に行くほど力が強い状況 (例：重力場など)」を表している．以上，特に量を扱う立場からは，$\mathbf{X}$ を "矢" で，演算子 $w(\mathbf{A}, \sqcup)$ を "直線群" で表すことが適切だと分かった——これらは順にベクトル、**コ・ベクトル**(co-vector) (又は **1-形式**(one-form)) とも呼ばれ，一つの組として扱われる．

8：定義定数と元素記号と語呂

国際度量衡委員会 (CIPM) は，物理学の基本定数を，測定値 (不確かさ有) から定義値 (無) へと更新している (最新は 2019)．これにより，以後変更・修正が無いという意味で，これら定数に**真に記憶に値する価値**が生まれた．

定数を「定義」にするには，人や場所，測定器具に依存しない基準が必要である．それを自然現象に求めた．勿論，世界を大混乱に陥(おとしい)れない為に，これまで常用してきた定数，実験により測定された定数に近い値を選び，その不確かさに相当する部分を丸めるという形で定めていく．従って，我々の日常には何の変化も及ばさない．何が定義値か，何が測定値かという「定数の続柄(つづきがら)」を決めて，これから紹介する七種の値に関しては，今後「実験に委(ゆだ)ねない」ということである．なお採用する単位系は SI である．では如何に記憶すべきか．何よりも読者による改善を期待し，その叩き台として「独自の語呂合せ」を提案する．日本語の奥深さを知る機会にもなる．挑戦して頂ければと思う．

1 時間：「秒(second)(s)」には，**今(5)後(5)一(1)番耳(33)**にする「**55** 番元素・原子量 **133** の ^{133}Cs(セシウム)」を利用する．この元素の状態 $\Delta\nu_{\rm Cs}$ が「**9192631770** 回 (10 桁)」振動する時間を一秒と定義する．語呂合せには，どうしても「状況説明」が要る．この場合，「悪い癖も速やかに改める“だろう”賢い幼児」を思い浮かべて頂こう．

9　1　9 2　6317　70　Hz
クイックに 六才なら直す はず ∼ Hz(=1/s)

2 長さ：「メートル(metre)(m)」は，**光速** c_0 の定義「**299792458** m/s(9 桁)」：

299　7 9 24　5 8
肉食って泣く 西の荒野 [に光射す]

の逆数を取る．夕日に映える幌馬車の前，郷愁(きょうしゅう)に浸(ひた)る男達の晩餐(ばんさん)である．

3 質量：「キログラム(kilogram)(kg)」は，量子力学の本質を体現する**プランク(Planck)定数** h を「**6.62607015**$\times 10^{\mathbf{-34}}$ J s(9 桁)」とする定義に因る．ここで，J (:= kg m^2/s^2) は仕事の単位である．極微の法則が 1 kg を決めるわけである．

6 6 2 6 0　7 0 1 5　3 4
無禄に禄を！ なお一期の頭は／三銃士

画面は黒澤明である．なお「／」以降は負，後の「@」以降は正の**指数**を表す．

無矛盾に(6 6 2)[原子]論を直せ(6 070) 以後(1 5)／作用(3 4) [と呼べ]

上は，定数の出自を意識した別版である．これで，MKS が出揃った．

4 電流：「アンペア(ampere)(A)」は，素電荷 e を「$\mathbf{1.602176634}\times 10^{\mathbf{-19}}$ C (10 桁)」とする定義より定まる―― C (=A s) は電荷の単位クーロン．

慰労に否(1 60 2 17)，陸奥の(6)武蔵(6 3 4)／行く(1 9)[は九龍(クーロン)，伝家(電荷)の宝刀]

息吐く(いきつ)間もなく次の戦(いくさ)へと向かう「二刀流の本家」武蔵，その雰囲気を味わって頂こう．そう言えば，スカイツリーの高さも「武蔵(634) m」であった．

5 SI の基盤が出来た．熱力学温度 (絶対温度)「ケルビン(kelvin)(K)」は，ボルツマン(Boltzmann)定数 $k_{\rm B}$ を「$\mathbf{1.380649}\times 10^{\mathbf{-23}}$ J/K (7 桁)」と定義することに因る．

意味はゼロ(1 3 8 0) 無欲で指せば(6 49)／詰み(2 3)

最終盤の白熱した状況の中，冷静に「詰みがある」と信じた棋士の気分で．

6 物質量：「モル(mole)(mol)」は，「$\mathcal{A} = \mathbf{6.02214076}\times 10^{\mathbf{23}}$ 個 (9 桁)」の要素集団を単位とし，アボガドロ(Avogadro)定数(constant)を「$N_{\rm A} := \mathcal{A}/\text{mol}$」と定義することに因る．なお $\mathcal{A}$ をアボガドロ数(number)と呼ぶが，訳語は混乱を招きやすい名称である．

六天の鬼に石を投げろ(6・02 2 14 0 7) と@兄さん(6 2 3) [は話盛る(モル)]

自称“勇者(ヒンメル)”の兄貴ならそうした，その武勇伝(ぶゆうでん)に耳を傾けるつもりで．

7 光度：「カンデラ(candela)(cd)」は，「人が感じる明るさ」の単位であり，嘗て(かつ)は蝋燭(ろうそく)(candle) 一本をその基準としていた．現在は，緑色附近 $\mathbf{540}\times 10^{\mathbf{12}}$Hz の振動数を持つ単色光，この光の所定方向での発光効率 $K_{\rm cd}$ を「**683** lm/W」とすることで決める．「ルーメン(lumen)(lm)」は，対象領域の光度をまとめた (cd×立体角) 単位であり，ワット：W(:= J/s) は仕事率である．

(この世を統べる@十二宮)(5 4 0 1 2) 無闇(6 83) [に光らず]

前半が光源，後半が定義値に関するものである．

以上で，**基本七定数**：$\Delta\nu_{\rm Cs}, c_0, h, e, k_{\rm B}, N_{\rm A}, K_{\rm cd}$ の話題を終える――これらを導く実験の骨子(こっし)を把握出来れば，更に深い理解が得られるだろう．

■ 定義値ではないが，ある程度の桁まで知っておくべき定数 (測定値) は色々とある．代表格は，**万有引力定数**「$G = \mathbf{6.674} \times 10^{\mathbf{-11}}\ \mathrm{m}^3 \cdot \mathrm{kg}^{-1} \cdot \mathrm{s}^{-2}$」である．

6　 6 7 4　　　　　　11　　　　　　G
無は**虚し** と斬るは／**士** [(侍) の**辞**意]

現在，確定しているのは上記四桁である．即ち，今後測定技術が進んでも，数値は 6.673 にも 6.675 にもならない．また，重力に関する小文字の g の値が，偶然 $\pi^2 \approx 9.8696$ に似ていることも．概算などには便利に利用されている．

地球の大きさは，元々は「メートルの起源」であったが，今では逆に議論する話題に応じて，幾つかの異なる値が提唱されている．測地測量関係では，「**赤道半径の定義値**」として「**6378137** m」が使われている．そこで

6　3　7　8　1　37　　赤半
無味なパイン 皆 [で**赤**飯]

地球平均密度「**5.51** g/cm^3」は「**密は蓬莱(ほうらい)551**」で，静止軌道衛星の地球中心からの高度「**42195** km」は「**マラソン千回、天頂に届く**」で，太陽の放射エネルギーを表す太陽定数「**1367** W/m^2」は「**勇むな** [太陽]」(1 3 6 7) では如何か．

何度も繰り返しているように，物理学は近似の学問である．そして近似であればこそ，尚更(なおさら)「不動の基準」を欲する．その一例が，これら定義定数である．日本語の特性を活かして，これらの値に親しむことは非常に有益である．

周期表に関しても色々な工夫，試みがある．以下は，旧制高校，所謂 “デカンショ” の頃から長きに渡って伝承(でんしょう)されてきたものだろう．豪腕の時代である．

Li Be B C N O F　Na Mg Al Si P S Cl
リベブクノフ　ナムガルシプスクル
K Ca Sc Ti V Cr Mn Fe Co Ni　Cu Zn Ga Ge As Se Br
クカスクティブクルムヌフェコニ　クズンガゲアッセブル
Rb Sr Y Zr Nb Mo Tc　Ag Cd In Sn Sb Te I
ルブスルイズルヌブモテク　アグクドインスンスブティ

正に「異世界転生もの」に登場する呪文そのものであるが，これは水素 (H) と希ガス (He, Ne, Ar, Kr, Xe) を除く第五周期までの “元素記号をひたすら棒読みしたもの” である (『熱現象 30 講』戸田盛和著 p.134)．現代においても，ポケモンなどゲームで鍛えられた猛者連(もされん)には，気軽な方法なのかもしれないが，弱点もある．唱(とな)える前に，記号の由来を知っておく必要がある．そこで，和名との直接的な関連が無いものを紹介しておく――斜体はラテン語由来である．

水素 H(ydrogen)	硼素 B(oron)	炭素 C(arbon)
窒素 N(itorogen)	酸素 O(xygen)	弗素 F(luorine)
珪素 Si(licon)	亜鉛 Zn(Zinc)	砒素 As(Arsenic)
臭素 Br(omine)	塩素 Cl(hlorine)	沃素 I(odine)
銀 Ag(*Argentum*)	錫 Sn(*Stannum*)	銅 Cu(*prum*)
鉛 Pb(*Plumbum*)	鉄 Fe(*rrum*)	金 Au(*rum*)
白金 Pt(Platinum)	タングステン W(*olframium*)	
水銀 Hg(*Hydrargyrum*)	アンチモン Sb(*Stibium*)	

一連の流れを顧みると，元素の「英名語呂合せ」が欲しくなる——現在，流布されているものは和洋折衷であり，多面的な対処を必要とする．しかし，英語圏の既存作品の中には「物語性のある捻ったもの」を探し出せなかった．となれば自作するしかない．読者諸賢の改作・新作を期待して，拙作を披露する．どんな顔をしていいか分からないかもしれないが，まあ笑えばいいと思うょ．

1: **H**ow's **He**.

2: **Li**ar **Be**lieves **B**asi**C** **N**ews **OF** **Ne**t.

3: **Na**ture **M**ana**g**es **Al**l **SiP**hon**S** **Cl**e**Ar**ly.

4: **K**nowing **Ca**pital of **Sc**ience-fic**Ti**on **V**ideo
Creates **M**a**n**y **Fe**stive **Co**operations;
Nippon's **Cu**ltivated **Z**o**n**e **Ga**ve **Ge**ntleness
As **S**outh**e**ast **Br**eathe's **K**e**r**nel.

Periodic Table Puns (from 1 to 36) by Ɏ

H —————————————————————— U

周期表に纏わる寸劇

● 彼は元気ですか？(依頼した資金調達の話なのですが)

■ (さて) 嘘吐きほど基本的なネットニュースを信じるよね．自然は，全てのサイフォンを明確に管理している (「天網恢々疎にして漏らさず」だよ)．

● SF 動画の資金元を知ると，多くの好ましい協力関係が生まれる (？)．

■ 日本の耕作地帯は，東南 (アジア) の中心地の息吹として (人に) 優しさを与える (から多分 SF 班も興味持つよ)．

Np —————————————————————— Og

9：独自記法の紹介

物理量の次元と単位 (SI) に関して以下を提案した．例えば，長さ A ならば $[A]_{\mathrm{D}} = \mathsf{L}$, $[A]_{\$} = \mathrm{m}$ となる．単位に関しては，等号的に機能する「$」も併用している．$A = B = C\,\$\,\mathrm{m} \leftrightarrow [A]_{\$} = [B]_{\$} = [C]_{\$} = \mathrm{m}$．空間次元と，物理次元を区別する記号を導入した．三次元空間 S ならば，$\mathrm{sD}[S] = 3$, $\mathrm{qD}[S] = \mathsf{L}^3$．

論理記号 $\vee$ と $\wedge$ の代わりに，次の関係を充たす記号を提案している [逞数]．

$$\left[\mathcal{F}\middle|\mathcal{F}\right] \Longleftrightarrow \mathcal{F}\,(else\,\mathcal{T}), \quad \begin{bmatrix}\mathcal{T}\\ \mathcal{T}\end{bmatrix} \Longleftrightarrow \mathcal{T}\,(else\,\mathcal{F})$$

$\mathcal{T}$ は真，$\mathcal{F}$ は偽を，else は「それ以外の全て」を意味する．

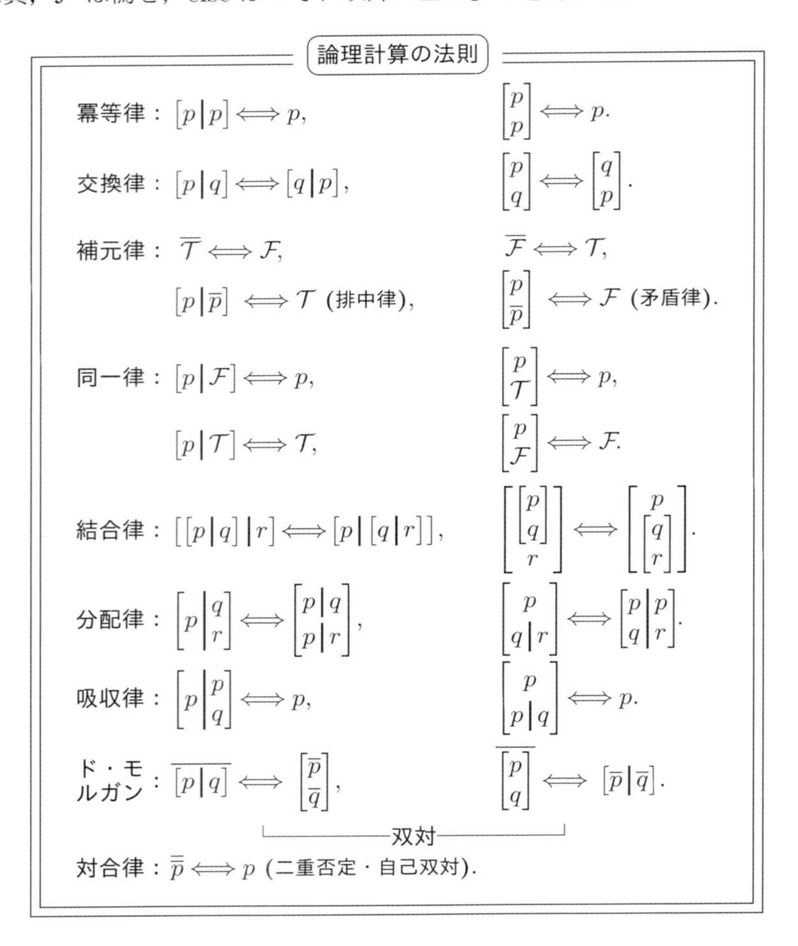

後書

引き続き，本書の特徴と狙いについて記していく．本書は網羅的でも系統的でもない．明確な記述や厳密性を誇るのでもない．冗長な記述の末に，初学者が陥りがちな混乱・錯誤を事前に引き出し，共に考えることを目的としている．

本書で学んでも，さして成績は伸びず，論証に慣れることも，勿論野球が上手くなることもない．登山なら高々「天保山」程度か．唯一つ，「簡単なことほど難しい」という教訓と，朧気な記憶に頼らずとも，僅かな仮定から結果を導く，その手立ては得られる．しかし，それこそが重要なのだと強調したい．

一定の評価がある本に対して，「易しい」と感じる人には，それは「今のあなたには難しい」から離れたらと忠告したい．初学者に簡単に見える本ほど，奥が深く高度な内容まで含んでいるものである．ところが，これを単に「易しい」とだけ感じる人は，最も重要な細部の感覚に触れることが出来ず，全てを思慮無く読み飛ばす．恐らくこれは「人生最大級の壮絶な勘違い」である．

高校物理における主要概念には，構成が許す限り接近した．一方，著名な定理や解法でも名さえ挙げなかったものもある．微分の概念は積極的に用い，積分は「その逆」として略した．これは割り算を避け，逆数の掛け算で賄うのと同じ発想である．巻頭に記したいベクトル・スカラーも，最後まで残した．

独自記号も存分に用いた．注釈さえあれば記号は自由である．その意味で，ルビを注釈と捉え，通常の使用範囲を超えて，カナに英字を記号にカナを振るなどして，その**可能性を追求**した．数式の立体的な配置にも挑戦した．縦置きの等号や矢印などを用い，「井計算」などグラフや表とは異なる新しい表記を目指した．適不適の判断は歳月に委ねる．紙の本にも工夫する余地は未だ多い．

統合の象徴として「二刀流」を採り上げた．分業の世界で統合が勝利した．巨大な才能は，投手でも野手でもなく，野球選手とは何かを世に問うた．常識を疑い信念に殉じる鋼の意志が，不可能を可能にした．科学もまた，数学と物理の二刀流が基本である．分割・支配への「執着」が西洋を成功に導き，そして今破滅へ誘っている．現実と虚構の区別が附かず，全ての偏りに牙を剥き「世界均一化」へひた走る．彼等は反論を許さない．偏りこそが不作為・公正の証なのに，六個の賽を振ったなら「六種の目が出揃うべきだ」と吠えている．

冗長性こそ教育の要

屡々「○○向けではない」「対象不明」という選評を見る．これは，非常に枠に縛られた評である．読者層を仮想することは，決して悪い方法ではない．しかし，それは商売の手法であって，文化のそれではない．ましてや，教育に関わる著作において，第一方針とするものではない．同じ一般論なら，せめて「時を選ぶ」として貰いたい．学問・藝術というものは，人の成長により，時々刻々違って見える．故に自然の営みに擬えて，culture と呼ばれるのである．

今日，良いと感じた作品も，明日には陳腐に見える．
今日，暗闇に感じた作品も，明日には光って見える．

そんなことは幾らでもある．明日のことは誰にも分からない．可能性を封じる環境は，家庭であれ学校であれ好ましくない．多くの人は，環境に屈するからである．全ての教科書・参考書は冗長である．「**冗長性は知性の安全機構**」であり，教育の質を保障する．異なるのは「程度」であり，それを読者が選ぶ．その為に図書館に本が溢れているのである．もし，一切の無駄を排除した記述に徹するなら，全頁が論理記号で溢れ，一枚の図版さえ無用とされるだろう．

著者は，所謂「読者層」を設定しない．ただし，希望はある．競争の末の「比較一位」ではなく，「絶対一位」を目指す人を応援したい．御縁を期待するのは，遍く存在する「無垢な人」「予備知識のない人」「諦めた人」である．対応が及ばないのは，「無駄を嫌う人」「暗記に頼る人」「先入観の強い人」である．

数学の基本は，数を操る為の「四則」であり，それを印象附ける「九九」である．これを修めた小学生に，微分が分からぬはずがない．極限だ，無限大だと言わなければ，彼等は容易に「幾らでも近づく」という概念を数の中に見出す——小学生対象の授業で試した上での結論である．実際，四則が入り交じる「通分」よりも，割り算一本の「微分」の方が易しいのである．九九や通分が小学生への定番内容であり，微積分は高校までお預けという発想は，学習の王道から外れている．例えば，スポーツを学ぶのに，基礎練習だけを反復させて，実際のプレーや，プロの妙技を一切見せない教えないというのでは，人間にとって最大のエネルギー源である「憧れを醸成する」ことは出来ない．**子供は難しいこと，自分が出来ないことに憧れて，努力することを厭わなくなるのである．**過度な分割，階層分けが有害だと主張する所以である．

半世紀を越える歳月の中，自宅書棚の中央に位置し続けている一群の著作がある．何れも購入時には，唯の一行も理解不能だったものばかりである．分不相応なのは承知の上，唯々「憧れだけが財布の紐を緩めた」．今も読了したとは言い難い．その意味で，残念ながら著者は，これらの本に選ばれなかった．現実は「本が人を選ぶ」のである．しかし，如何なる逆境においても，一筋の道を示してくれたのは，これら名著に溢れる偉大な先達の息遣いである．

辞書でも電話帳でもなく，物語を書く

最近本が読まれなくなったという．はてさて，それは如何なる本か．著者の個性が充ちた本，著者そのものとも言える本である．古くは「寺田寅彦」「中谷宇吉郎」「岡潔」「湯川秀樹」らの随想．「朝永振一郎」「ゾンマーフェルト」「パウリ」「ランダウ」「ファインマン」らの個人全集．「PSSC」や「バークレー物理」など組織による大全．計算機工学では「SICP」「TAoCP」等々．

人々は正しさを求め，網羅性を求め，辞書を求め，事実を列挙した電話帳を求めている．全ては作業効率の為，時短の為，費用対効果の為である．勿論，科学は日進月歩の歩みを続けている．特に，量子力学や計算機工学などは理論・応用ともに隔世の感がある．古い本では全く対応出来ない．今となっては誤解も，設定違いと断じられるものもある．しかし，それでも古典に目を通すことには意味がある．一般読者にも，勿論研究者を目指す人にも．

引用：『朝永博士は，「発生期の状態 (nascent state)」という化学用語を掲げ，後年まとめ上げられた専門書だけではなく，原論文もしっかりと読むべきだと主張した．化学反応性が高い状態，即ち発生期の状態に，論文誕生時の研究者の歓喜や戸惑い，確信と不安など昂揚した精神状態を譬え，そこに秘められた悲喜こもごもを原著者と共有しない限り，「本当のことは分からない」と考えられ，自らもそう実行されていたのである』 物理学とは何だろうか：解説・伊藤大介

勿論，高校生以下の諸君に原論文まで求めるのは，時間を空費する可能性が高く益は期待し難い．それが出来るのは大学，大学院以降の話であり，また人の資質にも依存するので，機が熟した段階で行うべきことである．それでも，やはり古典を読む必要はある．何故なら，そこに物語が存在するからである．

人生を動かすのは，心の底に刻まれた「人の物語」である．艱難辛苦に耐え，遂に大願成就した人達の智恵と勇気に感動するのであって，足場無き後の成果の羅列に，心を奪われるわけではない．嫌いを公言する多くの人の間違いは，「物語が聞きたい！」と叫べばいいものを，「何の役に立つのか？」と訝ることである．抑も“好悪”の感情が，“実利”で反転することはないのである．

信頼は別解により育まれる

百，一説には数百に至るとも伝えられている「三平方の定理の証明」であるが，何故それほど大量の別解が存在するのか．それらの全体に対して関心を持つ必要は全くないが，著名な証明を複数学ぶことは決定的に重要である．何故なら，数学，あるいは科学における「論理の信頼性」というものを肌で実感することが出来るからである．受験生に多く見られる傾向であるが，時短，時短で最も効率的な解法を一つだけ学び，他を無視して先に進む人には，この信頼感が醸成されない．正しい結論には，それに至る複数の道が存在するが，その中で如何なる脇道を通ろうと，必ず同じ結論に至るという信念が生まれない．

百を越える証明が，それぞれ全て正しいという結果は，実に驚くべきことである．それこそが論理の正しさを傍証していると言える．しかし，問題の一側面しか学ばない人にとっては，偉大な定理でさえ偶然の産物のようにも見える．その結果，科学に歪んだ不信感を抱くようになる．緻密な議論を嫌い，感情論に走り，人類の知的遺産を軽視する．彼等は事実を見ない．いや一つの事実しか見ない．甘い言葉に酔い，忠告に憤怒する．大袈裟に反省する一方で，地道な努力は忌避する．そして，権威を盲信する．しかし，何が権威であるかは知らない．素人が権威に見え，権威が素人に見える．まるで駝鳥のように，眼の前にあるものに向かって突進する．そうした人達に共通するのは，「別解の吟味」を避けてきた，その学習態度なのではないかと推察する．

科学は極めて常識的なものである．実際，実験による常識の裏附け，それが科学であり，それらの往復運動の結果，常識も科学も更新されてきた．「科学は人間の全てを解明する」というのが迷信ならば，「人間のことは何も分からない」というのも迷信である．**人生初めての証明が「三平方の定理」であるなら，これを玩味することは，以後の全ての体験を，より緻密なものにするだろう．**

自然の理法と人の感動

全ての分野を制する天才は居ない．故に，天才は凡庸をも抱えるが，逆は無い．この辺りは小林秀雄に詳しい．古今東西，人は何時の世もこの言葉が好きだ——昨今「ギフト」なる新手も登場した．世代に一人などと評される存在が，今や何千何万と居る．何かを創造した人ではなく，何かに合格した人にまでその名を冠している．旧七帝大の定員が二万人弱，医学部定員が一万人弱．受験者総数五十万余に比較して，これは何を意味するか．比較を絶した特別の存在を意味する言葉を安売りすると，好いことは何も無い．世の全てが混乱する．

確かにその名に相応しい井上尚弥も藤井聡太も，ボクシングや将棋を生み出した人ではない．才能には色々な面がある．例えば，何も無いところから，何かを生み出す才能，即ち「$0 \to 1$」とする能力であるが，確かにこれは稀有である．しかし，「$1 \to 99$」と持ち上げるにも，独特の才能が必要である．また，最後のワンピースを探り当て，対象を完全無欠なものにする才能，即ち「$99 \to 100$」もまた稀有である．これを三種の独創性と名附けよう．

I 型: $0 \to 1$,　**II 型**: $1 \to 99$,　**III 型**; $99 \to 100$

理工学の現場で必要とされる才能，あるいは教育・啓蒙に必要な才能は「II 型」である——少なくとも他の二つの才は，自然発生的，あるいは突然変異的なものであり，形式的な議論で云々出来るものではない．この才能を育む為には，全体を見渡す広い視野と，その結果として，無用の分類を否定する強い意志を持たせる指導が必要である．受験界では，三十分で解答出来る者だけが称賛されるが，「一日掛ければ絶対に解ける」という確信さえ持てれば，両者の間には微差しかない．そして，後者の方が伸び代がある．そんな例は，大学や研究所などで散々見て来た．「II 型の才」の一部は，明らかに「困難から逃げない才能」である．道具に譬えれば，剃刀ではなく鉈である．

本書の主張は単純である．本文中で何度も繰り返し述べたことは，唯一つ：**物理学は「公式に当て嵌めて問題を解く」のではなく，「自然の理に沿って現象の理解を深める」学問だということである．** 現実に暮らしていれば，誰もが得ている「自然現象」に対する素直な感覚を元に，様々な問題に対応していくことが，物理学の目的である．これ以外の論点は全て枝葉末節であり，これに至る謂わば「狂言回し」に過ぎない．では，その「大自然の理」とは何か．

- 不生不滅 (保存法則への信頼)
- 押せば押される (作用・反作用の発見)
- 覆水盆に返らず (非可逆性の認識)
- 少し押せば少し凹む (線型近似の理解)
- 重い物は止め難い (質量概念の会得)
- 万物流転 (質量とエネルギーの同等性)
- 等式両辺は同次元 (次元解析)
- 外に出たものは，内に在ったもの (ガウスの法則)

など，より細かく挙げたとしても，基本は二十にも充たないだろう．これらの意味を“分からない”という人は居ないと思う．全て誰もが体験済みの“常識”である．これら常識の組合せから導かれた“非常識”が，次の層での常識になる．その全体を統括しているのが，物理学なのである．およそ知的営為とは，あるいは人の幸福とは，**“日々の小さな発見”に驚き感動すること，その連鎖にしかない．**他者の評価は要らない．自ら見出すことに価値がある．大自然の理法と自身を直結させる，この不朽の叡智を長く愉しんで頂きたいと希う．

著者は理系の学者として，その末席を汚してきた．大学の内外において，新規性のある著述を軸に，主に基礎教育の面から学問の発展に尽くそうと考えた――既存情報の整理検討に長けた，所謂「○○ライター」の職能は持っていない．

読者層は限定しない，テーマを限定する．全ての作品において，一つの主題，一つの動機に徹底し，「網羅された中の一点」ではなく，**学問・分野の垣根を越えて，人類文化の全体に通底し見晴らしの利く「最高地の一点」を模索した．**長年に渡りこの立場を貫き，拡張し続けた．それは「虚数」であり「素数」であり，また「振子」であり「呼鈴」であった．「オイラー」や「ガウス」であり，「ケプラー」や「マクスウェル」であった．また，講演の実録や探査機の帰還劇などにおいて，理学と工学を“対等合併”させた．科学の絶版書を文庫化する企画の端緒も附けた．それぞれに懐かしくもあり，苦くもある．

勿論，自身の記述に満足はしていない．方法論を示し，それが稚拙でも敢えて世に問うことで，次世代の人達から必要な改善や新発想が生まれるのを期待したのである．穴は空けた．その穴を拡げ，立派なものにすることは叶わなかったが，一条の光は指すはずである．後を襲う読者の将来に期待する．　Ƴ

――では「本文」へどうぞ (次に君は「ルビが減った」という！)

索引 (写真・図表に関しては目次下に)

著者紹介

吉田　武 (よしだ たけし)

京都大学工学博士 (数理工学専攻)

大学の内外において，数学・物理学を軸に，人類文化の全体的把握を目指した著述活動を行っている．主な著作に数学四部作：『オイラーの贈物』『虚数の情緒』『素数夜曲』『はじめまして数学リメイク』．物理学四部作：『ケプラー・天空の旋律』『マクスウェル・場と粒子の舞踏』『はじめまして物理』『呼鈴の科学』がある．講演の記録として『ノーベル物理学劇場・仁科から小柴まで』が，工学系の実録として『はやぶさ：不死身の探査機と宇宙研の物語』がある．『処世の別解』では，教育問題から話題を拡げ，他者に依存しない，退くことを否定しない考え方を模索した．前著となる『たくましい数学』では九九から高校数学まで，その基礎を素描し，対となる本作の下準備をした．次の小品では，小中学校における数学教育，その核に迫る予定である．

碧(あお)きスタジアムのニュートン—物理(ぶつり)と野球(やきゅう)の下拵(したごしら)え

2024 年 12 月 12 日　第 1 版第 1 刷発行

著　者　吉田　武

発行者　原田邦彦

発行所　東海教育研究所

〒160-0022 東京都新宿区新宿 1-9-5 新宿御苑さくらビル 4F

TEL.03-6380-0490　FAX.03-6380-0499

eigyo@tokaiedu.co.jp

印刷所　株式会社真興社

製本所　誠製本株式会社

ISBN978-4-924523-49-4

乱丁・落丁の場合はお取り替えいたします。定価はカバーに表示してあります。